高等学校计算机教育信息素养系列教材

大学计算机应用基础

第 4 版 | 慕课版

U0191468

陆锡聪 江玉珍 黄伟 ◎ 编著

人民邮电出版社

北京

图书在版编目（CIP）数据

大学计算机应用基础：慕课版 / 陆锡聪，江玉珍，
黄伟编著. -- 4版. -- 北京：人民邮电出版社，2023.9
高等学校计算机教育信息素养系列教材
ISBN 978-7-115-62356-0

Ⅰ．①大… Ⅱ．①陆… ②江… ③黄… Ⅲ．①电子计
算机－高等学校－教材 Ⅳ．①TP3

中国国家版本馆CIP数据核字(2023)第135842号

内 容 提 要

本书按照教育部高等学校大学计算机课程教学指导委员会提出的教学要求和教学大纲，根据高等学校非计算机专业学生的培养目标，结合当前网络信息安全的现状，参考当前高校新生学情而编写。

全书共 7 章，内容包括认识计算机、Windows 操作系统、Word 文字处理、Excel 电子表格、PowerPoint 演示文稿、计算机网络与移动互联网和网络安全基础。本书提供了丰富的教学资源、学习资源和题库资源，读者可以使用测评软件进行实训操作并实时检测学习效果，以期达到快速掌握信息技术、增强信息意识和提升信息素养的目的。

本书适合作为高等学校非计算机专业计算机通识课程的教材，也可作为全国计算机等级考试的培训教材。

◆ 编　著　陆锡聪　江玉珍　黄　伟
　　责任编辑　张　斌
　　责任印制　王　郁　陈　犇
◆ 人民邮电出版社出版发行　　北京市丰台区成寿寺路 11 号
　　邮编　100164　电子邮件　315@ptpress.com.cn
　　网址　https://www.ptpress.com.cn
　　三河市兴达印务有限公司印刷
◆ 开本：787×1092　1/16
　　印张：16.5　　　　　　　　　　2023 年 9 月第 4 版
　　字数：475 千字　　　　　　　　2023 年 9 月河北第 1 次印刷

定价：59.80 元

读者服务热线：(010)81055256　印装质量热线：(010)81055316
反盗版热线：(010)81055315
广告经营许可证：京东市监广登字 20170147 号

前 言

在社会信息化进程逐步加快的今天，各大高校开设大学计算机基础课程的目的，不仅要培养学生良好的信息素养以及利用计算机进行信息处理的基本技能，还要让学生掌握信息系统安全的理论知识并进行实践，引导学生建立正确的世界观、人生观和价值观，也是对"培养什么人，怎么培养人，为谁培养人"这一根本问题的明确回答。

为了培养国家需要的信息技术人才，也为了使教材适应计算机技术的发展及应用软件版本的升级需要，编者在总结多年教学实践经验的基础上，以"全面贯彻党的教育方针，落实立德树人根本任务，培养德智体美劳全面发展的社会主义建设者和接班人"为指导思想，对原有教材进行了修订。

在本书的修订过程中，编者不但综合了 4 个关键内容，即教材的组成和结构、内容的选择和组织、课时的安排及讲授的方式，而且增加了网络安全基础的内容，同时实现了全书慕课学习模式。

本书介绍计算机基础知识、Windows 10 操作系统、Word 2016 文字处理、Excel 2016 电子表格、PowerPoint 2016 演示文稿、计算机网络与移动互联网、网络安全基础等内容，并且提供了丰富的教学资源，如视频、教学课件、实验案例、教学素材、习题答案等。

另外，本书特别配套了测评考试系统及题库，以便读者自主实训，系统能对包括操作题在内的题型的操作结果进行自动测评。

本书的配套资源可登录人邮教育社区（www.ryjiaoyu.com）免费下载。

本书由陆锡聪拟定提纲并进行统稿。全书共 7 章，其中第 1～3 章由陆锡聪编写，第 4～5 章由江玉珍编写，第 6～7 章由黄伟编写。

由于编者水平有限，书中难免存在不足之处，恳请广大读者批评指正。

编 者
2023 年 5 月

目录
Contents

第 5 章

PowerPoint
演示文稿

第 6 章

计算机网络
与移动
互联网

第 7 章 网络安全基础

第 1 章 认识计算机

学习目标

- 了解计算机的诞生、发展、特点、分类和应用。
- 掌握计算机系统的组成和计算机的工作原理。
- 了解数制的概念及不同数制之间的转换方法。
- 了解计算机中信息的表示方法。
- 了解常见的信息编码方式。
- 掌握微型计算机的硬件组成和主要的性能指标。
- 了解微型计算机的配置。

1.1 计算机概述

在人类历史上，计算工具的发明和创造走过了漫长的道路。在原始社会，人们使用绳结、石子等进行简单的记数。我国古代发明了一件了不起的、至今仍在使用的计算工具——算盘。16 世纪，欧洲出现了对数计算尺和机械计算机。

在 20 世纪 40 年代之前，人工手算一直是主要的计算方式，算盘、对数计算尺、手摇或电动的机械计算机等是人们使用的主要计算工具。此后，一方面由于近代科学技术的发展，对计算量、计算精度、计算速度的要求不断提高，原有的计算工具已经满足不了应用的需要；另一方面，计算理论、电子学以及自动控制技术的发展，也为现代电子计算机的出现提供了可能。于是，在 20 世纪 40 年代，第一代电子计算机诞生了。

电子计算机（Electronic Computer）是 20 世纪科学技术发展的重大成就之一。自 1946 年世界上第一台通用电子计算机诞生至今，在短短的 70 多年的时间里，计算机技术高速发展，在世界范围内掀起了一场信息革命，计算机已成为现代人类社会生活中不可缺少的基本工具（后边所讲的计算机皆指电子计算机）。在 21 世纪，掌握以计算机为核心的信息技术的基础知识和具备相关应用能力是现代大学生必备的基本素质。

1.1.1 计算机的诞生与发展

1. 第一台电子计算机的诞生

电子计算机是一种能够按照事先存储的程序，自动、高速地对数据进行输入、处理、输出和存储的系统。

目前，公认的世界上第一台通用电子计算机从 1943 年开始研制，1946 年 2 月在美国宾夕法尼亚大学诞生，取名为电子数字积分计算机（Electronic Numerical Integrator and Calculator，ENIAC），如图 1-1 所示。ENIAC 是计算机发展史上的一座里程碑，使人类在计算技术的发展历程中，达到了一个新的高度。ENIAC 共使用了约18000 个电子管、1500 个继电器以及其他器件，重达 30 t，占地约170 m²。这台功率约为 150 kW 的计算机，每秒可进行 5000 次加/减法运算，在 0.003s 内可以完成两个 10 位数的乘法运算，能够在一天内完成几千万次乘法运算。ENIAC 的问世，标志着人类社会从此迈进电子计算机时代。

图 1-1 ENIAC

2. 计算机的发展

自电子计算机诞生至今，在 70 多年的时间里，计算机技术发展之迅速、普及之广泛，对整个社会尤其是科学技术方面的影响之深远，是其他任何学科不能比拟的。

电子元器件的发展推动了电子电路的发展，为研制计算机奠定了技术基础。根据计算机所使用的电子元器件、所配置的软件和使用的方式，一般将其发展划分为 4 个阶段（代），如表 1-1 所示。

表 1-1　计算机发展的几个阶段（代）

阶段（代）	时间	电子元器件	主要特点
第一代	1946—1957 年	电子管	运算速度为 5000～40000 次/s，体积庞大，可使用机器语言，并可进行数值计算
第二代	1958—1964 年	晶体管	运算速度为 10 万～300 万次/s，体积缩小、功耗降低、使用寿命延长、可使用机器语言、汇编语言，并可进行数值计算、事务管理
第三代	1965—1970 年	中小规模集成电路	运算速度达到 1000 万次/s，体积更小、功耗及价格下降、使用寿命更长，可使用机器语言、汇编语言、高级语言，并可进行数值计算、事务管理、实时处理
第四代	1971 年至今	大规模、超大规模集成电路	运算速度达到上亿亿次/s，耗电少、体积小、可靠性高、适应性强，可使用机器语言、汇编语言、高级语言，并可进行数值计算、实时处理、社会管理、多媒体及网络通信等

（1）第一代计算机

第一代计算机的逻辑元件是电子管，其主存储器采用水银延迟线、磁鼓等，外存储器使用磁带，可用机器语言编写程序。这一阶段计算机的主要特点是体积大、运算速度较慢、生产成本高、可靠性差、内存容量小，主要用于数值计算，从事军事和科学研究方面的工作。

代表机型为冯·诺依曼设计的离散变量自动电子计算机（Electronic Discrete Variable Automatic Computer，EDVAC）。

（2）第二代计算机

第二代计算机的逻辑元件是晶体管。晶体管较之电子管具有体积小、耗电低、可靠性高、功能强、价格低等优点。第二代计算机的主存储器采用磁芯，外存储器使用磁带和磁盘。其使用的软件也有了很大发展，可使用机器语言和汇编语言编写程序。

这一时期计算机的应用扩展到事务管理方面，运算速度已提高到每秒几百万次，体积极大减小，可靠性和内存容量也有较大的提高。

代表机型为 IBM-7904 计算机。

（3）第三代计算机

第三代计算机的逻辑元件采用小规模或中等规模集成电路来代替晶体管，使计算机的体积极大减小，耗电量极大降低，运算速度却极大提高，每秒可执行 1000 万次的加法运算，稳定性进一步提高。半导体存储器逐步取代了磁芯存储器的主存储器地位，磁盘成了不可缺少的辅助存储器。

在这一时期，系统软件也有了很大发展，出现了分时操作系统和结构化程序设计语言，用户可以使用 FORTRAN、COBOL 等高级程序设计语言；在程序设计方法上采用结构化程序设计，为研制更加复杂的软件提供了技术上的保障。在应用方面，第三代计算机已被广泛地应用到数值计算、数据处理、事务管理和实时处理等领域。

代表机型为 IBM-360 系列计算机。

（4）第四代计算机

第四代计算机采用大规模和超大规模集成电路。20 世纪 70 年代以后，计算机使用的集成电路迅速从中小规模发展到大规模、超大规模的水平，大规模、超大规模集成电路应用的一个直接结果是微处理器和微型计算机的诞生。此外，第四代计算机使用了大容量的半导体存储器作为内存储器；在体系结构方面进一步发展了并行处理、多机系统、分布式计算机系统和计算机网络系统；在软件方面推出了数据库系统、分布式操作系统及软件工程标准等。这一时期计算机的运算速度可达每秒上亿亿次，存储容量和可靠性也有了很大提高，功能更加完备，价格则越来越低。

这个时期计算机的类型除小型机、中型机、大型机外，开始向巨型机和微型计算机两个方向发展，微型计算机的普及使得计算机逐渐进入办公室、学校和普通家庭。计算机与通信技术的结合使得计算机应用从单机走向网络，由独立网络走向互连网络。基于各种通信渠道（包括有线网和无线网等）的互连网络，把各种计算机连接起来，实现了信息在全球范围内的传递。集处理文字、图形、图像、声音为一体的多媒体计算机的发展也方兴未艾。用计算机来模仿人的智能，包括听觉、视觉、触觉以及学习和推理能力是当前计算机科学研究的一个重要方向。

3．计算机发展的趋势

（1）巨型化

巨型化是指发展高速、大存储容量和超强功能的超大型计算机。巨型化既是诸如天文、气象、航空航天、核反应等尖端科技以及进一步探索新兴科技（如基因工程、生物工程）的需要，也是让计算机模仿人脑学习、推理的复杂功能的需要。

（2）微型化

由于大规模、超大规模集成电路的出现，计算机的微型化迅速发展，而且其性能指标也在持续提高，价格持续下降。

（3）网络化

网络化就是把各自独立的计算机用通信线路连接起来，形成各计算机用户之间可以相互通信并能使用公共资源的网络系统。网络化能够充分利用计算机的宝贵资源并扩大计算机的使用范围，为用户提供方便、及时、可靠、广泛、灵活的信息服务。

（4）智能化

智能化是指让计算机具有模拟人的感觉和思维过程的能力。智能计算机具有解决问题、逻辑推理、知识处理和知识库管理等功能。人们可以通过计算机的智能接口，用文字、声音、图像等与计算机进行自然对话。

1.1.2　计算机的特点

计算机主要具有以下 5 个特点。

1．运算速度快

计算机的运算速度（也称处理速度）用百万条指令每秒（Million Instructions Per Second，MIPS）来衡量。现代的计算机运算速度在几十 MIPS 以上，巨型计算机的运算速度可在千万 MIPS 以上。

2．计算精度高

一般来说，现在的计算机的计算精度有几十位、几百位有效数字，而且理论上还可以更高。

3．具有存储的能力

计算机的存储器可以"记忆"（存储）大量的数据和计算机程序。

4．具有逻辑判断的能力

计算机在程序的执行过程中，会根据上一步的执行结果，运用逻辑判断方法自动确定下一步的执行命令。正是因为计算机具有这种逻辑判断能力，计算机不仅能解决数值计算问题，而且能解决非数值计算问题。

5．能进行自动控制

计算机能在程序的控制下，按事先规定的步骤执行任务而不需要人工干预，实现运算的连续性和自动性。

正因为计算机具有上述特点，所以人们在进行一些复杂的脑力劳动时，可以将这些复杂的脑力劳动分解成计算机可执行的基本操作，并以计算机可识别的形式表示出来，然后存放到计算机中。这样计算机就可以模仿人的一部分思维活动，代替人进行部分脑力劳动，按照人们的意愿自动、连续地工作，因此人们习惯把计算机称为"电脑"。

1.1.3 计算机的分类

随着计算机技术的迅速发展和应用的广泛深入，尤其是微处理器的发展，计算机的类型越来越多样化。根据用途及使用范围的不同，计算机可分为通用机和专用机。通用机的特点是通用性强，具有很强的综合处理能力，能够解决各种类型的问题。专用机则功能单一，配有解决特定问题的软件和硬件，能够高速、可靠地解决特定的问题。根据计算机的运算速度和性能等指标，计算机还可分为高性能计算机、微型计算机、工作站、服务器、嵌入式计算机等。

> ▶注意
>
> 分类标准不是固定不变的，只能针对某一个时期。

1．高性能计算机

高性能计算机也称为巨型机或超级计算机，是指目前运算速度最快、处理能力最强的计算机。在国际TOP500组织于2022年11月发布的超级计算机排名榜单中，位居首位的是美国的"前沿"（Frontier），如图1-2（a）所示，其运算速度达每秒百亿亿次。我国"神威·太湖之光"的运算速度为每秒12.54亿亿次，位居第7，如图1-2（b）所示。在TOP500名单中，我国占据162个席位，是拥有超级计算机最多的国家。

（a）Frontier　　　　　　　　　　　（b）神威·太湖之光

图1-2　高性能计算机

超级计算机主要应用于气象气候、海洋环境、生物医药、信息安全、航空航天、材料物理、金融分析、工业设计、石油物探等领域。

2．微型计算机

微型计算机（微机）又称个人计算机（Personal Computer，PC）。自 IBM 公司于 1981 年采用 Intel 的微处理器推出 IBM PC 以来，微型计算机因其小巧、轻便及价格低等优点在过去的几十年中得到迅速的发展，成为计算机的主流。今天，微型计算机的应用已经遍及社会的各个领域，几乎无所不在。

微型计算机的种类有很多，主要可分成 4 类：台式计算机（Desktop Computer）、笔记本电脑（Notebook Computer）、平板电脑（Tablet PC）和超便携个人计算机（Ultra Mobile PC）。

3．工作站

工作站是一种高档的微机系统。自 1980 年美国 Apollo 公司推出世界上第一个工作站 DN-100 以来，工作站迅速发展，成为专门处理某类特殊事务的一种独立的计算机类型。

工作站通常配有高分辨率的大屏幕显示器和大容量的内存储器与外存储器，具有较强的数据处理能力与高性能的图形功能。Dell、HP、浪潮、曙光等公司是目前常见的工作站生产厂家。注意，在网络环境下，任何一台微型计算机或终端都可称为一个工作站（与以上含义不同），作为网络中的一个用户节点。

4．服务器

服务器是一种在网络环境中对外提供服务的计算机系统。从广义上讲，一台微型计算机也可以充当一个服务器，关键是它要安装网络操作系统、网络协议和各种服务软件；从狭义上讲，服务器是专指通过网络对外提供服务的计算机。与微型计算机相比，服务器在稳定性、安全性、性能等方面要求更高，因此其对硬件系统的要求也更高。

根据提供服务的不同，服务器可以分为 Web 服务器、文件传送协议（File Transfer Protocol，FTP）服务器、文件服务器、数据库服务器等。

5．嵌入式计算机

嵌入式计算机是指作为一个信息处理部件嵌入应用系统之中的计算机。嵌入式计算机与通用计算机相比，在基本原理方面没有原则性区别，主要区别在于系统和功能软件集成于计算机硬件系统之中。也就是说，系统的应用软件与硬件一体化，采用类似基本输入输出系统（Basic Input/Output System，BIOS）的工作方式。

嵌入式计算机具有的特点是：要求高可靠性，在恶劣的环境或突然断电的情况下，系统仍然能够正常工作；许多应用要求实时处理能力，这就要求嵌入式操作系统具有实时处理能力；嵌入式计算机中的软件代码要求高质量、高可靠性，一般都固化在只读存储器或闪存中，也就是说软件要求固态化存储，而不是存储在磁盘等载体中。

嵌入式计算机主要由嵌入式处理器、外围硬件设备、嵌入式操作系统及特定的应用程序 4 部分组成，是集软件、硬件于一体的可独立工作的"器件"，用于实现对其他设备的控制、监视或管理等功能。

在各种类型的计算机中，嵌入式计算机应用最广泛，数量甚至超过了微型计算机。目前广泛用于各种家用电器之中，如电冰箱、自动洗衣机、数字电视机、数码相机等。

1.1.4　计算机的应用

计算机已广泛应用于日常生活的各个领域。归结起来，计算机的应用主要有以下几个方面。

1．科学计算

科学计算也就是数值计算，指用于完成科学研究和工程技术中提出的数学问题的计算，它是计算机应用最为基础的领域。

2．数据及事务处理

数据及事务处理泛指非科技方面的数据管理和计算处理。其主要特点是：要处理的原始数据较多，而算术运算较简单，并有大量的逻辑运算和判断，结果常要求以表格或图形的形式存储、输出，如银行日常账务管理、股票交易管理、图书资料的检索等。

3．计算机辅助工程、计算机辅助教育

计算机辅助工程是指计算机在现代生产领域，特别是在生产制造业中的应用，主要包括计算机辅助设计（Computer-Aided Design，CAD）、计算机辅助制造（Computer-Aided Manufacturing，CAM）和计算机集成制造系统（Computer-Integrated Manufacturing System，CIMS）等。计算机辅助教育（Computer Based Education，CBE）是计算机技术在教育领域中应用的统称，主要包括计算机辅助教学（Computer-Aided Instruction，CAI）和计算机管理教学（Computer-Managed Instruction，CMI）。

4．过程控制

过程控制又称实时控制。其工作过程是选用传感器及时检测受控对象的数据，找出它们与设定数据的偏差，接着由计算机按控制模型进行计算，然后产生相应的控制信号，驱动伺服装置对受控对象进行控制或调节。

5．电子商务

电子商务（Electronic Commerce，EC）是指利用计算机技术、网络技术和远程通信技术，实现整个商务（买卖）过程中的电子化、数字化和网络化。

6．多媒体技术

多媒体技术以计算机技术为核心，将现代声像技术和通信技术融为一体，以追求更自然、更丰富的界面，其应用领域十分广泛。多媒体技术的应用，为人们展现了一个绚丽多彩的多媒体世界。

7．网络通信

网络通信是指利用计算机网络实现信息传递的功能。随着 Internet 的快速发展，人们可以利用计算机把整个地球网络连接起来，使"地球村"成为现实，并进一步改变人们的工作、学习和生活方式。

1.2　计算机系统的组成

1.2.1　计算机系统概述

一个完整的计算机系统包括硬件系统和软件系统，如图 1-3 所示。

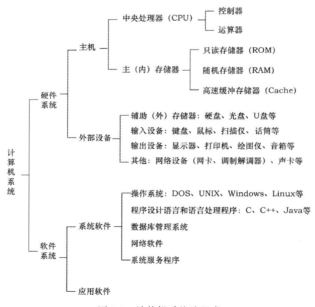

图 1-3　计算机系统的组成

硬件是指计算机装置，即物理设备。硬件系统是组成计算机的电子、机械、电磁、光学的各种部件和设备的总称，是计算机的物理基础。软件是指实现算法的程序及其文档。软件系统是为运行、管理和维护计算机而编制的各种程序、数据和文档的总称。硬件是基础，软件是"灵魂"。只有硬件、没有软件的计算机称为"裸机"。裸机只认识"0"和"1"组成的机器代码，没有软件系统的计算机几乎是没有用的。只有将硬件系统和软件系统有机结合，才能使计算机的软件、硬件系统协同工作，充分发挥计算机的作用。一个性能优良的计算机硬件系统能否发挥其应有的功能，很大程度上取决于所配置的软件是否完善和丰富。软件不仅提高了机器的效率、扩展了硬件的功能，而且方便了用户的使用。

在计算机系统中，软件和硬件的功能没有明确的分界线。软件能实现的功能可以用硬件来实现，即所谓的软件硬化；同样，硬件能实现的功能也可以用软件来实现，即所谓的硬件软化。也就是说，软件和硬件在逻辑上是等效的。

1.2.2　计算机的工作原理

1．程序存储和程序控制原理

美籍匈牙利裔数学家冯·诺依曼（von Neumann）（见图1-4）于1946年提出了计算机设计的3个基本思想。

① 计算机由运算器、控制器、存储器、输入设备和输出设备5个基本部分组成。

② 采用二进制形式表示计算机的指令和数据。

③ 将程序（由一系列指令组成）和数据存放在存储器中，计算机依次自动地执行程序。

图1-4　冯·诺依曼

冯·诺依曼提出的计算机的工作原理（简称冯·诺依曼原理）是：将需要执行的任务用程序设计语言写成程序，与需要处理的原始数据一起通过输入设备输入并存储在计算机的存储器中，即"程序存储"；在需要执行时，由控制器取出程序并按照程序规定的步骤或用户提出的要求，向计算机的有关部件发布命令并控制它们执行相应的操作，执行的过程不需要人工干预而是自动连续进行，即"程序控制"。冯·诺依曼原理的核心在于"程序存储"和"程序控制"，按照这一原理设计的计算机称为冯·诺依曼计算机，其体系结构称为冯·诺依曼结构。目前的计算机基本上仍然遵循冯·诺依曼原理，绝大部分的计算机结构都是冯·诺依曼结构。但是，为了提高计算机的运行速度，实现高度并行化，当今的计算机系统已对冯·诺依曼结构进行了许多变革，如指令流水线技术等。

2．指令和程序

计算机之所以能自动、正确地按人们的意图工作，是由于人们事先已把指挥计算机如何工作的程序和原始数据通过输入设备送到计算机的存储器中。当计算机运行时，控制器就把程序中的"命令"一条接一条地从存储器中取出来，加以翻译，并按"命令"的要求进行相应的操作。

当人们需要计算机完成某项任务的时候，首先要将任务分解为若干个基本操作的集合，计算机所要执行的基本操作命令就是指令。指令是对计算机进行程序控制的最小单位，是一种采用二进制数码表示的命令语言。一个中央处理器（Central Processing Unit，CPU）能够执行的全部指令的集合就称为该CPU的指令系统，不同CPU的指令系统是不同的。指令系统的功能是否强大、指令类型是否丰富，决定了计算机的能力，也影响着计算机的硬件结构。

每条指令都要求计算机完成一定的操作，它告诉计算机进行什么操作、从什么地址取数、结果送到什么地方去等信息。计算机的指令系统一般包括数据传送指令、算术运算指令、逻辑运算指令、转移指令、输入输出指令和处理机控制指令等。一条指令通常由两个部分组成，即操作码和操作数（见图1-5）。操作码用来规定指令应进行什么操作，而操作数用来指明该操作处理的数据或操作数所在存储单元的地址或与操作数地址有关的信息。

操作码	操作数

图 1-5　指令格式

人们为解决某项任务而编写的指令的有序集合称为程序。指令的不同组合方式，可以构成用于完成不同任务的程序。

3．计算机的工作过程

计算机的工作过程就是执行程序的过程。在运行程序之前，首先通过输入设备将编好的程序和原始数据输入计算机内存储器中，然后按照指令的顺序，依次执行指令。执行一条指令的过程如下。

① 取指令：从内存储器中取出要执行的指令送到 CPU 内部的指令寄存器暂存。

② 分析指令：把保存在指令寄存器中的指令送到指令译码器，译出该指令对应的操作。

③ 执行指令：CPU 向各个部件发出相应控制信号，完成指令规定的操作。

重复上述步骤，直到遇到结束程序的指令为止。

为了提高计算机的运行速度，现代计算机系统中引入了流水线控制技术，使负责取指令、分析指令和执行指令的部件可以并行工作。

4．兼容性

某一类计算机的程序能否在其他计算机上运行，就是计算机的"兼容性"问题。例如，Intel 公司和 AMD 公司生产的 CPU，指令系统几乎一致，因此它们相互兼容。而苹果公司生产的 Macintosh 计算机，其 CPU 采用 Motorola 公司的 PowerPC，指令系统大相径庭，因此无法与使用 Intel 公司和 AMD 公司 CPU 的 PC 兼容。

即便是同一公司的产品，由于技术的发展，指令系统也是不同的。如 Intel 公司的产品包括 Pentium（8088→80286→80386→80486→Pentium→Pentium Ⅱ→Pentium Ⅲ→Pentium Ⅳ）、赛扬（Celeron）和酷睿（Core）等。新处理器包含的指令数量和种类越来越多，通常采用"向下兼容"的原则，即新类型的处理器包含旧类型处理器的全部指令，从而保证在旧类型处理器上开发的系统能够在新类型的处理器中被正确执行。

1.2.3　计算机的硬件系统

计算机的硬件系统（见图 1-6）主要由运算器、控制器、存储器、输入设备、输出设备 5 个部分组成。

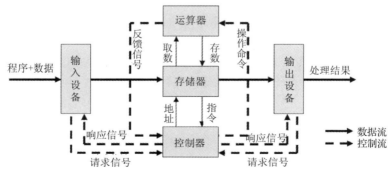

图 1-6　计算机硬件系统

1．运算器

运算器（Arithmetic Unit，AU）是计算机进行算术运算与逻辑运算的主要部件。它受控制器的控制，对存储器送来的数据进行指定的运算。

2．控制器

控制器（Control Unit）由程序计数器、指令寄存器、指令译码器、时序控制电路及微操作控制电路组成。

控制器是计算机的指挥中心，它逐条取出存储器中的指令并进行译码，根据程序所确定的算法和操作步骤，发出命令指挥与控制计算机各部件工作。控制器与运算器一起组成了中央处理器（CPU）。CPU是整个计算机的核心，计算机的运算处理功能主要由它来完成。同时它还控制计算机的其他零部件，从而使计算机的各部件协调工作。

3．存储器

存储器（Memory）是计算机用来存放程序和数据的记忆装置，是计算机存储信息的仓库。计算机执行程序时，由控制器将程序从存储器中逐条取出，再执行指令。计算机存储器通常有内部存储器（简称内存）及外部存储器（简称外存）两种。

CPU可以直接对内部存储器中的数据进行存、取操作，存、取外部存储器中的数据时，必须先将数据调入内部存储器。内部存储器是计算机中数据交换的中心。外部存储器主要有硬盘、光盘和U盘等。

4．输入设备

输入设备（Input Device）是计算机接收外来信息的设备。人们先使用输入设备输入程序、数据和命令，再将之转换为计算机所能识别的形式（二进制数），并存入计算机的内存中。计算机中常见的输入设备有键盘、鼠标、扫描仪、话筒、触摸屏、光笔等。

5．输出设备

输出设备（Output Device）通过接口电路将计算机处理过的信息从机器内部表示形式转换成人们熟悉的形式输出或转换成其他设备能够识别的信息输出。例如，将处理过的信息以十进制数、字符、图形、表格等形式显示或打印出来。输出设备的种类也有很多，常用的有打印机、显示器、绘图仪、音箱等。

输入设备和输出设备合并简称为I/O（Input/Output）设备。

1.2.4　计算机的软件系统

计算机的软件系统是指计算机运行的各种程序、数据及相关的文档资料。

一般可以将软件系统分为系统软件和应用软件两大类。

1．系统软件

系统软件指控制计算机运行、管理各种资源，并为应用软件提供支持和服务的一类软件。系统软件是计算机系统的必备软件。

（1）操作系统

操作系统是最底层的系统软件，它是对硬件系统功能的首次扩充，也是其他系统软件和应用软件能够在计算机上运行的基础。

操作系统实际上是一组程序，它们用于统一管理计算机中的各种软件、硬件资源，合理地组织计算机的工作流程，协调计算机系统各部分之间、系统与用户之间、用户与用户之间的关系。由此可见，操作系统在计算机系统中占有特殊的地位。

典型的操作系统有DOS、UNIX、Windows、Linux、Android等。

（2）程序设计语言

人们要利用计算机解决实际问题，首先需要编写程序。程序设计语言就是用户用来编写程序的语言，它是人与计算机之间交换信息的工具。

程序设计语言一般分为机器语言、汇编语言和高级语言3类。

① 机器语言。机器语言是最底层的计算机语言。用机器语言编写的程序，计算机硬件可以直接识别。

在用机器语言编写的程序中，每一条机器指令都是二进制形式的指令代码。

例 1.1　计算 A=3+4 的机器语言（8086）程序如下。

```
10110000 00000011  ;把3送给寄存器AL
10110011 00000100  ;把4送给寄存器BL
00000000 11011000  ;AL和BL中的内容相加后存放在AL中
11110100           ;停机
```

指令代码中一般包括操作码和操作数，其中，操作码告诉计算机要执行的操作，操作数则指出被操作的对象。不同类型的 CPU 所提供的指令系统不同，因此机器语言也是不同的。机器语言是面向机器的语言，是所谓的低级语言。由于机器语言程序是直接针对计算机硬件的，因此它的执行效率比较高，能充分发挥计算机的时空性能。但是，用机器语言编写程序的难度比较大，容易出错，而且程序的直观性比较差，通用性差，也不容易移植。

② 汇编语言。为了克服机器语言的缺点，人们采用助记符表示机器指令的操作码，用变量代替操作数的存放地址等，这样就形成了汇编语言。汇编语言是一种用符号书写的、基本操作与机器指令相对应的并遵循一定语法规则的计算机语言。

例 1.2　计算 A=3+4 的汇编语言（8086）程序如下。

```
MOV AL,03h   ;把3送给寄存器AL
MOV BL,04h   ;把4送给寄存器BL
ADD AL,BL    ;AL和BL中的内容相加后存放在AL中
HLT          ;停机
```

由于汇编语言采用了助记符，因此，它比机器语言更直观、容易理解和记忆。用汇编语言编写的程序也比机器语言程序易读、易检查、易修改。但是，计算机不能直接识别用汇编语言编写的程序，必须由一种专门的翻译程序将汇编语言源程序翻译成机器语言程序后，计算机才能识别并执行。这种翻译的过程称为"汇编"，负责翻译的程序称为汇编程序。

③ 高级语言。机器语言和汇编语言都是面向机器的语言，一般称为低级语言。低级语言对机器的依赖太大，用它们开发的程序通用性很差，普通的计算机用户也很难胜任这一工作。随着计算机技术的发展以及计算机应用领域的不断扩大，计算机用户的队伍也在不断壮大。为了使广大的计算机用户也能胜任程序的开发工作，从 20 世纪 50 年代中期开始出现了面向问题的程序设计语言，可称之为高级语言。高级语言与具体的计算机硬件无关，其表达方式接近于被描述的问题，易被人们接受和掌握。用高级语言编写程序要比用低级语言容易得多，并极大简化了程序的编制和调试，使编程效率得到大幅度提高。高级语言的显著特点是独立于具体的计算机硬件，通用性和可移植性好。

例 1.3　计算 c=3+4 的 C 语言程序如下。

```
#include <stdio.h>
int main()
{
    int a=3,b=4,c;
    c=a+b;
    printf("%d",c);
    return 0;
}
```

必须指出的是，用任何一种高级语言编写的程序（称为源程序）都要通过编译程序翻译成机器语言程序（称为目标程序）后才能被计算机执行，或者通过解释程序边解释边执行。

（3）系统服务软件

系统服务软件有时又称为工具软件，它是开发和研制各种软件的工具。常见的工具软件有诊断程序、调试程序、编辑程序等。这些工具软件为用户编制计算机程序及使用计算机提供了方便。

① 诊断程序。诊断程序有时也称为查错程序，它的功能是诊断计算机各部件能否正常工作，因此，

它是面向计算机维护的一种软件。例如，对微型计算机加电后，一般都会首先运行只读存储器中的一段自检程序，检查计算机系统是否能正常工作。这段自检程序就是一种简单的诊断程序。

② 调试程序。调试程序用于对程序进行调试。它是程序开发者的重要工具，特别是对于调试大型程序，就显得更为重要了。例如，DEBUG 就是一般 PC 系统中常用的调试程序。

③ 编辑程序。编辑程序是计算机系统中不可缺少的一种工具软件。它主要用于输入、修改、编辑程序或数据。

2. 应用软件

应用软件主要为用户提供在各个具体领域中的辅助功能，它也是绝大多数用户学习、使用计算机时最感兴趣的内容。

应用软件具有很强的实用性，专门用于解决某个应用领域中的具体问题，因此，它又具有很强的专用性。由于计算机应用的日益普及，适用于各行各业、各个领域的应用软件越来越多。也正是这些应用软件的不断开发和推广，才更体现出计算机无比强大的威力和无限广阔的发展前景。应用软件的内容很广泛，涉及社会的许多领域，很难概括齐全，也很难确切地进行分类。

常见的应用软件有以下几种。

① 各种信息管理软件。

② 办公自动化系统。

③ 各种文字处理软件。

④ 各种辅助设计软件以及辅助教学软件。

⑤ 各种软件包，如数值计算程序库、图形软件包等。

1.3　计算机中信息的表示

计算机在目前的信息社会中发挥的作用越来越重要，计算机的功能也得到了很大的改进，从最初的科学计算、数值处理，发展到现在的过程检测与控制、信息管理、计算机辅助系统等。计算机不仅要对数值进行处理，还要对语言、文字、图形、图像和各种符号进行处理，但因为计算机只能识别二进制数，所以这些信息都必须经过数字化处理，才能进行存储、传送等处理。

1.3.1　计算机中的数制

1. 数制的概念

数制是用一组固定的数字和一套统一的规则来表示数的方法。

按照进位方式记数的数制叫作进位记数制，如十进制（即逢十进一）。我们在生活中也会常常遇到其他进制，如二进制、八进制、十六进制等。

2. 基数

基数是指该进制中允许选用的基本数码的个数。每一种进制都有固定数量的记数符号。

十进制（Decimal）的基数为 10，即有 10 个记数符号：0,1,2,…,9。每个数码符号根据它在这个数中所在的位置（数位），按"逢十进一"来决定其实际的数值。

二进制（Binary）的基数为 2，即有 2 个记数符号：0 和 1。每个数码符号根据它在这个数中的数位，按"逢二进一"来决定其实际的数值。

八进制（Octal）的基数为 8，有 8 个记数符号：0,1,2,…,7。每个数码符号根据它在这个数中的数位，按"逢八进一"来决定其实际的数值。

十六进制（Hexadecimal）的基数为 16，有 16 个记数符号：0～9，A～F。其中 A～F 对应十进制的 10～15。每个数码符号根据它在这个数中的数位，按"逢十六进一"决定其实际的数值。

3．位权

一个数码处在不同位置上所代表的值是不同的，如十进制数中的数字 8 在十位数位置上表示 80，在百位数位置上表示 800，而在小数点后 1 位则表示 0.8，可见每个数码所表示的数值等于该数码乘以一个与数码所在位置相关的常数，这个常数就叫作位权。位权的大小是以基数为底、数码所在位置的序号为指数的整数次幂。

1.3.2　常用数制的表示方法

数制的表示方法有下列两种。

1．在数字后面加相应的英文字母作为标识

十进制数用后缀 D 表示或无后缀，如 123D 和 123。

二进制数用后缀 B 表示，如 1101B、11.01B。

八进制数用后缀 O 表示，如 123.67O。

十六进制数用后缀 H 表示，如 10A2H、3B1.1H。

2．在括号外面加数字下标

十进制数，如$(123.123)_{10}$。

二进制数，如$(10010.01)_2$。

八进制数，如$(123.67)_8$。

十六进制数，如$(10A21.AB)_{16}$。

1.3.3　不同进位记数制间的转换

1．R 进制数转换为十进制数

任意的 R 进制数 $a_{n-1}a_{n-2}\cdots a_1a_0a_{-1}\cdots a_{-m}$（其中 n 为整数位数，m 为小数位数）可按权展开求和：

$$a_{n-1}\times R^{n-1}+a_{n-2}\times R^{n-2}+\cdots+a_1\times R^1+a_0\times R^0+a_{-1}\times R^{-1}+\cdots+a_{-m}\times R^{-m}\quad（其中 R 为基数）$$

例 1.4　将$(101101.11)_2$转换成十进制数。

$$(101101.11)_2=1\times2^5+0\times2^4+1\times2^3+1\times2^2+0\times2^1+1\times2^0+1\times2^{-1}+1\times2^{-2}$$
$$=32+0+8+4+0+1+0.5+0.25=(45.75)_{10}$$

例 1.5　将$(642)_8$转换成十进制数。

$$(642)_8=6\times8^2+4\times8^1+2\times8^0=(418)_{10}$$

2．十进制数转换为 R 进制数

将十进制数转换为 R 进制数时，整数部分和小数部分须分别遵守不同的转换规则。

对整数部分：除以 R 取余法，即整数部分不断除以 R 取余数，直到商为 0 为止，最先得到的余数为最低位，最后得到的余数为最高位。

对小数部分：乘 R 取整法，即小数部分不断乘以 R 取整数，直到小数为 0 或达到有效精度为止，最先得到的整数为最高位（最靠近小数点），最后得到的整数为最低位。

例 1.6　将$(35.625)_{10}$转换成二进制数。

▶**注意**

一个十进制小数不一定能完全准确地转换成二进制小数，这时可以根据精度要求只转换到小数点后某一位为止。

对其整数部分和小数部分分别进行转换，然后将所得结果组合起来。

整数部分：

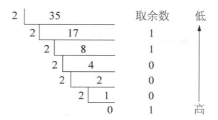

小数部分：

$$
\begin{array}{r r l}
 & 0.625 & \text{取整数} \quad \text{高} \\
\times & 2 & \\
\hline
 & 1.250 & 1 \\
\times & 2 & \\
\hline
 & 0.500 & 0 \\
\times & 2 & \\
\hline
 & 1.000 & 1 \quad\quad\quad \text{低}
\end{array}
$$

得：$(35.625)_{10}=(100011.101)_2$。

例 1.7　将 $(135)_{10}$ 转换成八进制数。

$$
\begin{array}{c|l l}
8 & 135 & \text{取余数} \quad \text{低} \\
8 & 16 & 7 \\
8 & 2 & 0 \\
 & 0 & 2 \quad\quad\quad \text{高}
\end{array}
$$

得：$(135)_{10}=(207)_8$。

3．二进制数转换为八进制数、十六进制数

8 和 16 都是 2 的整数次幂，即 $8=2^3$、$16=2^4$，因此 3 位二进制数就相当于 1 位八进制数，4 位二进制数就相当于 1 位十六进制数（见表 1-2）。它们之间的转换关系也相当简单。由于二进制数表示数值的位数较长，因此常需用八进制数、十六进制数来表示二进制数。

将二进制数以小数点为中心分别向两边分组，转换成八进制（或十六进制）数每 3（或 4）位为一组，整数部分向左分组，不足位数左补 0；小数部分向右分组，不足部分右补 0，然后将每组二进制数转换成八进制（或十六进制）数即可。

表 1-2　二进制数、八进制数、十六进制数的对应关系

二进制数	八进制数	二进制数	十六进制数	二进制数	十六进制数
000	0	0000	0	1000	8
001	1	0001	1	1001	9
010	2	0010	2	1010	A
011	3	0011	3	1011	B
100	4	0100	4	1100	C
101	5	0101	5	1101	D
110	6	0110	6	1110	E
111	7	0111	7	1111	F

认识计算机　第 1 章

例1.8 将二进制数(11100110.10101011)₂转换成八进制数、十六进制数。

(011 100 110．101 010 110)₂=(346.526)₈
  3   4   6 . 5   2   6

(1110   0110．1010   1011)₂=(E6.AB)₁₆
  E   6 . A   B

1.3.4　计算机中数据的单位

计算机中数据的常用单位有位、字节和字。

1. 位

计算机采用二进制，计算机内部的信息流就是由 0 和 1 组成的数据流。

计算机中最小的数据单位是二进制的一个数位，简称为位（bit，读音为"比特"）。

2. 字节

1 字节（byte，简写为 B）由 8 个二进制数位组成（1byte=8bit）。

字节是计算机中用来表示存储空间大小的基本容量单位。例如，计算机中的存储器（包括内存和外存）以字节为基本存储容量单位。除用字节为单位表示存储容量外，还可以用千字节（KB）、兆字节（MB）以及吉字节（GB）等表示存储容量。它们之间存在下列换算关系。

1B=8bit

1KB=1024Byte=2^{10}B

1MB=1024KB=2^{10}KB=2^{20}B=1024×1024B

1GB=1024MB=2^{10}MB=2^{30}B=1024×1024KB

1TB=1024GB=2^{10}GB=2^{40}B=1024×1024MB

3. 字

在计算机中作为一个整体被存取、传送、处理的二进制数字串叫作一个字（word）或单元，每个字中的二进制数的位数称为字长。不同的计算机系统的字长是不同的，常见的有 8 位、16 位、32 位、64 位等。字长越长，计算机一次处理的信息位就越多，精度就越高，字长是衡量计算机性能的一个重要指标。目前的主流微机都是 64 位机。

1.3.5　计算机的编码

任何形式的信息（数字、字符、汉字、图像、声音、视频等）进入计算机都必须转换为由 0 和 1 组成的二进制数，即进行二进制数形式的信息编码。主要的数据编码有 BCD 码和 ASCII。

1. BCD 码

计算机中使用的是二进制，而人们习惯使用的是十进制。因此，十进制数输入计算机后，需要转换成二进制数；输出处理结果时，又需将二进制数转换为十进制数。这种转换工作是通过标准子程序自动实现的。

二进制编码的十进制（Binary Coded Decimal，BCD）码用若干个二进制数来表示十进制数的编码。BCD 码的编码方法有很多，最常用的是 8421 码。

8421 码将十进制数中的每个数分别用 4 位二进制编码表示，这 4 位二进制数的位权从左到右分别为 8、4、2、1，8421 码就是因此而得名的。这种编码方法比较简单、直观。表 1-3 所示为十进制数 0～9 的 8421 编码。按该表中给出的规则，计算机可以非常容易地实现十进制数与二进制数间的转换。

表1-3 十进制数与8421码的对照

十进制数	8421码	十进制数	8421码
0	0000	5	0101
1	0001	6	0110
2	0010	7	0111
3	0011	8	1000
4	0100	9	1001

例1.9 $(11.25)_{10}=(00010001.00100101)_{8421}=(1011.01)_2$

BCD码是一种数据的过渡形式，其主要用途是帮助计算机自动实现十进制数与二进制数间的转换。例如，当用户通过键盘输入十进制数11.25时，计算机直接接收的是它的BCD码00010001.00100101，接着由计算机自动进行BCD码到二进制数的转换，再将输入数转换为等值的二进制数1011.01，存入计算机等待处理。输出的过程与上述过程恰好相反。

2. ASCII

计算机除了处理数值信息外，还要处理大量的字符信息（如英文字母、标点符号、控制字符等）。字符编码就是规定用怎样的二进制码来表示字符信息，以使计算机能够识别、存储、加工、处理。目前，使用最广泛的是美国信息交换标准代码（American Standard Code for Information Interchange，ASCII），它已被国际标准化组织（International Organization for Standardization，ISO）认定为国际标准。

从表1-4所示的ASCII表中可以看出，标准的ASCII值是7位码，用1字节表示，最高位总是0，可以表示128个字符。前32个码和最后一个码通常是计算机系统专用的，分别代表一个不可见的控制字符。数字0~9、字母A~Z和a~z都是按顺序排列的，且小写字母比大写字母的ASCII值大32，这样有利于大小写字母之间的编码转换。数字字符0~9的ASCII值为30H到39H（H表示是十六进制数）。大写字母A~Z和小写英文字母a~z的ASCII值分别为41H到54H和61H到74H。因此在知道一个字母或数字的编码后，很容易推算出其他字母和数字的编码。

表1-4 7位ASCII表

$b_4b_3b_2b_1$	$b_7b_6b_5$							
	000	001	010	011	100	101	110	111
0000	NUL	DLE	空格	0	@	P	`	p
0001	SOH	DC1	!	1	A	Q	a	q
0010	STX	DC2	"	2	B	R	b	r
0011	ETX	DC3	#	3	C	S	c	s
0100	EOT	DC4	$	4	D	T	d	t
0101	ENQ	NAK	%	5	E	U	e	u
0110	ACK	SYN	&	6	F	V	f	v
0111	BEL	ETB	'	7	G	W	g	w
1000	BS	CAN	(	8	H	X	h	x
1001	HT	EM	)	9	I	Y	i	y
1010	LF	SUB	*	:	J	Z	j	z
1011	VT	ESC	+	;	K	[	k	{
1100	FF	FS	,	<	L	\	l		
1101	CR	GS	-	=	M	]	m	}
1110	SO	RS	.	>	N	^	n	~
1111	SI	US	/	?	O	_	o	DEL

例1.10 分别指出"A""a""0""1"和回车符的 ASCII 值。

大写字母"A"的 ASCII 值为 1000001，即 ASC(A)=65；小写字母"a"的 ASCII 值为 1100001，即 ASC(a)=97；数字"0"的 ASCII 值为 0110000，对应的十进制数为 48，则数字"1"对应的十进制数为 49；控制符 CR（回车符）的 ASCII 值为 0001101，对应的十进制数为 13。

扩展的 ASCII 值是 8 位码，也是用 1 字节表示，其前 128 个码与标准的 ASCII 是一样的，后 128 个码（最高位为 1）则有不同的标准，并且与汉字的编码有冲突。

3. 汉字编码

用计算机处理汉字时，必须先将汉字代码化，即对汉字进行编码。从汉字的输入、处理到输出，不同的阶段采用不同的汉字编码，归纳起来可分为汉字输入码、汉字交换码、汉字机内码和汉字输出码 4 种。计算机处理汉字的过程是：通过汉字输入码将汉字信息输入计算机内部，再用汉字交换码和汉字机内码对汉字信息进行加工、转换、处理，最后使用汉字输出码将汉字通过显示器上显示出来或通过打印机打印出来。

关于汉字输入码、汉字交换码、汉字机内码和汉字输出码的详细介绍，读者可扫描二维码查看。

在 Windows 中通过控制面板打开"字体"窗口就可以看到大量使用 TrueType 技术的矢量字体和部分点阵字体。

1.4 微型计算机及其配置

1.4.1 微型计算机概述

微机的体积小，重量轻，安装和使用十分方便。微机在计算机领域占据重要的地位，在各行各业和家庭中得到了迅速普及。图 1-7 和图 1-8 分别是微机中的台式计算机和笔记本电脑。

图 1-7　台式计算机

图 1-8　笔记本电脑

1.4.2 微型计算机的基本硬件配置

微机是一个由很多计算机配件厂家生产的配件的组合体。一般来说，微机的品牌是最后组装企业的品牌，如戴尔、联想、华硕、神舟等。微机一般由主机和外部设备（包括外存储器、输入设备和输出设备）组成。下面以台式计算机为例进行介绍。

1. 主机

主机一般由主板、CPU 和内存储器等部件组成，用来执行程序、处理数据。

（1）主板

主机的各种部件都安装在一块电路板上，这块电路板称为主板（主机板），如图 1-9 所示。

图 1-9　微型计算机的主板

　　各种外部设备通过主板接口（见图 1-10）与计算机主机相连。通过主板接口，可以把显示器、音箱、打印机、扫描仪、U 盘、数码相机、移动硬盘、手机、写字板等外部设备连接到计算机上。

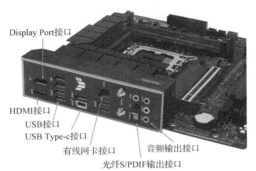

图 1-10　主板接口

　　主板上常见的接口有 USB 接口、HDMI 接口、PS/2 接口、音频接口和显示接口等。

　　USB 接口由于具有支持热插拔、传输速率较高等优点，已成为目前外部设备的主流接口方式。目前广泛使用的接口是 USB 2.0 和 USB 3.0，传输速率可达 5Gbit/s，可以满足大多数外部设备的要求。

　　（2）CPU

　　图 1-11 所示为 Intel 第 12 代桌面 CPU i9-12900K。微型计算机的 CPU 又称为微处理器，是计算机的核心部件，其需安插在主板的 CPU 插槽上。计算机发出的所有操作命令都是受 CPU 控制的。其中，运算器用于完成各种算术运算和逻辑运算；控制器用于读取各种指令，并对指令进行分析，做出相应的控制。通常，CPU 中还有若干个寄存器，它们可直接参与运算并存放运算的中间结果。

图 1-11　i9-12900K CPU（正面和背面）

下面介绍 CPU 的主要性能指标。

① 主频。主频=外频×倍频，涉及的术语含义如下。

时钟频率：单位时间内时钟发出的脉冲次数，以兆赫（MHz）为单位。

内部时钟频率（简称主频）：反映 CPU 内部的数据传输速度，通常指 CPU 内部时钟运行的频率。

外部时钟频率（简称外频）：反映 CPU 与芯片组之间的数据传输速度。

倍频：指 CPU 内部时钟频率是外部时钟频率的多少倍。

② 字和字长。在计算机中，作为一个整体参与运算、处理和传送的一串二进制数称为一个"字"，组成一个字的二进制数的位数称为"字长"。目前微机的字长已经发展到 64 位。

③ 高速缓冲存储器（Cache）。Cache 是一种速度比主存更快的存储器，其功能是减少 CPU 因等待低速主存所导致的延迟，以改进系统的性能。Cache 均由静态随机存储器组成，结构较复杂，一般分为 L1 Cache（一级缓存）、L2 Cache（二级缓存）和 L3 Cache（三级缓存）。L1 Cache 建立在 CPU 内部，与 CPU 同步工作。CPU 工作时首先调用其中的数据，对性能影响较大。高速缓存主要指的是 CPU 的二级缓存和三级缓存，典型容量为 256KB、512KB、1MB、2MB 等。

④ 核心数量。CPU 一直是通过不断提高主频这一途径来提高性能的。然而，如今主频之路已走到了拐点，由于 CPU 的频率越高，功耗就越高，所产生的热量就越多，从而导致各种问题出现。因此，Intel 开发了多核芯片，即在单一芯片上集成多个功能相同的处理器核心，从而提高性能。例如，Core 2 Duo 是双核 CPU，Core 2 Quad 是四核 CPU。核心数量也是 CPU 的一个重要的性能指标。

⑤ 制造工艺。制造工艺是指 CPU 内电路与电路之间的距离，以纳米（nm）为单位，如 45nm、32nm、14nm 和 10nm 等。工艺技术的不断改进，使 CPU 的体积不断减小，集成度不断提高，同时使 CPU 的功耗降低，性能得到了提高。

目前 CPU 的主要生产厂商有美国的 Intel、AMD 公司等，我国的 CPU 生产厂商有龙芯中科、兆芯和飞腾等。

图 1-11 所示为 CPU i9-12900K，其主频为 3.9GHz，是 64 位处理器，带 14MB 二级缓存和 30MB 三级缓存，16 核心，采用 10nm 制造工艺。

（3）内存储器

内存储器（简称内存）是 CPU 能直接访问的存储器，用于存放正在运行的数据和程序。内存储器按工作方式的不同，可分为随机存储器（Random Access Memory，RAM）和只读存储器（Read Only Memory，ROM）。存储器中的每字节都依次用从 0 开始的整数进行编号，这个编号称为地址。CPU 就是按地址来存取存储器中的数据的。

① RAM

RAM 允许随机地按任意指定的地址存取信息。由于信息是通过电信号写入这种存储器的，因此，在计算机断电后，RAM 中的信息就会丢失。

RAM 主要以内存条的形式插在主板上的内存插槽中，现在的内存条插槽规格为双列直插式内存组件（Dual In-line Memory Modules，DIMM），电路板双面有引脚，规格有多种，如 168 线、184 线、240 线和 288 线等。目前，大多数计算机中使用内存条是 DDR3、DDR4 和 DDR5（见图 1-12）。

图 1-12　内存条（DDR5）

RAM 的主要性能指标有存储容量、存取速度和错误校验。目前内存条的常见存储容量为 8GB、16GB 等；存取速度（或存取时间）是指从请求写入/读出到完成写入/读出所需的时间，其单位为 ns（10^9s），主要由内存工作频率决定；错误校验内存的常用方式有奇偶校验（Parity Check）、错误检查与纠正（Error Checking and Correcting，ECC）和串行存在探测（Serial Presence Detect，SPD）。

② ROM

ROM 中的信息只能读出而不能随意写入。ROM 中的信息是厂家在制造时用特殊方法写入的，断电后其中的信息也不会丢失。ROM 中一般存放的是一些重要的，且经常要用到的程序或其他信息，以避免其受到破坏。

2. 外部设备

（1）外存储器

外存储器又称辅助存储器（简称辅存、外存）。外存储器的容量一般都比较大，而且可以移动，便于在不同计算机之间进行信息交流。

在微型计算机中，常用的外存有磁盘、光盘、U 盘等。目前最常用的外存是磁盘（一般指的是硬盘，包括机械硬盘和固态硬盘）。

① 机械硬盘

机械硬盘（见图 1-13）是由若干硬盘盘片组成的盘片组、读/写磁头、定位机构和传动系统密封在一个容器内而构成的。硬盘是计算机主要的存储设备，其容量大，存取速度快，可靠性强。在使用硬盘时，应保持良好的工作环境，如适宜的温度和湿度、防尘、防震等。

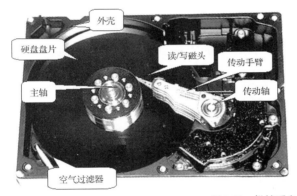
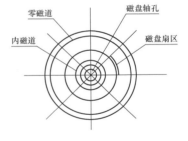

图 1-13　机械硬盘

机械硬盘的性能指标如下。

- 磁盘容量：目前一般配置为 1TB 以上。
- 转速：5400r/min、7200r/min、10000r/min。
- 接口类型：IDE 接口（并行接口）、SATA 接口（串行接口）。

例 1.11　某硬盘有磁头 15 个，磁道（柱面数）8894 个，每道 63 扇区，每扇区 512B，计算其存储容量。

存储容量=15×8894×512×63=4.3GB

> **▶注意**
>
> 硬盘厂商在标称硬盘容量时通常取 1GB=1000MB、1TB=1000GB，因此用户在 BIOS 中或在格式化硬盘时看到的容量会比厂商的标称值要小。如一块标称 8TB 的硬盘，格式化后实际容量约为 7.44TB。

② 固态硬盘

固态硬盘（Solid State Disk，见图 1-14 和图 1-15）是摒弃传统磁介质，采用电子存储介质进行数据存储和读取的一种硬盘，即用固态电子存储芯片阵列制成的硬盘。固态硬盘由控制单元和存储单元两部分组成，存储单元负责存储数据，控制单元负责读取、写入数据。固态硬盘具有存取速度快、耐用、防震、无噪声、重量轻等优点，它突破了传统机械硬盘的性能瓶颈，拥有极高的存储性能，被认为是存储技术发展的未来新星。

图 1-14　SATA 3 接口固态硬盘　　　　　　　图 1-15　M.2 接口固态硬盘

③ 光盘存储器

光盘存储器是利用光学原理进行信息读写的存储器，其主要由光盘驱动器和光盘组成。光盘驱动器是用来读取或者写入光盘数据的设备，如图 1-16 所示，通常固定在主机机箱内。

光盘指的是利用光学方式进行信息存储的圆盘。用于计算机的光盘有以下 3 种类型。

图 1-16　光盘驱动器

• 只读光盘：这种光盘的特点是只能写一次，即在制造时由厂家写入信息，写好后信息永久保存在光盘上。

• 一次性写入光盘：也称为一次写多次读的光盘，但写操作必须在专用的光盘刻录机中进行。

• 可重写光盘：能够重写的光盘，这种光盘可以反复擦写，一般可以重复使用。

每种类型的光盘又分为 CD、DVD 和蓝光等格式，CD 的容量一般为 650MB，DVD 的容量一般分为单面 4.7GB 和双面 8.5GB 单层，蓝光光盘的容量一般为 25GB 或 27GB。

常用的光盘驱动器有：CD-ROM 光驱，只能读取 CD；DVD-ROM 光驱，可读取 DVD、CD；CD-RW 光驱，可以读取/刻录 CD-R 类光盘；DVD-RW 光驱，可以读取/刻录 DVD-R 类光盘。

④ USB 外存设备

USB 外存设备以通用串行总线（Universal Serial Bus，USB）作为与主机通信的接口，可采用多种材料作为存储介质，常见的有 U 盘（USB Flash Disk）、USB 移动硬盘和 USB 移动光盘驱动器等。它是近年来迅速发展起来的，性能很好且具有可移动性的存储产品。

最为典型的 USB 外存设备是 U 盘，它采用非易失性半导体材料 Flash ROM 作为存储介质，虽然体积非常小，容量却很大，可达到 GB，甚至 TB 级别。目前常见的 U 盘容量有 16GB、32GB、64GB、128GB 等。U 盘的优点是不需要驱动器，无外接电源，使用简便，存取速度快，可靠性高，可擦写，只要介质不损坏，里面的数据可以长期保存。

（2）输入设备

输入设备用于将信息输入计算机，并将原始信息转换为计算机能接收的二进制数，使计算机能够处理。常用的输入设备有键盘、鼠标、话筒、光笔、扫描仪、触摸屏、手写板、数码摄像机、数码相机、磁卡读入机、条形码阅读器等。

① 键盘

键盘（见图 1-17）是微型计算机的主要输入设备，是常用的手动输入数字、字符的设备。通过它可以输入程序、数据、操作命令，也可以对计算机进行控制。

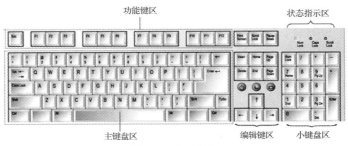

图 1-17　标准键盘

键盘可分为主键盘区、功能键区、编辑键区、小键盘区和状态指示区 5 个区，各区的作用均有所不同。

- 主键盘区（打字键区）。主键盘区是键盘操作的主要区域，也是主要操作对象。各种字符、数字和符号等都可以通过操作该区的按键输入计算机中。
- 功能键区。功能键区位于键盘最上面，包括 F1～F12 键和 Esc 键，共 13 个键。Esc 键的作用是放弃或改变当前操作，F1～F12 键在不同的系统环境下有不同的功能。
- 编辑键区。编辑键区的键是为了方便使用者在全屏幕范围内进行编辑而设置的。编辑键区的每个键表示一种操作，如光标的上、下移动，插入和删除操作等。
- 小键盘区。小键盘区中几乎所有键都是其他区的重复键，如主键盘区中的数字键、运算符键，编辑键区中的光标移动操作键等。如果要使用小键盘区中的各键输入数字，必须使 Num Lock（数字锁定）灯为亮的状态。小键盘区不但兼有编辑键区的所有操作功能，还包括数字键 0～9，加（＋）、减（－）、乘（＊）、除（/）4 个运算符键，以及小数点（.）键等。
- 状态指示区。状态指示区用于提示键盘的工作状态，一般有 Num Lock、Caps Lock 和 Scroll Lock 3 个指示灯。其中，Num Lock 灯指示小键盘中的按键为方向键还是数字键，Caps Lock 灯指示主键盘字母按键是大写还是小写，Scroll Lock 灯指示按上、下方向键移动光标时是否滚动页面。

表 1-5 列出了键盘中一些常用键的基本功能。

表1-5　常用键的基本功能

键名	含义	功能
Shift	上挡键	按 Shift 键的同时再按其他键，可得到上挡字符
Enter	换行键	对命令的响应，将光标移到下一行，在编辑过程中起分行作用
Space	空格键	按一下该键，可输入一个空格字符
BackSpace	退格键	按此键可使光标回退一格，删除一个字符
Delete	删除键	删除光标右侧的字符
Tab	制表定位键	按一下该键，光标右移 8 个字符距离
Caps Lock	大小写字母转换键	Caps Lock 灯亮表示处于大写状态，否则为小写状态
Ctrl	控制键	必须与其他键组合在一起使用
Alt	交替换挡键	此键通常与其他键组成特殊功能键
Num Lock	数字锁定键	Num Lock 指示灯亮时，小键盘上挡数字有效，否则下挡有效
Insert	插入/改写状态切换键	如果处于插入状态，则可以在光标左侧插入字符；如果处于改写状态，则输入的内容会自动替换原来光标右侧的字符
Print Screen	屏幕打印控制键	按一下此键，可以将当前整个屏幕的内容复制到剪贴板上
↑、↓、←、→	方向键	按相应键可使光标上、下、左、右移动
Page Up	上翻页键	向上翻页
Page Down	下翻页键	向下翻页
Home	原位键	将光标移至光标所在行的开头
End	结尾键	将光标移至光标所在行的结尾

② 鼠标

鼠标（见图1-18）是用于图形界面操作系统和应用系统的快速输入设备，其主要功能是移动显示器上的鼠标指针并通过菜单或按钮向主机发出各种操作命令。鼠标的类型、型号有很多，目前人们使用的鼠标多为光学鼠标。鼠标一般有2～3个按键。

安装鼠标时一定要注意其接口类型。目前的鼠标大多为 USB 接口，另外还有无线鼠标。

图1-18　鼠标

鼠标的基本操作包括以下几种。

- 单击：包括单击左键和单击右键。一般人们所说的单击是指单击左键，即用食指按一下鼠标左键后马上松开，可用于选择某个对象。单击右键就是用中指按一下鼠标右键后马上松开，可用于打开右键快捷菜单。

- 双击：指连续、快速地单击鼠标左键两下。

- 拖曳：指按住鼠标左键不放，移动鼠标指针到所需的位置，用以将选中的对象移动到所需的位置。

除了键盘和鼠标外，常用的输入设备还有扫描仪、摄像头、游戏手柄和手写板等，如图1-19所示。

（a）扫描仪　　　　　（b）摄像头　　　　　（c）游戏手柄　　　　　（d）手写板

图1-19　常用的输入设备

（3）输出设备

输出设备用于将计算机处理的结果转换为人们所能接受的形式并输出。常用的输出设备有显示器、打印机、绘图仪、音箱等。

① 显示器

显示器是计算机的主要输出设备，用于将系统信息、计算机的处理结果、用户程序及文档等信息显示在屏幕上，是人机对话的一个重要工具。

液晶显示器（Liquid Crystal Display，LCD）是目前使用最广泛的显示设备，如图1-20（a）所示。LCD具有重量轻、体积小且节能、无闪烁、健康环保等特点，适合上网，观看影像、文本等，更适合在办公室使用。

显示控制适配器又称显卡，如图1-20（b）所示，用于进行主板和显示器之间的通信，通常插在主板的扩展槽上。在使用时，CPU 首先要将显示的数据传送到显卡的显示缓冲区，之后显卡再将数据传送到显示器上。

（a）液晶显示器　　　　　　　　　　（b）显卡

图1-20　液晶显示器及显卡

显示器的主要性能指标有尺寸、点距、分辨率、刷新频率等。显示器的分辨率是显示器的一个重要指标。显示器的一整屏为一帧，每帧有若干条线，每条线又分为若干个点，这些点就称为像素。每帧的线数和每线的点数的乘积就是显示器的分辨率。分辨率越高，所显示的字符和图像就越清晰。常用的分辨率有 1024×768、1280×1024、1920×1080（1K，即高清分辨率），以及 2K、4K 等。

②　打印机

打印机（见图 1-21）也是计算机的基本输出设备之一，它与显示器最大的区别是它将信息输出在纸等媒介上。打印机也是常见的一种输出设备，但并非计算机中不可缺少的一部分，用户可以按自己的需要通过打印机将在计算机中创建的文稿、数据打印出来。

（a）激光打印机　　　　　　　　　（b）喷墨打印机　　　　　　　　　（c）针式打印机

图 1-21　打印机

打印机按照打印色彩可分为单色打印机和彩色打印机；按照工作原理可分为击打式（针式）和非击打式两类，常见的非击打式打印机有激光打印机、喷墨打印机等。

打印机与计算机的连接以并口、串口或 USB 接口为标准接口，过去通常采用并口，目前的打印机以 USB 接口居多。将打印机与计算机连接后，必须安装相应的打印机驱动程序才可以使用打印机。

3D 打印机（见图 1-22）是可以打印成型真实 3D 物体的设备，与激光成型技术去除多余材料的加工技术恰好相反，它是采用分层加工、叠加成型，即通过逐层增加材料来生成三维实体的。在 3D 打印机的技术原理中，分层加工的过程与喷墨打印的过程相似，而叠加成型则是计算机断层扫描的逆过程。断层扫描是把某个物体切成多个连续叠加的片，而 3D 打印则是一片一片地打印，然后将之叠加到一起，形成立体物体。使用 3D 辅助设计软件设计出模型或原型后，用有机或无机的材料作为打印的原料，即可通过 3D 打印机打印出复杂的三维构造的橡胶、塑料、金属制品或建筑构件，甚至人体器官。

图 1-22　3D 打印机及打印成型的真实 3D 物体

1.5　实验案例

【实验一】　指法练习

实验内容：了解键盘的结构及各部分的功能，熟悉计算机键盘分区及基准键位，熟练掌握指法，养成良好的使用习惯和正确的击键姿势，进行盲打练习，测试打字速度。

实验要求如下。

（1）认识键盘

指出全键盘（一般为 104 键）的主键盘区、功能键区、编辑键区、小键盘区和状态指示区，记住各个键位，了解常用键的功能，掌握组合键的使用方法。

（2）掌握指法

熟记键盘指法分区，如图 1-23 所示。

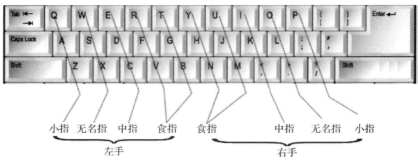

图 1-23　键盘指法分区

▶注意

各个手指必须严格做到"包干到指"，分工明确，"恪守岗位"。手指间的任何"互相帮助"可能会造成指法混乱，从而严重降低输入速度，加大差错率。

（3）练习盲打

打开"金山打字通"软件，从简单到复杂，逐步练习功能键、组合键的使用等。建议读者的击键速度达到 120 次/min，打字速度达到 40 个汉字/min。

【实验二】 汉字输入

实验内容：安装搜狗输入法，熟悉输入法之间的切换方法，练习汉字的输入。

实验要求如下。

（1）安装搜狗输入法

搜狗输入法是应用广泛的一款汉字输入法工具，其最大的特点是实现了输入法和互联网的结合。读者只需按默认设置安装即可。

（2）切换输入法

使用 Ctrl+Space（空格键）组合键可打开或关闭中文输入法，使用 Ctrl+Shift 组合键可切换输入法。

（3）练习汉字的输入

利用"金山打字通"练习汉字的输入，进一步熟练指法，提高自己的打字速度。

（4）练习文档的输入

自行选取一篇 300 字左右的中文文章，其中最好包含汉字、数字、大小写字母、常见符号、特殊符号（如®、à 等），使用搜狗输入法或其他输入法输入文档内容。

【实验三】 认识计算机部件

实验内容：了解微机的内部结构，认识各个部件（以台式计算机为例）。

实验要求：打开台式计算机的机箱，指出主板、CPU 散热器、CPU、硬盘、内存、电源和连接线等部件，了解主板接口。

小结

本章介绍了计算机的诞生、发展、特点、分类及应用，计算机系统的软件、硬件组成，微型计算机及各配置部件，信息在计算机内的存储形式等内容。重点是微机的软件和硬件组成，常见的信息编码。

习题

一、选择题

1. 信息可以通过声、图、文等形式在空间传播的特性称为信息的（   ）。
   A. 可传递性　　　　B. 时效性　　　　C. 可存储性　　　　D. 可识别性
2. 用 MIPS 来衡量的计算机性能指标是（   ）。
   A. 处理能力　　　　B. 存储容量　　　　C. 可靠性　　　　D. 运算速度
3. 工厂利用计算机系统实现温度调节、阀门开关，该应用属于（   ）。
   A. 过程控制　　　　B. 数据处理　　　　C. 科学计算　　　　D. CAD
4. 在计算机中采用二进制，是因为（   ）。
   A. 可降低硬件成本　　　　　　　　B. 两个状态的系统具有稳定性
   C. 二进制的运算法则简单　　　　　D. 上述 3 个原因
5. 计算机自诞生以来，在性能、价格等方面都发生了巨大的变化，但是其（   ）没有发生多大的变化。
   A. 耗电量　　　　B. 体积　　　　C. 运算速度　　　　D. 体系结构

二、问答题

1. 计算机的发展经历了哪些阶段? 各个阶段有何特点?
2. 计算机的主要特点有哪些?
3. 计算机主要应用在哪些领域?

第2章 Windows 操作系统

 学习目标

- 理解操作系统的概念和作用。
- 掌握 Windows 10 的基本操作方法。
- 掌握管理文件和文件夹的方法。
- 熟悉控制面板和实用程序的使用。

2.1 操作系统概述

2.1.1 操作系统及其功能

现代通用的计算机系统是由硬件和软件组成的。没有安装软件的计算机称为"裸机",是无法进行任何工作的。

操作系统是一组控制和管理计算机软、硬件资源,使用户能便捷地使用计算机中的程序的集合。它是配置在计算机硬件上的第一层软件,是对硬件功能的扩充。

操作系统的作用是调度、分配、管理所有的硬件设备和软件系统统一、协调地运行,以满足用户实际操作的需要。

操作系统具有 5 大功能:处理机管理、存储器管理、设备管理、文件管理和接口管理。

2.1.2 常用操作系统简介

1. DOS

DOS 是微软公司为 16 位字长计算机开发的操作系统。DOS 是单用户、单任务的文本命令型操作系统。其特点是:单机封闭式管理(单用户);在某一时刻只能运行一个应用程序(单任务);只能接收和处理文本命令。DOS 在 2000 年后已经完全被 Windows 取代,目前 DOS 只是作为一种工具被应用,而不是其本义的操作系统。图 2-1 是集成在 Windows 10 中的 DOS 命令提示符窗口。

图 2-1　集成在 Windows 10 中的 DOS 命令提示符窗口

2. Windows

Windows 系列操作系统是微软公司继成功开发了 DOS 后,为 32 位和 64 位字长计算机开发的一款操作系统。Windows 是多用户、多任务的图形命令型操作系统。开放式管理,允许同时运行若干个程序,用图形界面代替文本命令是它的特点。正是由于其具有图形化的特点，Windows 操作系统才能被更多的用户接受，获得了用户的广泛认同。

随着计算机软件、硬件和网络技术的发展，Windows 操作系统经历了 1.0 至 3.0、95、98、XP、Vista、7、8、10 和 11 等版本的变化。Windows 系列操作系统已经占据了当今世界 PC 操作系统的大部分市场份额。图 2-2 所示为一些 Windows 操作系统的标志，其中最左边的是 Windows 1.0 的标志。

图 2-2　部分 Windows 操作系统标志

3. UNIX

UNIX 是通用、交互式、多任务、多处理、多用户应用领域的主流操作系统之一，是业界公认的工业化标准的操作系统。UNIX 具有较好的可移植性，它也是目前唯一能在各种类型的计算机（从微机、工作站到巨型机）或各种硬件平台上稳定运行的操作系统。由于 UNIX 应用程序较少，且不易学习，故未能得到普及应用。

4. Linux

Linux 是 20 世纪 90 年代推出的操作系统，它与 UNIX 完全兼容，且具有 UNIX 所有的功能和特性。它的优点在于其程序代码完全公开，而且是完全免费的。Linux 以稳定可靠、功能完善、性能卓越著称，是许多 Internet 服务商推崇的操作系统。

2.1.3　国产操作系统简介

操作系统是基础软件，是计算机系统的"灵魂"，工作在应用软件的最底层。操作系统市场长期被微软、苹果、谷歌等美国企业垄断，其厂商很容易取得操作用户的各种敏感信息，因而操作系统关系到国家的信息安全，研发和使用国产操作系统是当前重要的课题。

国产操作系统多以 Linux 为基础进行二次开发。以下介绍 3 款典型的国产操作系统。

1. 统信 UOS

统信 UOS 以 Linux 发行版为基础，经过自主研发而成。其桌面环境可以在"时尚模式"和"高效模式"之间进行切换，方便 Windows 用户无缝切换、即刻上手。在软件生态中，统信 UOS 应用商店软件在日常娱乐、办公等领域已经能够完全满足用户需求。图 2-3 所示为统信 UOS 窗口。

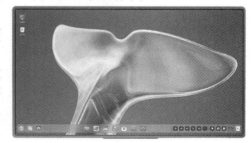

图 2-3　统信 UOS 窗口

2. 中标麒麟

中标麒麟操作系统采用强化的 Linux 内核，分成桌面版、通用版、高级版和安全版等，并针对 x86 及龙芯、申威、众志等国产 CPU 平台，完成了硬件适配、软件移植、功能定制和性能优化，可运行在台式计算机、笔记本电脑、一体机、车机等不同产品形态之上，支撑着国防、能源、交通、电力和金融等各领域的应用。图 2-4 所示为中标麒麟的标志。

3. HarmonyOS

HarmonyOS（鸿蒙系统）是华为公司开发的一款全场景分布式智慧操作系统，号称"万物互联时代的操作系统"，正逐步覆盖智能手机、PC、平板电脑、智能手表、智慧屏和车机等全场景终端设备，以从根本上解决用户面对大量智能终端体验割裂的问题。图 2-5 所示为华为 HarmonyOS 的标志。

图 2-4 中标麒麟的标志

图 2-5 华为 HarmonyOS 的标志

2.2 Windows 10 的基本操作

2.2.1 Windows 10 的安装、启动和退出

1. Windows 10 的安装

Windows 10 是微软公司 Windows 系列中稳定、成熟、兼容性强、应用广泛的主流操作系统。用户掌握其操作方式后，能平滑过渡到后续的 Windows 11 操作系统，因此本书重点讲解 Windows 10。

安装 Windows 10 之前，必须了解一下计算机的硬件配置。如果配置较低，会影响系统的性能。为更好地体验 Windows 10，推荐配置为：处理器双核且主频 1GHz，内存 2GB，硬盘可用空间 20GB（建议采用固态硬盘），显卡为 DirectX 9 或更高版本（包含 WDDM 1.3 或更高版本驱动程序），显示分辨率为 1024 像素×600 像素。

一般地，使用可启动计算机的 U 盘启动计算机，然后利用下载的 ISO 文件，根据屏幕上的提示安装 Windows 10。中文版 Windows 10 的安装过程是非常简单的，它使用高度自动化的安装程序向导，用户只需要选择和输入相应的信息即可完成安装。

Windows 10 的安装过程主要包括以下步骤。

（1）选择安装信息，包括选择要安装的语言、时间和货币格式、键盘和输入方法等，如图 2-6 所示。

图 2-6 Windows 10 的安装界面

（2）选择安装类型，安装类型包括"升级"和"自定义"两种，如图 2-7 所示。注意，全新的系统安装时要选择"自定义"。

（3）选择安装路径，执行格式化操作并继续进行系统安装。

（4）完成以上配置后，安装程序开始执行复制、展开文件等安装操作。文件复制完成后，将出现初次使用 Windows 10 的设置界面，如图 2-8 所示。

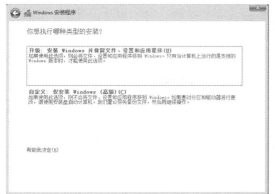

图 2-7 选择安装类型

图 2-8 初次使用 Windows 10 的设置界面

（5）在上一步中，一般单击"使用快速设置"按钮，可以跳过繁杂的设置细节。接下来创建账户，如图 2-9 所示。之后便会进入 Windows 10 操作系统的登录界面。

2．Windows 10 的启动

计算机接通电源后，Windows 10 会自动启动。若设置了账户和密码，系统会要求使用者以某个用户名和相应的密码进行登录。图 2-10 所示为进入 Windows 10 操作系统时的登录界面。用户正确登录后可进入 Windows 10 的桌面。

图 2-9 Windows 10 创建账户界面

图 2-10 进入 Windows 10 操作系统时的登录界面

3．Windows 10 的退出

当用户不再使用计算机时，可选择桌面左下角的"开始" ⊞ → ⏻ 电源 → ⏻ 关机 命令关闭计算机；也可用鼠标右键单击（右击）"开始"按钮 ⊞，在弹出的快捷菜单中选择"关机或注销"命令，在其子菜单中对计算机进行其他操作，如"注销""重启"等，如图 2-11 所示。

图 2-11 展开"关机或注销"命令的子菜单

在关机过程中，若系统中有需要用户进行保存的程序，Windows 10 会询问用户是否强制关机或者取消关机。

2.2.2 Windows 10 的基本概念

1．桌面

"桌面"是在中文版 Windows 10 安装完成后，用户启动计算机并登录系统所看到的整个屏幕界面。桌面是人机对话的主要接口，也是人机交互的图形用户界面，是组织和管理资源的一种有效方式。桌面由桌面背景、图标、任务栏、"开始"菜单、语言栏和通知区域等组成，如图 2-12 所示。

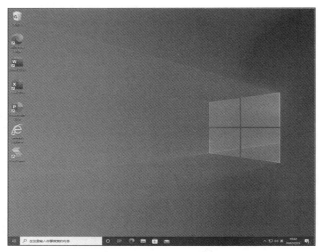

图 2-12　Windows 10 的桌面

桌面上可以存放用户经常使用的应用程序、文件夹和快捷方式图标，用户可以根据自己的需要在桌面上添加各种快捷方式图标，使用时双击图标就能够快速启动相应的程序或打开文件。

2．图标

摆放在桌面上的小图像称为"图标"。每个图标均由两部分组成：一是图标的图案；二是图标的标题。图案部分是图标的图形标识，为了便于区别，不同类型的图标一般使用不同的图案。标题是说明图标的文字信息。

用户把鼠标指针放在图标上停留片刻，桌面上会出现对图标所表示内容的说明，如图 2-13 所示。双击图标就可以打开相应的内容。

桌面上的图标有一部分是快捷方式图标，其特征是在图案的左下方有一个向右上方的箭头。利用快捷方式图标可以方便地启动与其相对应的应用程序。注意：快捷方式图标只是相应应用程序的一个映像，它的删除并不影响应用程序的存在。

用户可以在桌面上创建自己经常使用的程序或文件的图标。常见的系统图标有"此电脑""网络""回收站"等。选择桌面左下角的"开始" ⊞→"设置" ⚙→"个性化"→"主题"→"桌面图标设置"命令，打开"桌面图标设置"对话框，如图 2-14 所示。选择相应的图标，单击"应用"按钮，即可把相应的图标摆放在桌面上。

为了保持桌面的整洁和美观，用户可以对桌面上的图标进行排列。用户也可以调整桌面上图标的大小，最简单的方法是按住 Ctrl 键的同时，向上或向下滚动鼠标滚轮。

此外，用户还可以更改或删除图标的图案及标题。

图 2-13　桌面上的图标及其说明文字

图 2-14　"桌面图标设置"对话框

3．任务栏

任务栏是位于桌面底部的一个小长条，其中会显示系统正在运行的程序图标、已打开的窗口图标及当前的时间等内容，如图 2-15 所示。

图 2-15　任务栏

任务栏中从左到右分别是"开始"按钮、搜索框、Cortana 按钮、"任务视图"按钮、各种应用程序图标、各种正在运行的程序图标、通知区域、"显示桌面"按钮。其中通知区域包含了各种隐藏的图标，以及网络状态、语言栏、音量、时钟和通知等的图标。下面介绍任务栏的部分部件。

（1）"开始"按钮。"开始"按钮是利用 Windows 10 进行工作的起点。通过"开始"按钮，用户不仅可以使用 Windows 10 提供的附件和其他各种应用程序，还可以对计算机进行各项设置等。在 Windows 10 中，用户可以直接通过"开始"按钮把程序附加在任务栏上快速启动。

（2）搜索框。搜索框相当于一个本地资源的浏览器，其一方面可以用于浏览和搜索网络资源，另一方面可以用于连接本地计算机以查看相关设置、查找应用程序和文件等。图 2-16 和图 2-17 分别是搜索"人工智能"网络资源和"记事本"本地资源的示例结果。在搜索框上右击，在弹出的快捷菜单中，用户可以设置搜索框是否隐藏或显示为搜索图标等。

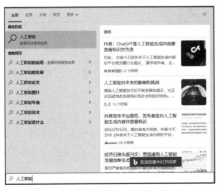

图 2-16　搜索"人工智能"结果

图 2-17　搜索"记事本"结果

（3）正在运行的程序图标。每当用户启动一个应用程序，应用程序就会作为一个图标出现在任务栏上。当该程序处于活动状态时，任务栏上的相应图标处于被按下的状态，否则处于弹起状态。用户可利用此类图标在多个应用程序之间进行切换（只需要单击相应的应用程序图标即可），或者单击"任务视图"按钮 ▣ 选择相应的任务。

（4）时钟图标 ▦ 。单击该图标，可以显示当前计算机的日期和时间，以及公历和农历的日历信息，如图 2-18 所示。用户若仅想要知道当前的日期和星期，只需要将鼠标指针移动到时钟图标上，相关信息会自动显示出来。

任务栏在默认情况下，总是出现在屏幕的底部，而且不被其他窗口所覆盖。其高度只能够容纳一行按钮。当任务栏处于非锁定状态时，将鼠标指针移到任务栏的边缘附近，待鼠标指针变成上下箭头形状时按住鼠标左键上下拖动，就可以改变任务栏的高度（最高到屏幕高度的一半）。若用鼠标拖动任务栏，可以将任务栏拖到屏幕的上、下、左、右 4 个边缘位置。

在 Windows 10 中，用户也可根据个人的喜好定制任务栏。右击任务栏的空白处，在弹出的快捷菜单中选择"任务栏设置"命令，出现"任务栏"界面，如图 2-19 所示。

图 2-18　单击时钟图标显示日历

图 2-19　"任务栏"界面

- "锁定任务栏"：保持现有任务栏的外观，避免意外的改动。
- "在桌面模式下自动隐藏任务栏"和"在平板模式下自动隐藏任务栏"：当任务栏未处于使用状态时，它将自动从屏幕下方退出。当鼠标指针移动到屏幕下方时，任务栏又重新回到原位置。
- "使用小任务栏按钮"：使任务栏上的窗口按钮以小按钮的样式显示。
- "在任务栏按钮上显示角标"：固定在任务栏上的应用，如时钟、邮件等，打开后，该应用图标上就会出现一个闹钟或者表示接收到多少邮件的数字等角标。
- "任务栏在屏幕上的位置"：可选择"顶部""左侧""右侧"和"底部"等选项。
- "合并任务栏按钮"：对同一个应用程序的若干窗口进行组合管理。
- "通知区域"中的超链接：通过"通知区域"中的超链接可以自定义通知区域中出现的图标和通知。

4．"开始"菜单

单击"开始"按钮会弹出"开始"菜单。"开始"菜单集成了 Windows 10 中大部分的应用程序和系统设置工具，如图 2-20 所示。"开始"菜单左侧为"电源""设置""图片""文档""用户"按钮；中间为所有应用程序列表，当多次打开同一个应用程序或文件后，也会显示常用项目和最近添加项目；右侧为固定应用的磁贴或图标，用户单击磁贴或图标能方便地打开应用程序。用户也可以右击中间的应用项目，在弹出的快捷菜单中选择"固定到'开始'屏幕"命令，应用图标或磁贴就会出现在右侧区域中。

在"开始"菜单中，每一个菜单项除了有文字之外，还有一些标记，如图案、文件夹图标、向下展开箭头"∨"和向上收缩箭头"∧"。其中，文字是相应菜单项的标题；图案是为了美观和生动形象（在应用程序窗口中此图案与工具栏上相应按钮的图案一样）；文件夹图标和向下展开箭头表示其中包含下级子菜单。

默认情况下，"开始"菜单中的应用程序列表按应用程序标题的数字、英文字母和中文拼音排序。

"开始"菜单的主要用途是存放操作系统或设置系统的绝大多数命令，启用安装到当前系统中的所有程序，进行所有的Windows操作。"开始"菜单最常用的应用就是启动程序、注销和关闭计算机。

图 2-20　"开始"菜单

5. 窗口

Windows 10 的窗口在屏幕上呈一个矩形，是用户与计算机进行信息交互的界面。一个标准的窗口由标题栏、菜单栏、工具栏等几部分组成，图 2-21 所示为"事件查看器"窗口。

图 2-21　窗口示例

（1）标题栏：位于窗口的最上方，它标明了当前窗口的名称。标题栏左侧有控制菜单图标，右侧有"最小化""最大化（还原）"和"关闭"按钮。

（2）菜单栏：在标题栏的下面，它提供了用户在操作过程中要用到的各种功能的访问途径。

（3）工具栏：包含常用操作按钮。单击工具栏中的按钮相当于选择对应的菜单项。

（4）滚动条：当工作区域的内容太多而不能全部显示时，窗口中会自动出现滚动条，用户可以通过拖动水平滚动条或垂直滚动条来查看所有的内容。

（5）状态栏：位于窗口的最下方，它标明了当前有关操作对象的一些基本情况。

窗口的基本操作包括打开、缩放、移动、最大化、最小化、切换和关闭等。对多个窗口也可以进行层叠、横向平铺和纵向平铺等操作。

6. 对话框

对话框是用户与计算机系统之间进行信息交流的界面。在对话框中用户可以对系统进行对象属性的修改或者设置，如图 2-22 所示。

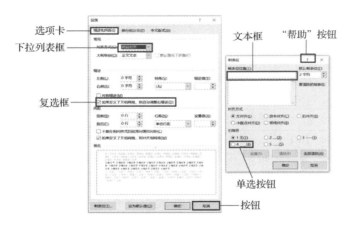

图 2-22　对话框示例

对话框一般由选项卡、下拉列表框、文本框、单选按钮、复选框、按钮等元素组成。

（1）选项卡：用户可以通过各个选项卡之间的切换来查看不同的内容，选项卡中通常有不同的选项组。

（2）下拉列表框：单击右边向下的箭头，可显示一些选项让用户进行选择；有时用户也可直接在下拉列表框中输入内容。

（3）文本框：用来输入文本内容的框。

（4）单选按钮：表示在几种选项中，用户仅能选择其中的某一项。未选中显示为"○"，选中显示为"⊙"。

（5）复选框：表示用户可以从若干项中选择某些选项（用户可以全不选，也可以全选）。未选中显示为"□"，选中显示为"☑"。

（6）按钮：用来完成一定的操作，常用的按钮有"确定"按钮、"应用"按钮、"取消"按钮等。

（7）"帮助"按钮：有的对话框右上角有一个"?"按钮，其功能是帮助用户了解更多的信息。

2.2.3　Windows 10 的文件和文件夹管理

1．文件和文件夹的相关概念

文件和文件夹是计算机资源管理中重要的概念，几乎所有的任务都要涉及文件和文件夹的操作。

（1）文件

文件是计算机管理和操作的对象，是按一定格式存放相关信息（包括文档、可执行的应用程序、图片、音频或视频等）的集合。文件通过名称（文件名）来标识，是存储信息的基本单位。图 2-23 所示为不同类型的文件。

（2）文件夹

文件夹是系统组织和管理文件的一种形式，是为了方便用户查找、维护和存储文件而设置的。用户可以将文件分门别类地存放在不同的文件夹中。文件夹中可以存放所有类型的文件和下一级文件夹等内容，如图 2-24 所示。

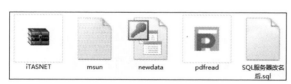

图 2-23　文件示例

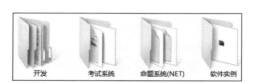

图 2-24　文件夹示例

文件和文件夹的管理包括文件和文件夹的创建、移动、复制、重命名、删除、更改属性、搜索、共享等。

（3）文件名

文件名是文件必须有且仅有一个的标记，又称为文件全名。一个完整的文件名包括驱动器号、文件夹路径、文件名和扩展名，最多可包含255个字符。其格式如下：

[驱动器号:][文件夹路径]<文件名>[.扩展名]

例如，D:\软件实例\mydev.rar。

文件和文件夹的命名字符包括26个英文字母（大小写同义）、数字（0～9）和一些特殊符号，但注意不能使用9个特定字符、/、*、?、<、>、|、:和"。

常用扩展名（也称"类型名"或"后缀名"）来标明文件的类型，扩展名一般由3～4个字符组成，文件名与扩展名之间用"."隔开。

文件类型可以分为三大类：系统文件、通用文件和用户文件。前两类一般在装入系统时安装，其名称和扩展名由系统指定，用户不能为其随便改名或删除其名称。用户文件是指用户自己建立的文件。

在Windows环境中，文件类型指定了对文件的操作或文件的结构特性。文件类型可标识打开该文件的程序，如"Microsoft Word"。文件类型与文件扩展名相关联，例如，具有.txt或.log扩展名的文件是"文本文档"类型，可使用任何文本编辑器打开。

常见的文件类型如表2-1所示。

表2-1 常见的文件类型

扩展名	文件类型	扩展名	文件类型
.bat	可执行的批处理文件	.html	主页（homepage）文件
.exe	可执行命令或程序文件	.htm	主页（homepage）文件
.docx	Word 文档文件	.wav	音频格式文件
.xlsx	Excel 工作簿文件	.jpg	联合图像压缩文件
.fon	字库文件	.com	系统程序文件或命令文件
.txt	文本文件	.hlp	求助源文件
.clp	剪贴板文件	.tmp	临时文件
.pptx	PowerPoint 演示文稿文件	.gif	可交换图像文件
.wri	写字板文本文件	.bmp	位图文件

原则上，文件的名称要"见名知义"，扩展名要"见名知类"。

（4）通配符

通配符是模糊查找文件、文件夹、打印机、计算机或用户时的代替字符。

当我们不知道真正的字符或者不想输入完整的名称时，常常使用通配符代替一个或多个字符。常用的通配符有两个："?"和"*"。"?"可代表文件或文件夹名称中任意零个或一个字符，"*"则可代表零个或多个字符。

例如，要查找所有以字母"D"开头的文件，可以在查询内容时输入"D*"。当然，也可以一次使用多个通配符。如果想查找一种特殊类型的文件，则可以使用"*.扩展名"的方法，如使用"*.jpg"就可以查找到所有.jpg格式的文件。

（5）文件属性

文件属性用于指出文件是否为只读、隐藏、存档（备份）、索引、压缩或加密状态，如图2-25所示。

单击 高级① 按钮可以显示高级属性，如图2-26所示。

图 2-25 文件属性   图 2-26 高级属性

文件和文件夹都有属性页,文件属性页显示的主要内容包括文件类型,与文件关联的程序(打开方式),文件的位置、大小、占用空间、创建时间、修改时间、访问时间等。不同类型的文件或同一类型的不同文件其属性可能不同,有些属性可由用户自己定义。

通常情况下,通过建立文件的程序还可以自定义属性,以提供关于该文件的其他信息。

2. 文件资源管理器

文件资源管理器是 Windows 操作系统提供的资源管理工具,是 Windows 的重要功能之一。用户可以通过文件资源管理器查看计算机上的所有资源,还可以清晰、直观地对计算机中的文件和文件夹进行管理。

打开文件资源管理器的方法有很多,最常用的有以下两种。

- 单击"开始"按钮,选择"计算机"命令。
- 右击"开始"按钮,在弹出的快捷菜单中选择"文件资源管理器"命令。

Windows 10 的文件资源管理器主要由选项卡和选项组、地址栏、搜索栏、导航窗格、详细信息窗格或预览窗格、资源管理窗格等部分组成,如图 2-27 所示。

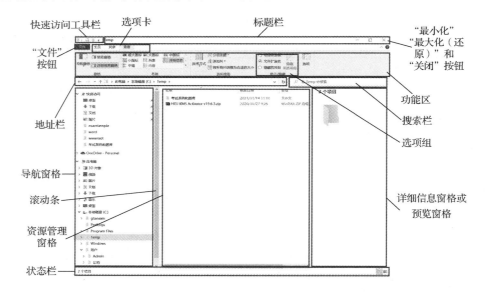

图 2-27 "文件资源管理器"窗口

（1）选项卡和选项组

文件资源管理器将对象的操作功能归类到各选项卡中，操作不同的对象时，相应的选项卡有所不同。例如，在文件资源管理器中选择图片文件和压缩文件时，选项卡中的功能不尽相同，如图2-28所示。

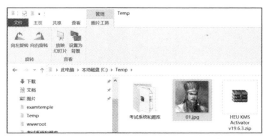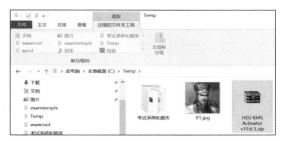

图2-28　选择不同类型的文件显示不同的选项卡

把对象操作功能按钮分组，可以得到选项组。常见的选项卡有"主页""共享""查看"等，包含"剪贴板""窗格""布局"等选项组，这些选项组又包含"复制""剪切""压缩""删除"等常用的功能按钮，用户在使用时可以直接从中单击各种工具按钮。

（2）地址栏

地址栏具有与浏览器相似的按钮，如"后退"←、"前进"→、"记录"∨、"上移"↑、"刷新"↻等。Windows 10的地址栏中"记录"按钮的列表最多可以记录最近的10个项目，使用户能更快地切换文件夹，以实现在不同级别的文件夹间跳转。例如，图2-27当前显示的是"C:\Temp"，只要在地址栏中单击"DATA(D:)"即可直接跳转到该位置。不仅如此，还可以在不同级别的文件夹间跳转，如单击"DATA(D:)"右边的▸，其下拉列表中将显示"DATA(D:)"所包含的内容，直接选择某一个文件夹即可进行跳转。

（3）搜索栏

输入搜索内容后，系统会在当前文件夹下开始搜索目标，并且文件资源管理器中会显示"搜索"选项卡，用户还能指定搜索条件，如修改日期、类型、大小等。如在C:\下搜索".jpg"，结果为图2-29所示。

当把鼠标指针移动到地址栏和搜索栏之间时，鼠标指针会变成水平双向的箭头，此时水平拖动鼠标可以更改地址栏和搜索栏的宽度。

（4）导航窗格

导航窗格可分为快速访问、OneDrive-Personal、此电脑和网络4个部分，能够辅助用户在各个位置之间进行快速切换。

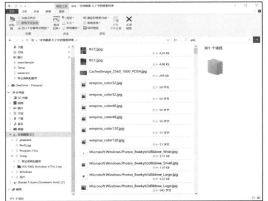

图2-29　搜索栏使用示意图

通过导航窗格的按钮▸和∨可以分别展开和折叠相应的操作对象；用户在资源管理窗格中拖动对象到导航窗格的某个对象上，系统会根据情况提示"创建链接""复制""移动"等操作。

（5）详细信息窗格或预览窗格

详细信息窗格用于显示一些特定文件、文件夹或者对象的详细信息，当在资源管理窗格中没有选中对象时，详细信息窗格显示的是本机的信息；预览窗格用于预览文件内容，包括音乐、视频、图片、文档等文件，如果文件是比较专业的，则需要安装相应的软件才能预览。

单击"查看"→"窗格"→"预览窗格"或者"详细信息窗格"按钮，可切换该窗格显示的内容。

（6）资源管理窗格

资源管理窗格在窗口中所占的比例最大，显示了应用程序界面或文件中的全部内容。资源管理窗格是用户进行操作的主要区域。在此窗格中，用户可以对其中的对象进行选择、打开、复制、移动、创建、删除、重命名等操作。

以下文件和文件夹的操作都将在文件资源管理器中进行。

3．文件的操作

（1）预览文件

① 单击需要预览的文件，如图片文件或 Word 文档等。

② 单击"查看"→"窗格"→"预览窗格"按钮，在窗口右侧的预览窗格中就会显示出该文件的内容，如图 2-30 所示。

（2）选择文件

在 Windows 中，用户若要对文件进行操作，必须先选中相应文件。

① 选中单个文件：单击文件即可。

② 选中连续的多个文件：先选中第一个文件（方法同①），然后按住 Shift 键单击最后一个文件，则它们及它们之间的所有文件就都被选中了，如图 2-31 所示。

图 2-30　预览文件

图 2-31　选中连续的多个文件

③ 选中不连续的多个文件：先选中第一个文件，然后按住 Ctrl 键单击其他的文件，即可选中不连续的多个文件，如图 2-32 所示。

如果想把当前窗口中的文件全部选中，则可选择"主页"→"全部选择"命令，也可按 Ctrl+A 组合键。

如果多选了，也可取消文件。单击窗口中的空白区域，可以取消所有文件；如果只想取消单个文件或部分文件，则可按住 Ctrl 键单击需要取消的文件。

（3）复制文件

方法一：选中文件后，选择"主页"→"复制"命令（也可使用 Ctrl+C 组合键），然后转换到目标位置，再选择"主页"→"粘贴"命令（也可使用 Ctrl+V 组合键）。

方法二：使用鼠标直接把文件拖动到目标位置即可（如果是在同一磁盘内进行复制，则要在拖动文件的同时按住 Ctrl 键）。

方法三：如果是把文件从硬盘复制到 U 盘或移动硬盘，则可右击文件，然后在弹出的快捷菜单中选择"发送到"命令，之后选择相应盘符即可，如图 2-33 所示。

图 2-32　选中不连续的多个文件

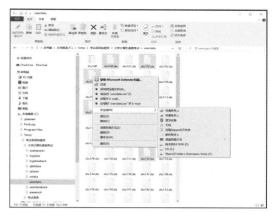

图 2-33　复制文件到可移动磁盘

（4）移动文件

方法一：选中文件后，选择"主页"→"剪切"命令（也可使用 Ctrl+X 组合键），转换到目标位置，再选择"主页"→"粘贴"命令（也可使用 Ctrl+V 组合键）。

方法二：用鼠标直接把文件拖动到目标位置即可（如果是在不同盘之间进行移动，则要在拖动文件的同时按住 Shift 键）。

（5）删除文件

方法一：选中文件后，直接按 Delete 键。

方法二：选中文件后，右击文件图标，在弹出的快捷菜单中选择"删除"命令。

方法三：选中文件后，选择"主页"→"删除"命令，或在其下拉菜单选择"回收"或"永久删除"命令。

要注意，在硬盘上不管是采用以上哪种方法删除文件或文件夹，实际上系统只是把它移入了"回收站"中。如果想恢复已经删除的文件或文件夹，可以到回收站中去查找。在清空回收站之前，被删除的文件或文件夹都一直保留在那里，如图 2-34 所示。只有执行"清空回收站"操作后，回收站中的所有文件或文件夹才真正被彻底删除。

如果不想将要删除的文件或文件夹移入回收站中，则可在按住 Shift 键的同时执行"删除"命令，此时会出现"确实要永久删除……"的对话框，如图 2-35 所示，单击"是"按钮，则文件会被彻底删除。

图 2-34　移入回收站的文件

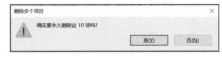

图 2-35　确认永久删除文件

另外，彻底删除的文件或文件夹不会放入回收站，因此也无法还原，系统会释放其所占用的空间。

（6）重命名文件

文件的复制、移动、删除操作一次可以操作多个对象。而文件的重命名一般只能一次操作一个对象。

方法一：右击文件图标，在弹出的快捷菜单中选择"重命名"命令，然后输入新的文件名即可。

方法二：选中文件后，选择"主页"→"重命名"命令，然后输入新的文件名即可。

Windows 操作系统　第 2 章

方法三：选中文件后，单击文件名称，然后输入新的文件名即可。

方法四：选中文件后，按F2键，输入新的文件名即可。

重命名文件如图2-36所示。

图2-36　重命名文件

（7）更改文件属性

更改文件属性的方法如下。

方法一：右击文件图标，在弹出的快捷菜单中选择"属性"命令。

方法二：选择"主页"→"属性"命令。

通过以上两种方法都可以打开"属性"对话框，在"属性"选项组中选择文件的属性，然后单击"确定"按钮；或者单击"高级"按钮，打开"高级属性"对话框，设置文件属性、压缩或加密属性，如图2-37所示。

图2-37　更改文件属性

在"属性"对话框中，还可以更改文件的打开方式、查看文件的安全性以及详细信息等。

（8）搜索文件

计算机中的文件成千上万，用户想要从中找到自己所需的文件，就要用到文件搜索功能。搜索文件的操作如下。

① 确定查找范围，如在C盘中查找，则选择导航窗格中的"本地磁盘(C:)"。

② 在搜索栏中输入搜索条件，如输入"a*.txt"，单击"搜索"按钮，可注意到地址栏中的搜索进度条在前进，如图2-38所示，同时资源管理窗格中会不断显示搜索到的文件。

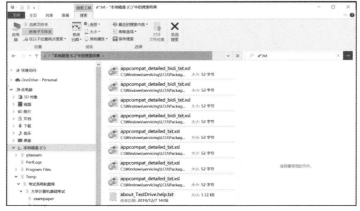

图2-38　搜索文件

搜索结果可以优化。在"搜索"选项卡中，可以按"修改日期""类型""大小""其他属性"优化搜索结果。

4．文件夹的操作

文件夹的选中、移动、删除、复制和重命名操作与文件的操作完全一样，在此不重复介绍。这里主要介绍一些与文件不同的操作。要特别注意，文件夹的移动、复制和删除操作，针对的不仅仅是文件夹本身，还包括文件夹所包含的所有内容。

（1）创建文件夹

先确定文件夹所在的位置，再选择"主页"→"新建文件夹"命令，或者在窗口中的空白处单击鼠标右键，在弹出的快捷菜单中选择"新建"→"文件夹"命令，系统将生成相应的文件夹，用户只要在图标下面的文本框中输入文件夹的名称即可。系统默认的文件夹名是"新建文件夹"。

（2）更改文件夹选项

"文件夹选项"对话框用于定义文件资源管理器中文件与文件夹的显示风格。选择"查看"→"选项"命令，可以打开"文件夹选项"对话框，其中包含"常规""查看""搜索"3个选项卡，如图2-39所示。

① "常规"选项卡。"常规"选项卡中包括3个选项组："浏览文件夹""按如下方式单击项目""隐私"。通过这些选项组分别可以对文件夹的显示方式、窗口的打开方式以及文件资源管理器中的历史记录等进行设置。

② "查看"选项卡。切换到"文件夹选项"对话框中的"查看"选项卡，将打开图2-40所示的对话框。"查看"选项卡中包含两部分内容："文件夹视图"和"高级设置"。

图 2-39 "文件夹选项"对话框

"文件夹视图"提供了简单的文件夹设置方式。单击"应用到文件夹"按钮，会使所有的文件夹的属性同当前打开的文件夹相同；单击"重置文件夹"按钮，将恢复文件夹的默认状态，用户可以重新设置所有文件夹的属性。

在"高级设置"列表中可以对多种文件的操作属性进行设置和修改。

③ "搜索"选项卡。通过"搜索"选项卡可以设置搜索方式等，如图2-41所示。

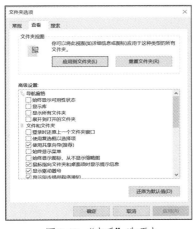

图 2-40 "查看"选项卡

图 2-41 "搜索"选项卡

5．快速访问文件夹

文件资源管理器能快速访问7个文件夹，分别是3D对象、视频、图片、文档、下载、音乐、桌面，如图 2-42 所示。

我们可以把平时常用的文件组织到相应功能名称的文件夹中。

6．回收站的操作

回收站是一个比较特殊的文件夹，它的主要功能是临时存放用户删除的文件和文件夹（这些文件和文件夹是从原来的位置移动到"回收站"这个文件夹中的），此时它们仍然存于硬盘中。用户既可以在回收站中把它们恢复到原来的位置，也可以在回收站中彻底删除它们以释放硬盘空间。

图 2-42　快速访问文件夹

（1）打开回收站

在桌面上双击"回收站"图标，即可打开"回收站"窗口。

（2）还原

还原一个或多个文件夹，用户可以在选定对象后单击"还原选定的项目"按钮，也可以在选定的对象上单击鼠标右键并在弹出的快捷菜单中选择"还原"命令，如图 2-43 所示。

图 2-43　还原文件

要还原所有的文件和文件夹，可单击"还原所有项目"按钮。

（3）清空

要彻底删除一个或多个文件和文件夹，可以在选定对象后，单击鼠标右键，在弹出的快捷菜单中选择"删除"命令。

要彻底删除所有的文件和文件夹，即清空回收站，可以执行下列操作之一。

方法一：右击桌面上的"回收站"图标，在弹出的快捷菜单中选择"清空回收站"命令。

方法二：在"回收站"窗口中单击"清空回收站"按钮。

方法三：选择"文件"→"清空回收站"命令。

当回收站中的文件所占用的空间达到了回收站的最大容量时，回收站就会按照文件被删除的时间先后将之彻底删除。

（4）设置

在桌面上右击"回收站"图标，在弹出的快捷菜单中选择"属性"命令，即可打开"回收站 属性"对话框，如图 2-44 所示。

如果选中"自定义大小"单选按钮，则可以在每个驱动器中分别进行设置。

如果选中"不将文件移到回收站中。移除文件后立即将其删除。"单选按钮，则在删除文件和文件夹时不使用"回收站"功能，而是直接执行"彻底删除"命令。

如果勾选"显示删除确认对话框"复选框，则在删除文件和文件夹

图 2-44　"回收站 属性"对话框

前系统将弹出确认对话框，否则直接删除。

要设置回收站的存储容量，可在选中本地磁盘盘符后，在"自定义大小"下方的"最大值"文本框中输入数值。

2.3 Windows 10 的实用程序

2.3.1 磁盘管理与维护

在计算机的日常使用过程中，用户可能会非常频繁地进行应用程序的安装、卸载，文件的移动、复制、删除以及在 Internet 上下载程序文件等多种操作。而这样操作过一段时间后，计算机硬盘上将会产生很多的磁盘碎片或大量的临时文件，久而久之，会造成运行空间不足，程序运行和文件打开速度变慢，计算机的系统性能下降。因此，用户需要定期对磁盘进行管理，以使计算机始终处于较好的状态。

Windows 10 的磁盘管理功能是以一组磁盘管理实用程序的形式提供给用户的，包括查错程序、磁盘碎片整理程序、磁盘整理程序等。Windows 10 中没有提供一个单独的应用程序来管理磁盘，而是将磁盘管理集成到"计算机管理"程序中。选择"开始"→"Windows 系统"→"控制面板"→"系统和安全"→"管理工具"→"计算机管理"命令（也可右击"开始"菜单中的"此电脑"，在弹出的快捷菜单中选择"管理"命令），打开"计算机管理"窗口，选择"存储"中的"磁盘管理"，如图 2-45 所示。

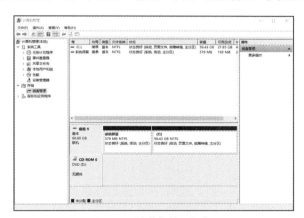

图 2-45 "计算机管理"窗口

在 Windows 10 中，几乎所有的磁盘管理操作都能够通过"计算机管理"窗口中的"磁盘管理"功能来完成，而且这些磁盘管理操作大多是基于图形界面的。

1. 磁盘格式化

格式化的过程是把文件系统放置在分区上，并在磁盘上划分出区域。使用 Windows 10 中的格式化工具可以转换或重新格式化现有分区。

在 Windows 10 中，使用格式化工具转换一个磁盘分区的文件系统类型，其操作步骤如下。

（1）在图 2-45 所示的"计算机管理"窗口中右击需要进行格式化的驱动器盘符，在弹出的快捷菜单中选择"格式化"命令，打开"格式化×××"对话框，如图 2-46 所示。

此外，也可在"此电脑"窗口中选择驱动器盘符，单击鼠标右键，

图 2-46 "格式化×××"对话框

打开快捷菜单，选择"格式化"命令。

（2）在"格式化×××"对话框中，先对格式化的参数进行设置，然后单击"开始"按钮，便可进行格式化了。

▶**注意**

格式化操作会把当前盘上的所有信息全部抹掉，请用户谨慎操作。

2. 磁盘备份

为了防止磁盘驱动器损坏、感染病毒、供电中断等各种意外情况造成数据的丢失和损坏，用户需要进行磁盘数据备份，以便在需要时还原数据，避免出现数据错误或丢失造成的损失。在 Windows 10 中，利用磁盘备份向导可以快捷地完成备份工作。

右击"此电脑"，在弹出的快捷菜单中选择"属性"命令，在打开的"设置"窗口中选择"存储"→"查看备份选项"，如图 2-47 所示。

单击"添加驱动器"并选择相应驱动器后，单击"使用文件历史记录进行备份"，在"备份选项"界面中单击"立即备份"按钮（见图 2-48）即可把指定数据备份到驱动器中。

同样地，在"备份选项"界面中，单击"从当前的备份还原文件"（见图 2-49）可以进行数据还原。

图 2-47 选择"查看备份选项"

图 2-48 "备份选项"界面

图 2-49 从当前的备份还原文件

3. 磁盘清理

用户在使用计算机的过程中会进行大量的读写及安装操作，使得磁盘上会存留许多临时文件和已经没用的文件，其不但会占用磁盘空间，还会降低系统的处理速度，甚至会降低系统的整体性能。因此，对计算机要定期进行磁盘清理，以便释放磁盘空间。

选择"开始"→"Windows 管理工具"→"磁盘清理"命令，打开"磁盘清理"对话框，选择 1 个驱动器，再单击"确定"按钮（或者右击"计算机管理"窗口中的某个磁盘，在弹出的快捷菜单中选择"属性"命令，打开"属性"对话框，再单击"常规"选项卡中的"磁盘清理"按钮）。在完成计算和扫描等工作后，系统会列出指定磁盘上所有可删除的无用文件，如图 2-50 所示，然后选择要删除的文件，单击"确定"按钮即可。

在"其他选项"选项卡中，用户可进行进一步操作来清理更多的文件以提高系统的性能。

图 2-50 磁盘清理的结果

4. 碎片整理和优化驱动器

传统机械硬盘经过长时间的使用后，难免会出现很多零散的空间和磁盘碎片，一个文件可能会被存放在不同的磁盘空间中，这样在访问该文件时系统就需要到不同的磁盘空间中寻找该文件的不同部分，从而影响运行速度。同时由于磁盘中的可用空间也是零散的，因此创建新文件或文件夹的速度也会降低。使用磁盘碎片整理程序可以重新安排文件在磁盘中的存储位置，将文件的存储位置整合到一起，同时合并可用空间，以提高系统的运行速度。

运行磁盘碎片整理程序的具体操作步骤如下。

选择"开始"→"Windows 管理工具"→"碎片整理和优化驱动器"命令，打开图 2-51 所示的窗口。在此窗口中选择某一驱动器，并单击"分析"按钮或"优化"按钮，即可对该驱动器进行磁盘分析或优化。

图 2-51 "优化驱动器"窗口

对于固态硬盘，因其工作原理与机械硬盘不同，不需要整理碎片，运行"碎片整理和优化驱动器"程序反而会缩短固态硬盘寿命。

2.3.2 Windows 设置与个性化

在 Windows 10 中，用户可以根据某些特殊要求调整和设置操作系统，这些设置在"控制面板"或"设置"窗口中完成。

控制面板是 Windows 的一个系统文件夹，其中包含许多独立的工具或程序选项，可以用来管理用户账户、调整系统的环境参数默认值和各种属性、对设备进行设置与管理、添加新的硬件和软件等。

选择"开始"→"Windows 系统"→"控制面板"命令，打开控制面板，"控制面板"窗口有 3 种查看方式：类别、大图标和小图标，图 2-52 所示为控制面板的"类别"查看方式。

图 2-52 控制面板的"类别"查看方式

"Windows 设置"界面也集成了多个小项目的设置工具，几乎涵盖了 Windows 10 操作系统的方方面面。

选择"开始"→"设置"命令，打开"Windows 设置"界面，如图 2-53 所示。

图 2-53 "Windows 设置"界面

以下仅讲解几个比较重要的设置功能。

1. 外观和个性化

在"控制面板"窗口中单击"外观和个性化"，将弹出图 2-54 所示的"外观和个性化"界面。该界面中包含"任务栏和导航""轻松使用设置中心""文件资源管理器选项""字体"4 个选项。

图 2-54 "外观和个性化"界面

（1）任务栏

在"外观和个性化"界面中单击"任务栏和导航"，进入"个性化"中设置任务栏界面，如图 2-55 所示。

用户可以设置任务栏的锁定、自动隐藏、按钮大小、速览桌面、显示角标、在屏幕上的位置以及合并任务栏按钮等。

（2）背景

在"个性化"界面中选择"背景"，如图 2-56 所示。

图 2-55 "任务栏"界面

图 2-56 "背景"界面

用户可以选择图片、纯色或幻灯片放映作为背景，选择填充、适应、拉伸等契合度。

（3）颜色

在"个性化"界面中选择"颜色"，如图 2-57 所示。

用户可以选择深色、浅色或自定义颜色，选择亮或暗应用模式，打开或关闭透明效果，选择主题色等，设置 Windows 操作系统的界面等对象的颜色。

（4）锁屏界面

在"个性化"界面中选择"锁屏界面"，如图 2-58 所示。

图 2-57 "颜色"界面

图 2-58 锁屏界面

在这里用户可以设置系统锁屏时的界面、在锁屏状态下能显示详细状态和快速状态的应用，以及登录屏幕上是否显示锁屏界面背景图片等。

（5）主题

在"个性化"界面中选择"主题"，如图 2-59 所示。

主题是指一套包含背景、颜色、声音、鼠标光标等的集成设置。Windows 10 默认包含"Windows""Windows（浅色主题）""Windows 10""鲜花" 4 个内置的主题。用户可以选用内置主题，也可以自定义主题。

（6）字体

在"个性化"界面中选择"字体"，如图 2-60 所示。

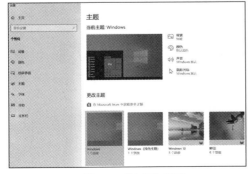

图 2-59 "主题"界面

图 2-60 "字体"界面

Windows 操作系统内置了多种中西文字体，如"Arial""楷体"等，也包含符号字体，如"Webdings"等。在这里用户可以安装新字体，也可以卸载已经安装的字体。

（7）开始

在"个性化"界面中选择"开始"，如图 2-61 所示。

在这里用户可以设置"开始"菜单的打开或关闭磁贴、显示或隐藏应用列表、最近添加的应用、最常用的应用等，以方便用户快速地找到应用。

2. 时间和语言

在"Windows 设置"界面中单击"时间和语言"，打开图 2-62 所示的界面，用户可以在其中设置计算机的日期和时间、区域、语言等。

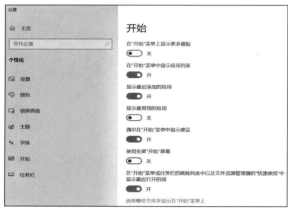

图 2-61 "开始"界面

图 2-62 "日期和时间"界面

（1）日期和时间

在"日期和时间"界面，可以设置日期和时间、时区，也可以设置在任务栏中显示农历等其他日历。

（2）区域

打开"区域"界面，如图 2-63 所示。用户可以设置区域及区域格式，设置或更改日历、短日期和长日期等日期和时间格式、数字的格式、货币的格式等。

（3）语言和键盘输入法

打开"语言"界面，如图 2-64 所示。用户可以设置显示语言和添加语言及输入法。

图 2-63 "区域"界面

图 2-64 "语言"界面

在 Windows 10 操作系统中内置有微软拼音和微软五笔输入法，默认为英文输入法。在"语言"界面中，选择首选语言为"中文(简体，中国)"，如图 2-65 所示，单击"选项"按钮，打开"语言选项：中文(简体，中国)"界面，如图 2-66 所示。单击"添加键盘"，选择相应输入法，即可将其加载到系统中。图 2-66 表示系统加载了微软内置的两种输入法。

选中相应输入法，可打开该输入法的设置选项，或者删除（卸载）该输入法。

注意，默认内置输入法只能输入半角字符，不能输入全角字符，用户必须在微软拼音选项的"按键"界面中，设置"全/半角切换"为"Shift＋空格"，才能切换全角或半角输入字符，如图 2-67 所示。

另外，对于第三方键盘输入法，必须使用相应的输入法安装软件，安装后才能使用。

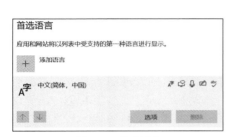

图 2-65　首选语言

图 2-66　语言选项

图 2-67　设置全/半角切换方式

3．程序

应用程序的运行是建立在 Windows 操作系统的基础上的，大部分应用程序需要安装到操作系统中才能够使用。在 Windows 操作系统中安装程序十分方便，直接运行程序的安装文件即可。已经安装的程序可以通过系统的"程序和功能"工具进行更改或卸载操作。

在"控制面板"窗口中打开"程序"界面，其中包含"程序和功能"和"默认程序"两个功能，相应窗口分别如图 2-68 和图 2-69 所示。

图 2-68　"程序和功能"窗口

图 2-69　"默认程序"窗口

在"程序和功能"窗口中，选中列表中的项目以后，如果在列表的顶端显示了单独的"更改"按钮和"卸载"按钮，那么用户可以利用"更改"按钮来重新启动安装程序，然后对安装配置进行更改；用户也可以利用"卸载"按钮来卸载程序。若列表的顶端只显示"卸载"按钮，则用户对此程序只能执行卸载操作，如图 2-70 所示。

通过"启用或关闭 Windows 功能"可以安装或删除 Windows 组件，此功能大大扩充了 Windows 系统的功能。在"程序和功能"窗口中单击"启用或关闭 Windows 功能"按钮，会出现"Windows 功能"对话框，在其"Windows 功能"列表中显示了所有可用的 Windows 功能，如图 2-71 所示。若将鼠标指针移到某一功能上，则会显示所选功能的描述内容。勾选某一功能的复选框后，单击"确定"按钮即可添加新功能；如果取消某一功能的复选框，单击"确定"按钮，则会将此功能从操作系统中删除。

图 2-70　卸载程序示例

图 2-71　启用或关闭 Windows 功能

2.3.3　部分附件和内置工具的使用

"开始"菜单中的"Windows 附件"为用户提供了许多使用方便且功能强大的工具。当用户要处理一些要求不是很高的工作时，可以利用"附件"中的工具来完成。如使用"画图"工具可以创建和编辑图画，以及显示和编辑扫描获得的图片；使用"计算器"可以进行基本的算术运算；使用"写字板"可以进行文档的创建和编辑工作。

进行以上工作虽然也可以使用专门的应用软件，但其运行程序会占用大量的系统资源，而附件中的工具都是非常小的程序，运行速度比较快，这样用户可以节省更多的时间和系统资源，有效地提高工作效率。

Windows 10 内置了虚拟桌面且支持分屏多窗口，大大增强了系统的实用性，在此也一并介绍。

1．画图

画图程序是一个位图编辑器，具有操作简单、占用内存少、易于修改、可永久保存等特点。使用画图程序不仅可以绘制线条和图形，还可以在图片中加入文字、对图像进行颜色处理和局部处理、更改图像在屏幕上的显示方式等。

选择"开始"→"Windows 附件"→"画图"命令，打开画图程序窗口，如图 2-72 所示。

画图程序窗口主要由快速访问工具栏、标题栏、"文件"菜单、"主页"和"查看"选项卡以及绘图区等部分组成，其功能主要包含在"主页"选项卡中，某些对象（如文本）也会嵌入相应的选项卡。以下介绍"主页"选项卡主要组成部分的含义和功能。

- "图像"选项组：可以矩形或自由图形方式选择图像区域，以进行裁剪、调整大小和多种方式（如向左或右旋转 90 度、旋转 180 度、垂直或水平翻转等）的旋转操作。

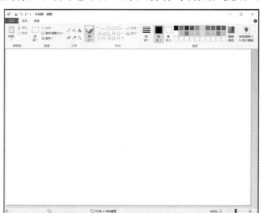

图 2-72　画图程序窗口

- "工具"选项组：陈列有铅笔、用颜色填充、橡皮擦、颜色选取器等工具。
- "刷子"：有刷子、书法笔刷1、书法笔刷2、喷枪、颜料刷、蜡笔、记号笔、普通铅笔、水彩笔刷共9种类型的刷子。
- "形状"选项组：提供了直线、曲线、椭圆形等多达23种图形，对这些形状也可以设置轮廓和填充方式，包括纯色、水彩等效果。
- "粗细"：指形状、刷子等工具的线条粗细，包括1px、3px、5px、8px（px为像素）。
- "颜色"选项组：包括"颜色1"（前景色）、"颜色2"（背景色）、颜料盒、颜色编辑器等。

前景色指绘制图形所使用的颜色，默认为黑色。要对前景色进行改变，只需在颜料盒中单击所需的颜色即可。背景色指画纸的颜色，它决定了用户可以在什么底色上绘画，默认为白色。要对背景色进行改变，也需在颜料盒中选取所需的颜色。颜料盒提供了多种可供用户使用的颜色，对于其中没有的颜色，用户可以通过颜色编辑器添加。

打开程序以后，在画图区域即可进行画图操作。首先选择相应的图形形状和需要的颜色，然后在画布中拖动鼠标，即可进行绘图。如要绘制一个红色8px边框和绿色填充的矩形，用户可选择矩形工具，将"轮廓"和"填充"设置为纯色，将"粗细"设置为8px，将"颜色1"设置为红色，将"颜色2"设置为绿色，然后在绘图区中拖动鼠标。绘制的效果如图2-73所示。

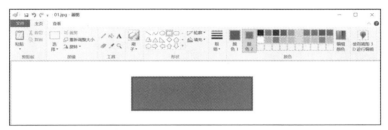

图 2-73　绘制的效果

绘制完成以后，单击"文件"按钮，在弹出的菜单中选择"保存"或"另存为"命令，或者单击█按钮，进行保存操作。

另外，画图程序还可以调用画图3D程序，实现2D图片转换为3D场景的功能。其具体方法为：在"画图"窗口的"主页"选项卡中，单击"使用画图3D进行编辑"按钮，打开"画图3D"功能界面，用户在此可以绘制2D、3D形状，还可以加入背景贴纸、文本，轻松更改颜色和纹理，添加不干胶标签等。通过画图3D程序还可以将创作的3D作品混合现实，通过混合现实查看器查看3D作品。图2-74为画图3D程序的一个示例。

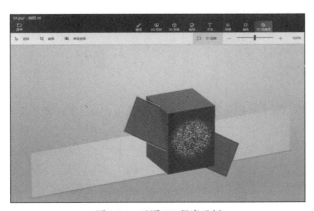

图 2-74　画图 3D 程序示例

2. 写字板

写字板是一个使用简单，但功能强大的文字处理程序，用户可以通过它进行日常工作文件的编辑。通过写字板不仅可以进行中英文文档的编辑，而且可以进行图文混排，插入图片、声音、视频等多媒体资料。可见，它具备编辑复杂文档的基本功能。写字板保存文件的默认格式是 RTF。其程序界面如图 2-75 所示。

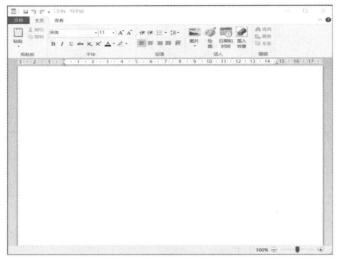

图 2-75　写字板程序界面

写字板的具体操作与 Word 软件的操作相似，详见第 3 章。

3. 记事本

记事本用于进行纯文本文档的编辑，其功能没有写字板强大，适用于编写一些篇幅短小的文档。记事本使用方便、快捷，所以其应用也是比较多的，如一些程序的"Readme 文件"通常是以记事本的形式打开的。

在 Windows 10 的记事本中，用户可以改变文档的阅读顺序，也可以使用不同的语言格式来创建文档，还可以用若干不同的格式打开文档。它的界面与写字板的界面基本一样。

为了适应不同用户的阅读习惯，记事本可以改变文字的阅读顺序。其具体方法为：在工作区域单击鼠标右键，在弹出的快捷菜单中选择"从右到左的阅读顺序"命令，则全文的内容都移到了工作区的右侧，如图 2-76 所示。

当用户使用不同的字符集工作时，记事本程序会将其默认保存为
UTF-8 编码格式的文本文档。

图 2-76　记事本程序示例

4. 计算器

Windows 10 中的计算器拥有计算器和转换器两种使用模式，其中计算器模式包括标准、科学、绘图、程序员和日期计算功能，转换器模式包括货币、容量、长度、重量、温度、能量、面积、速度、时间、功率、数据、压力和角度等转换功能，完全超过普通实物计算器所提供的功能。

选择"开始"→"计算器"命令，打开"计算器"窗口，其默认状态是"标准"。用户分别选择导航菜单中的"标准""科学""程序员""日期计算"命令可实现不同计算器之间的切换，如图 2-77 所示。

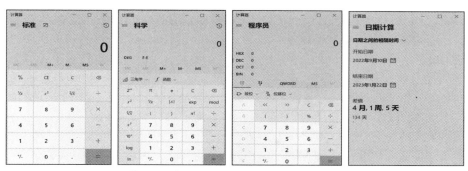

图 2-77　计算器程序窗口（依次为标准、科学、程序员和日期计算）

使用计算器的绘图功能，可以根据给定函数自动绘图并对曲线进行分析。图 2-78 所示为函数 $\sin(x)$ 和 $\cos(x)$ 的曲线图。

计算器还可以根据汇率实现货币换算功能。由图 2-79 可知人民币与印尼盾在 2022 年 8 月 31 日的换算情况。计算器的其他单位转换功能与货币功能类似。

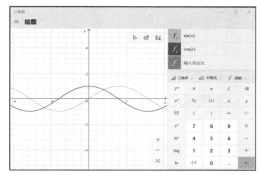

图 2-78　计算器绘图功能示例

图 2-79　计算器货币功能示例

5．截图工具

在 Windows 7 及以前的版本中，截图工具只有非常简单的功能。例如，按 Print Screen 键可截取整个屏幕，按 Alt+Print Screen 组合键可截取当前窗口。但在 Windows 7 以后，截图工具的功能变得非常强大，几乎可以与专业的屏幕截取软件相媲美。

选择"开始"→"Windows 附件"→"截图工具"命令，打开图 2-80 所示的"截图工具"窗口。从"模式"下拉列表中选择一种截图方式，如任意格式截图、矩形截图或者窗口截图（默认是窗口截图），如图 2-81 所示，单击"新建"即可移动（或拖动）鼠标进行相应的截图操作。如果需要延时截图，则可以在"延迟"下拉列表中选择延迟时间，最多 5s，默认立即截图。

截图之后，"截图工具"窗口中会自动显示所截取的图像，如图 2-82 所示。

图 2-80　"截图工具"窗口

图 2-81　截图方式

图 2-82　截图工具截图示例

在图 2-82 所示窗口中，用户可以通过工具栏对所截取的图像进行处理，如进行复制、粘贴等操作，还可以把它保存为文件（默认是 PNG 文件）。

6. 虚拟桌面

虚拟桌面是指 Windows 操作系统可虚拟出多个桌面，每个桌面实现不同的操作环境，桌面之间互不干扰。例如，用户第 1 个桌面是办公操作环境，第 2 个桌面是编程开发环境，第 3 个桌面是休闲娱乐环境。这样，用户不仅拥有不同工作环境的桌面，而且能避免任务栏空间不足的情况。

单击任务栏上的"任务视图"按钮，打开虚拟桌面，单击左上角的"新建桌面"，就可以创建一个新的桌面。新桌面创建成功后，上方就会显示"桌面 1""桌面 2"等桌面，单击"桌面 2"，用户可以在全新的桌面 2 中开始工作。图 2-83 所示为虚拟两个桌面的示例。

图 2-83　虚拟桌面示例

当鼠标指针移入图 2-83 所示的桌面 2 时，桌面 2 右上角会出现"关闭"按钮，如图 2-84 所示，单击该按钮可以关闭该虚拟桌面。

用户通过快捷键可以更高效地创建和操作虚拟桌面。其中，Win＋Tab 组合键用于打开虚拟桌面，Win＋Ctrl＋D 组合键用于新建虚拟桌面，Win＋Ctrl＋←／→组合键用于切换虚拟桌面，Win＋Ctrl＋F4 组合键用于关闭当前虚拟桌面。

图 2-84　虚拟桌面的"关闭"按钮

7. 分屏多窗口

Windows 10 的分屏多窗口是指将屏幕分成多个部分，每部分显示不同的程序窗口。当用户需要同时运行多个任务，且需要把这几个窗口同时显示在屏幕上（如比对两个文档、边看视频边做笔记等）时，分屏多窗口可以避免频繁切换窗口，更方便操作。

一般二分屏、三分屏和四分屏是常见的分屏形式，以下介绍操作过程。

（1）利用快捷键实现左右分屏很简单。先按住 Win 键，再按←／→键，可以将当前的窗口缩小到屏幕的一半，且此时可以调整其位置；在窗口已经是屏幕的一半时，再按 Win 键和↑／↓键，可以使当前的窗口缩小到屏幕的 1/4，同时也能调整其位置。

（2）利用鼠标拖曳的方式也能轻松实现分屏。单击程序的标题栏，将其向桌面的侧面拖动，直到鼠标指针接触到屏幕的边缘，此时会显示透明的程序框，松开左键即可实现二分屏。如果拖动窗口到屏幕的 4 个角之一，则可以实现三分屏或四分屏。图 2-85 所示为四分屏示例。

无论是哪种分屏形式，对每个窗口的尺寸都支持在一定范围内手动缩放，并无严格限制。缩放方法与平时的窗口一样，只需要在程序窗口边缘拖动调整即可。

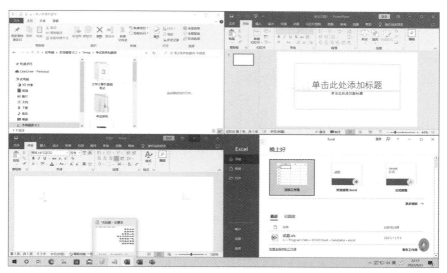

图 2-85　四分屏示例

2.4 实验案例

【实验一】　Windows 10 的基本操作

实验内容：掌握鼠标和键盘的操作，了解 Windows 10 桌面的组成及桌面上图标的操作，了解窗口的组成及相关操作，熟悉菜单约定及菜单命令的操作，了解对话框的组成及相关操作，掌握 Windows 10 的个性化设置，掌握任务栏和"开始"菜单的使用及设置。

实验要求如下。

（1）掌握鼠标和键盘的操作

使用鼠标对桌面上的"回收站"图标执行 5 种基本操作，包括指向、单击、双击、拖动和右击。

▶注意

　　左键单击和右键单击操作的作用大不相同。如在"开始"按钮上单击，将打开"开始"菜单；在"回收站"图标上单击，图标会变暗表示选中。而在任何对象上右击，屏幕上一般会弹出相应的快捷菜单。

按键盘上的以下组合键，观察并记住使用效果：Alt+F4，关闭当前窗口；Win+R，打开"运行"对话框；Win+E，打开文件资源管理器；Win+M，最小化所有窗口；Alt+Tab，在当前运行的窗口之间切换。

（2）了解桌面的组成及桌面上图标的操作

观察 Windows 10 桌面的组成，如图标、"开始"按钮和任务栏等；指出代表文件或程序的图标与应用程序快捷方式图标的差别；操作桌面上的图标，如进行移动、排列、创建、重命名、删除和撤销删除操作。

（3）了解窗口的组成及相关操作

打开 Windows 10 的文件资源管理器，指明标题栏、菜单栏、工具栏、状态栏、用户工作区、滚动条、控制按钮等区域；打开回收站，进行改变窗口大小、移动窗口、切换窗口、关闭窗口等操作。

（4）熟悉菜单约定及菜单命令的操作

打开 Windows 10 的文件资源管理器，指明菜单栏中有哪些命令项显示为深色字符或浅色字符，哪些命令项后面带有黑色三角形（ ▶ ）或省略号（...），哪些菜单底部有伸缩标记（ ⊻ ）；分别以"详细信息"和"列表"方式显示文件及文件夹。

（5）了解对话框的组成及相关操作

打开"Internet 选项"对话框，指出该对话框中是否有标题栏、选项卡、文本框、列表、下拉列表框、复选框、单选按钮、按钮、数字调节按钮等元素。

（6）掌握 Windows 10 的个性化设置

在桌面空白处右击，在弹出的快捷菜单中选择"个性化"命令，在打开的设置窗口中单击"背景"，打开背景设置界面，单击"选择图片"中的第 3 张图片，如图 2-86 所示。在设置窗口中单击"主题"，选择"Windows 10"，如图 2-87 所示。

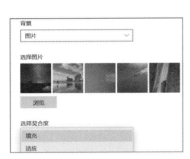
图 2-86　设置桌面背景

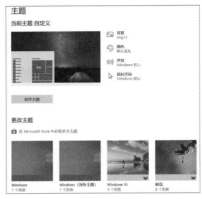
图 2-87　设置主题

在个性化设置窗口中单击"锁屏界面"，选择"屏幕保护程序设置"，再选择"屏幕保护程序"为"气泡"，并设置等待时间为"3"，以分钟为单位，即计算机没有任何操作 3 分钟后进入屏幕保护状态，如图 2-88 所示。

（7）掌握任务栏和"开始"菜单的使用及设置

在个性化设置窗口中单击"任务栏"，设置"合并任务栏按钮"为"从不"，如图 2-89 所示。

图 2-88　设置屏幕保护程序

图 2-89　设置任务栏的属性

在个性化设置窗口中单击"开始"，打开"显示最常用的应用"，如图 2-90 所示，则打开"开始"菜单时，能显示最常用的应用列表，如图 2-91 所示。

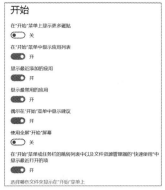

图2-90　设置"开始"菜单的属性　　　　图2-91　"开始"菜单显示最常用的应用列表示例

【实验二】 文件和文件夹的管理

实验内容：了解 Windows"文件资源管理器"窗口的组成，实现文件和文件夹的管理，如选择、复制、移动、重命名、修改属性、删除、搜索文件/文件夹等，实现 U 盘的格式化和插拔。

实验要求如下。

（1）了解"文件资源管理器"窗口的组成

打开"文件资源管理器"窗口，指出该窗口中是否有导航窗格、资源管理窗格、预览窗格和详细信息窗格等元素。

（2）管理文件和文件夹

在导航窗格中展开文件夹"C:\Program Files\Microsoft Office\root\Office16"，并以"详细信息"的方式查看其中的文件和文件夹，将它们按名称排序，如图2-92所示。在此，还能按大小筛选满足"空（0KB）""极小（0-16KB）"等条件的文件。

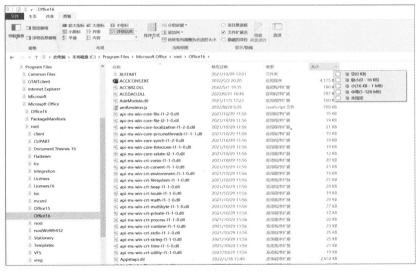

图2-92　查看文件和文件夹

在 C 盘上新建"人工智能大学"文件夹，并在其下建立两个子文件夹"计算机与信息工程学院""文学与新闻传播学院"和一个文件"实验报告.docx"。复制该文件到子文件夹中，设置文件的属性为"隐藏"，操作结果如图2-93所示。

图 2-93　操作文件和文件夹

搜索所有的"docx"类型的文档，删除在文件夹"文学与新闻传播学院"中找到的所有文件，操作结果如图 2-94 所示。

图 2-94　搜索和删除文件

▶注意

要想显示（或隐藏）具有隐藏属性的文件，可选择"查看"→"选项"命令，在打开的对话框中切换到"查看"选项卡，选择"不显示隐藏的文件、文件夹或驱动器"单选按钮即可隐藏具有隐藏属性的文件。

（3）实现 U 盘的格式化和插拔

插入 U 盘，选择"格式化"命令，将卷标设置为自己的姓名，复制"实验报告.docx"到 U 盘中，操作完成后弹出 U 盘。

▶注意

U 盘需等待操作完成、弹出后才能拔出，否则可能会丢失数据，甚至烧毁 USB 接口和 U 盘。

【实验三】　控制面板和实用程序的使用

实验内容：在控制面板中设置鼠标指针的形状、添加新管理员等，掌握计算器、画图、记事本的使用方法。

实验要求如下。

（1）设置控制面板

设置鼠标指针正常选择时的形状为"aero_link_xl"；添加一个新的管理员用户，用户名为"测试用户"，登录密码为"mypwd"；设置当前系统的日期为"2023 年 10 月 1 日"，时间为"上午 12:00"；

设置"声音方案"为"无声"。

（2）附件实用程序的使用

使用画图程序和截图工具（SnippingTool.exe）截取"回收站"图标，并分别保存为图片文件 ms.bmp 和 snip.png，比较两个文件的大小和图片的分辨率；用计算器把十进制数 63 转换为十六进制数、八进制数和二进制数；在记事本中输入符号※、◎、℃、≠、⑧、】、φ，以及"智能"两字的拼音，并将其保存为 note.txt 文档。

小结

本章从操作系统的概念、功能入手，简单介绍了常用的操作系统，详细讲解了 Windows 10 操作系统的基本概念、基本操作，重点介绍了文件和文件夹的管理以及系统自带的实用程序的使用，使计算机初级用户能进行基本的计算机操作和维护。这部分内容很基础但比较重要，希望读者认真学习。

习题

一、选择题

1. Windows 10 操作系统是（　　）系统。

  A. 单用户单任务　　　　B. 单用户多任务　　　　C. 多用户单任务　　　　D. 多用户多任务

2. 如果要在对话框的各个选项卡之间进行切换，则可以使用（　　）组合键。

  A. Ctrl+Tab　　　　　　B. Ctrl+Shift　　　　　C. Alt+Shift　　　　　D. Ctrl+Alt

3. "文件夹选项"对话框中的"常规"选项卡用来设置（　　）。

  A. 文件夹的常规属性　　　　　　　　B. 文件夹的显示方式

  C. 更改已建立关联的文件的打开方式　　D. 网络文件在脱机时是否可用

4. 文件资源管理器可以（　　）显示计算机内所有文件的详细图表。

  A. 在同一窗口　　　　B. 在多个窗口　　　　C. 以分节方式　　　　D. 以分层方式

5. 使用（　　）可以帮助用户释放硬盘驱动器空间，删除临时文件和 Internet 缓存文件，腾出它们占用的系统资源，以提高系统性能。

  A. 格式化　　　　　　B. 磁盘清理程序　　　　C. 整理磁盘碎片　　　　D. 磁盘查错

二、问答题

1. 简述操作系统的作用。

2. Windows 10 的桌面由哪些部分组成？

3. 如何在文件资源管理器中进行文件的复制、移动、改名？

第3章 Word 文字处理

学习目标

- 了解 Word 文字处理软件的功能。
- 掌握 Word 文档的基本排版功能和方法。
- 掌握 Word 文档的高级排版功能和方法。

3.1 Word 概述

Word 2016 是 Microsoft Office 2016 中应用较为广泛的一个组件，它具有强大、完善的文字处理功能。掌握 Word 2016 的使用，不仅可以进行简单的文字处理，还可以制作出图文并茂的文档，以及进行长文档的排版和特殊版式的编排，显著提高办公效率。

3.1.1 Word 的启动与退出

在 Windows 操作系统中安装 Office 2016 办公软件后，安装程序会自动创建相应软件的快捷方式图标到桌面上。

1. Word 2016 的启动

Windows 10 操作系统提供了多种方法启动 Word 2016，用户可根据个人习惯选择下列任意一种方法。

① 选择"开始"→"Word"命令，如图 3-1 所示。

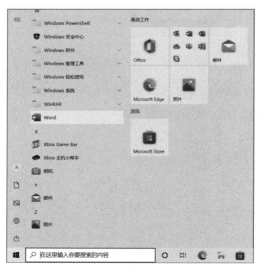

图 3-1　启动 Word 2016

② 如果在桌面上已经创建了启动 Word 2016 的快捷方式图标，则双击快捷方式图标即可。

③ 双击任意一个 Word 文档，Word 2016 就会启动并打开相应的文档。

2．Word 2016 的退出

Windows 10 操作系统也提供了如下几种方法来退出 Word 2016。

① 单击 Word 应用程序窗口右上角的"关闭"按钮。

② 单击 Word 应用程序窗口左上角的"文件"按钮，在弹出的界面中单击"关闭"。

③ 在标题栏上单击鼠标右键，在弹出的快捷菜单中选择"关闭"命令。

④ 使用系统提供的 Alt+F4 组合键（即热键）。

如果退出前，文档窗口的内容自上次存盘后有所更新，则会弹出图 3-2 所示的提示框，提示用户保存修改的内容，单击"保存"按钮将保存修改，单击"不保存"按钮将取消修改，单击"取消"按钮会终止退出 Word 2016 的操作。

图 3-2　提示用户保存修改内容的提示框

3.1.2　Word 窗口的组成

启动中文版 Word 2016，首先显示的是软件启动画面，之后即会进入 Word 2016 的工作界面，在"视图"→"显示"中勾选"标尺"和"导航窗格"，如图 3-3 所示。

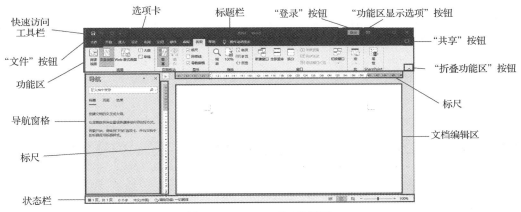

图 3-3　Word 2016 的工作界面

从图 3-3 中可以看出，Word 2016 的工作界面主要包括标题栏、快速访问工具栏、"文件"按钮、选项卡功能区、标尺、文档编辑区和状态栏等。

1．标题栏

标题栏主要显示正在编辑的文档名称及编辑软件的名称，其右侧有 3 个窗口控制按钮，分别为"最小化""最大化（还原）""关闭"按钮。

2．快速访问工具栏

快速访问工具栏中主要包含用户在日常操作中频繁使用的命令。安装好 Word 2016 之后，其中会默认显示"保存""撤销""重做"按钮。当然用户也可以单击此工具栏中的"自定义快速访问工具栏"按钮，弹出的下拉列表如图 3-4 所示，勾选某些命令项将其添加至快速访问工具栏中，以方便以后快速地使用这些命令。

3．"文件"按钮

在 Word 2016 中，单击"文件"按钮将打开图 3-5 所示的界面，其中包含"开始""新建""打开"

"信息""保存""另存为""历史记录""打印""共享""导出""关闭""更多"等命令。在"最近"面板中，用户可以查看最近使用的 Word 文档列表；单击历史 Word 文档名称右侧的固定按钮，可以将该记录固定，使其不会被后续的 Word 文档所替换。

图 3-4 自定义快速访问工具栏

图 3-5 单击"文件"按钮打开的界面

4. 功能区和选项卡

功能区横跨应用程序窗口的顶部，由选项组和按钮等组成，如图 3-6 所示。选项卡位于功能区的顶部，其中包括"开始""插入""设计""布局""引用""邮件""审阅""视图""帮助"等。单击某一选项卡，则可在功能区中看到若干个组，相关项显示在一个组中，称为选项组。按钮则是指组中的按钮及用于输入信息的框右侧的按钮等。Word 2016 中还有一些特定的选项卡，只不过特定选项卡只有在需要时才会出现。例如，当在文档中插入图片后，可以在功能区中看到"图片格式"选项卡。如果用户选择其他对象，如剪贴画、表格或图表等，将显示相应的选项卡。

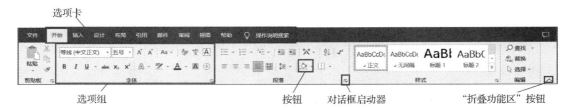

图 3-6 Word 2016 的功能区

某些选项组的右下角有一个小箭头按钮，该按钮称为对话框启动器。单击该按钮，将会看到与该组相关的更多选项，这些选项通常以对话框的形式出现。

功能区将 Word 2016 中的所有功能选项巧妙地集中在一起，以便用户查找使用。单击"功能区显示选项"按钮，弹出的下拉列表如图 3-7 所示。

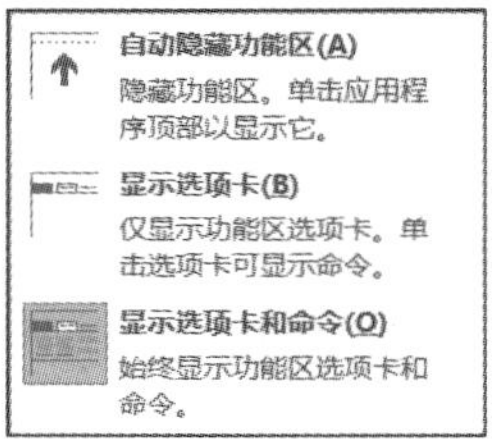

选择"显示选项卡和命令"，则完全显示整个功能区。当用户暂时不需要功能区中的功能选项时，则可以选择"显示选项卡"（或者单击功能区中的"折叠功能区"按钮）临时隐藏功能区，此时，选项组会消失，从而为用户提供更多的操作空间，如图 3-8 所示。如果需要再次显示功能区，则可选择"显示选项卡和命令"，功能区就会重新出现。

图 3-7 Word 2016 的功能区显示选项命令

图 3-8　隐藏功能区后的效果

选择"自动隐藏功能区"，则文档会最大化显示，标题栏和整个功能区消失，如图 3-9 所示。此时，Word 窗口隐藏了标题栏、功能区和状态栏，使用户拥有最多的工作空间。当鼠标指针移动到标题栏位置时，标题栏背景色会加深显示。单击"功能区显示选项"按钮可恢复为原来的界面。

图 3-9　文档最大化显示效果

5．标尺

Word 2016 具有水平标尺和垂直标尺，用于对齐文档中的文本、图形、表格等，也可用来设置所选段落的缩进方式和距离。用户可以通过勾选（或取消）"视图"选项卡"显示"组中的"标尺"复选框来显示（或隐藏）标尺。

6．文档编辑区

文档编辑区是用户使用 Word 2016 进行文档编辑与排版的主要工作区域，该区域有一个垂直闪烁的光标，这个光标就是插入点，用户输入的字符总是会显示在插入点的位置。当文字显示到文档右边界时，光标会自动转到下一行行首；而当一个自然段落输入完成后，用户可按 Enter 键来结束当前段落的输入。

在文档编辑区进行文字的编辑与排版时，如果拖动鼠标选择文本并将鼠标指针指向该文本，可以看到在所选文本的右上方有一个淡出形式的工具栏，而且将鼠标指针指向该工具栏时，它的颜色会加深，如图 3-10 所示。此工具栏称为浮动工具栏，其中的格式命令非常有用，用户可以通过此工具栏快速访问这些命令，对所选文本进行格式的设置。

图 3-10　浮动工具栏

7．状态栏

状态栏位于应用程序窗口的底部，用来显示当前文档的信息以及其他编辑信息等，如图 3-11 所示。状态栏的左侧显示了当前是第几页、文档共几页以及字数等信息；右侧显示了"阅读视图""页面视图""Web 版式视图"3 种视图模式按钮，并有当前文档显示比例的"缩放级别"按钮以及用于缩放当前文档的缩放滑块。

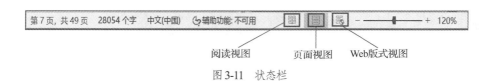

阅读视图　　　页面视图　　Web版式视图

图 3-11　状态栏

用户也可以自己定制状态栏上的显示内容，在状态栏的空白处单击鼠标右键，弹出"自定义状态栏"快捷菜单，从中选择（或取消）某个命令，此时在状态栏中会显示（或隐藏）相应内容，如图 3-12 所示。

图 3-12　"自定义状态栏"快捷菜单

3.1.3　Word 文档的基本操作

在使用 Word 2016 进行文档输入与排版之前，必须创建文档，而当文档编辑工作完成之后也必须及时地保存文档以备下次使用，或者查看文档视图效果。本小节将介绍如何完成这些基本操作，为后续的编辑和排版工作做准备。

1．新建文档

在 Word 2016 中，可以创建两种形式的新文档：一种是没有任何内容的空白文档，另一种是根据模板创建的文档，如传真、信函和简历等。

（1）创建空白文档

启动 Word 2016，如图 3-13 所示，单击"开始"→"空白文档"，或者单击"新建"→"空白文档"，可以创建名称为"文档 1"的空白文档。

图 3-13　新建空白文档

（2）根据模板创建文档

Word 2016 提供了许多已经设置好的文档模板，选择不同的模板可以快速地创建各种类型的文档，如简历和书信等。模板中已经包含了特定类型文档的格式和内容等，用户只需根据个人需求稍做修改即可创建一个精美的文档。单击图 3-13 中的"更多模板"，进入"新建"界面，在右侧列表中选择合适的模板即可，如图 3-14 所示。

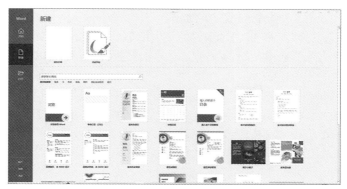

图 3-14　Word 内置的模板列表

单击"蓝灰色简历"模板，可以看到该模板的预览图以及介绍信息，如图 3-15 所示，也可以单击左右两侧的按钮选择其他模板，单击"创建"按钮，下载并创建一个基于该特定模板的新文档。

图 3-15　Word 模板文档

2. 保存文档

用户不仅要在文档编辑完成后保存文档，而且在文档编辑过程中也要特别注意保存文档，以免遇到停电或死机等情况，使之前的工作白费。通常，保存文档有以下几种方式。

（1）保存新文档

创建好的新文档首次保存时，可以单击快速访问工具栏中的"保存"按钮或者单击"文件"按钮面板中的"保存"，进入"另存为"界面，如图 3-16 所示。

图 3-16　"另存为"界面

选择存储位置，这里有 5 种选择，分别介绍如下。

① 默认为"最近"文件夹，即历次保存文档的文件夹列表，其中的文件夹等按最新日期排列，供用户选择。另外，将鼠标指针指向相应文件夹右侧，单击出现的固定按钮，可以把该文件夹固定，以便保存文件时在"已固定"栏中更容易找到。

② "OneDrive"下的相应文件夹。Office 2016 提供了云端共享与协同编辑功能，登录 Office 365 或者微软账号，把文件保存到云端，即可在任何位置、任何设备访问你的文件，同时可实现多人实时协作。

③ 保存到"这台电脑"，操作方法同①。

④ "添加位置"。其提供了"Box""Egnyte(Beta)""OneDrive""OneDrive for Business"等云空间，以便把 Word 文档保存到云，如图 3-17 所示。

⑤ "浏览"。单击"浏览"后打开"另存为"对话框，选择文档要保存的位置，在"文件名"下拉列表框中输入文档的名称，若不输入名称，则 Word 会自动将文档的第一句话作为文档的名称；在"保存类型"下拉列表框中选择"Word 文档"，然后单击"保存"按钮，文档即被保存在指定的位置上了。

通过"保存类型"下拉列表框中的选项还可以更改文档的保存类型，例如，选择"Word 97-2003 文档（＊.doc）"可将文档保存为 Word 的早期版本类型（见图 3-18），选择"Word 模板"可将文档保存为模板类型。

图 3-17 "添加位置"选项

图 3-18 "另存为"对话框

（2）加密保存文档

为了防止他人未经允许就打开或修改文档，用户可以对文档进行保护，即在保存时为文档加设密码，步骤如下。

① 单击图 3-18 所示的"另存为"对话框中的"工具"按钮，在弹出的图 3-19 所示的下拉列表中选择"常规选项"，则会弹出"常规选项"对话框，如图 3-20 所示。

图 3-19 "工具"下拉列表

图 3-20 "常规选项"对话框

② 分别在对话框的"打开文件时的密码"文本框和"修改文件时的密码"文本框中输入密码，单击"确定"按钮后会分别弹出"确认密码"对话框，以确认打开密码和修改密码，如图 3-21 和图 3-22 所示。再次输入打开文件及修改文件时的密码后，单击"确定"按钮，返回到图 3-18 所示的对话框。

图 3-21 "确认密码"对话框（打开文件密码）　　　图 3-22 "确认密码"对话框（修改文件密码）

③ 单击图 3-18 所示对话框中的"保存"按钮。

设置完成后，当再次打开文件时，会弹出图 3-23 所示的对话框，输入正确的打开文件密码后会弹出图 3-24 所示的对话框，只有输入正确的修改文件密码，才可以修改打开的文件，否则只能以只读方式打开文件。

图 3-23 打开文件"密码"对话框　　　图 3-24 修改文件"密码"对话框

▶注意

为文件设置打开及修改密码，不能阻止文件被删除。

（3）定时保存文档

在文档的编辑过程中，建议设置定时自动保存以防在突发状态下丢失文档内容。Word 2016 在默认情况下每隔 10 分钟自动保存一次文档，用户可以根据自己的需求设置自动保存的时间间隔，步骤如下。

① 单击图 3-18 所示的"另存为"对话框中的"工具"按钮，在弹出的下拉列表中选择"保存选项"，或者单击"文件"→"选项"，在"Word 选项"对话框中选择"保存"，弹出图 3-25 所示的界面。

图 3-25 "Word 选项"对话框

② 勾选"保存自动恢复信息时间间隔"复选框，并在"分钟"文本框中输入保存的时间间隔（默认为 10），单击"确定"按钮，返回到图 3-18 所示的对话框。

③ 单击图 3-18 所示对话框中的"保存"按钮。

3．打开文档

如果要对已经存在的文档进行操作，则必须先将其打开。方法很简单，直接双击要打开的文档；或者在打开 Word 2016 后，单击"文件"按钮面板中的"打开"，在之后显示的对话框中选择要打开的文档后，单击"打开"按钮即可。

注意，对已经加密的文档必须输入正确的密码才能打开和修改。

4．文档视图

在 Word 2016 中有以下几种视图显示方式。

① 页面视图：能显示文本、图形及其他元素在最终的打印文档中的真实效果。

② 阅读视图：默认以双页形式显示当前文档，隐藏"文件"按钮、功能区等窗口元素，以便用户阅读。

③ Web 版式视图：以网页的形式显示文档，适用于发送电子邮件和创建网页。

④ 大纲视图：能显示和更改标题的层级结构，并能折叠、展开各种层级的文档内容，适用于长文档的快速浏览和设置。

⑤ 草稿视图：仅显示标题和正文，是最节省计算机系统资源的视图模式。

用户可以通过状态栏右侧的视图模式按钮在前 3 种视图模式间进行切换。

3.1.4　Word 帮助的使用

用户在使用 Word 时如果遇到困难，可以打开 Word 的"帮助"面板。按 F1 键，或者单击"帮助"选项卡中的"帮助"按钮，可以打开"帮助"面板。在搜索文本框中输入关键字，如"节"，则会列出微软搜索引擎必应（Bing）的搜索结果，单击某个项目即可打开相应的帮助内容，如图 3-26 所示。

图 3-26　"帮助"面板

3.2　文档的编辑

3.2.1　基本的输入操作

打开 Word 2016 后，用户可以直接在文本编辑区进行输入操作，输入的内容显示在光标所在位置。

如果一行文字尚未输入完毕就想在下一行或下几行输入文字，是否只能通过按 Enter 键换行才可以呢？不是的。由于 Word 支持"即点即输"功能，故而用户只需在想要输入文本的地方双击，光标即会自动移到该处，之后用户就可以直接输入文本了。下面就不同类型的内容输入进行介绍。

1．输入普通文本

普通文本的输入非常简单，用户只需将光标移到指定位置，选择合适的输入法后即可进行输入操作。

在输入文本的过程中，用户会发现在文本的下方有时会出现红色或绿色的波浪线，这是 Word 2016 所提供的拼写和语法检查功能。如果用户在输入过程中出现拼写错误，那么文本下方就会显示一条红色波浪线；如果出现了语法错误，则显示一条绿色波浪线。当出现拼写错误时，如误将"Microsoft"输入为

"Nicrosoft"，则"Nicrosoft"下方会马上显示红色波浪线，用户只需在其上单击鼠标右键，并在之后弹出的修改建议中单击想要替换的单词就可以将错误的单词替换掉，如图 3-27 所示。

2. 输入特殊符号

用户在输入过程中常会遇到一些特殊的符号无法使用键盘输入，此时可以单击"插入"选项卡，通过"符号"组中的"符号"下拉列表来输入相应的符号。如果要输入的符号不在"符号"下拉列表中，则可以选择下拉列表中的"其他符号"，在弹出的"符号"对话框中选择所要输入的符号后单击"插入"按钮。

图 3-28 所示为"符号"选项卡。通过"字体"下拉列表框可选择具体字体，如"Corbel"；通过"子集"下拉列表框可以选择该种字体的字符类型子集，如"带括号的字母数字"。

图 3-27 Word 拼写和语法检查示例

图 3-29 所示为"特殊字符"选项卡。通过选中字符列表中的字符，并单击"插入"按钮，可以在当前位置输入特殊符号，如"®"；或者按快捷键（如 Alt+Ctrl+R）也可以实现符号的插入。

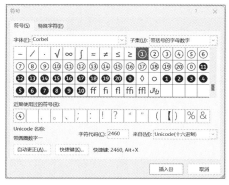

图 3-28 "符号"对话框的"符号"选项卡

图 3-29 "符号"对话框的"特殊字符"选项卡

3. 输入日期或时间

在 Word 2016 中，用户可以直接插入系统的当前日期或时间，操作步骤如下。

① 将插入点定位到要插入日期或时间的位置。

② 选择"插入"→"文本"→"日期和时间"命令，弹出"日期和时间"对话框，如图 3-30 所示。

③ 在该对话框中选择语言后，在"可用格式"列表中选择需要的格式（如果要使插入的时间能随系统时间自动更新，可勾选"自动更新"复选框），单击"确定"按钮即可。

图 3-30 "日期和时间"对话框

3.2.2 基本的编辑操作

1. 定位插入点

插入点是任何需要插入文档中的对象的定位标志，其表现为不间断闪烁的"|"形状，也称为光标。当鼠标指针在文档中移动时自动呈现为"I"形状，此时单击即可定位插入点。当鼠标指针在空白文档中移动时，双击才可将插入点定位到鼠标指针的位置。

用户也可以利用键盘在文档中定位插入点，具体操作说明如下。

① 按方向键↑或↓可以使插入点从当前位置向上或向下移动一行。

② 按方向键→或←可以使插入点从当前位置向右或向左移动一个字符。

③ 按 Page Up 键或 Page Down 键可以使插入点从当前位置向上或向下移动一屏。

④ 按 Home 键或 End 键可以使插入点从当前位置移动到本行行首或本行行末。

⑤ 按 Ctrl+Home 组合键或 Ctrl+End 组合键可以使插入点从当前位置移动到文档开头或文档结尾。

2．选定文本

选定文本是编辑文本的前提，即如果要复制或移动文本，首先就要选定文本。在 Word 中，用户可以通过拖动鼠标来选定文本，也可以通过键盘来选定文本。选定文本时，可以选定一个字、一个词、一句话，也可以选定一整行、一个段落、一个不规则区域中的文本。

（1）拖动选择文本

在文本编辑区中，鼠标指针默认为"Ⅰ"形状。在 Word 中，用户可以通过拖动鼠标来选定文本。

首先将鼠标指针放到要选定的文本的前面，按住鼠标左键，此时插入点出现在选定文本的前面，水平拖动鼠标到要选定文本的末端。选定的文本会以灰色背景显示，如图 3-31 所示。

（2）选定一个词

如果要选定一个词，用户可将鼠标指针放在一个词（一句话必须连贯）上，然后双击，如图 3-32 所示。

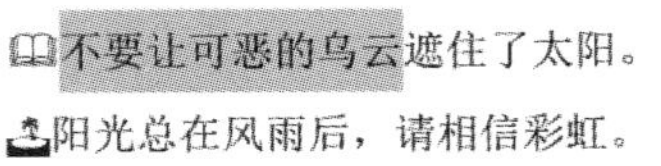

图 3-31　用拖动鼠标的方法选定文本 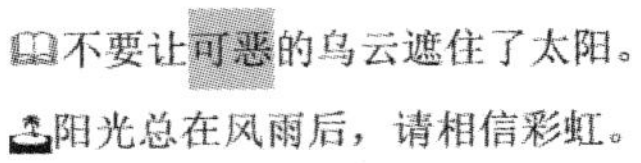　　　　图 3-32　选定一个词

（3）选定一行

将鼠标指针移到窗口的最左端（注意不要跨过标尺），这时鼠标指针变成向右上方指的形状，如图 3-33 所示，此时单击即可选定一行。

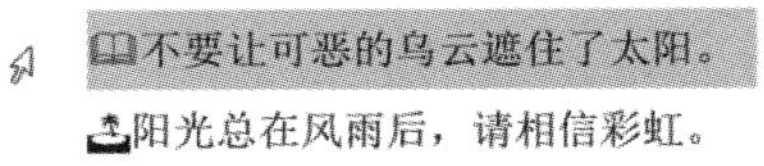

图 3-33　选定一行

（4）选定整段文本

将鼠标指针放在段落中的任意位置，然后在该段落中连续三击鼠标左键，整个段落即可被全部选中，如图 3-34 所示。

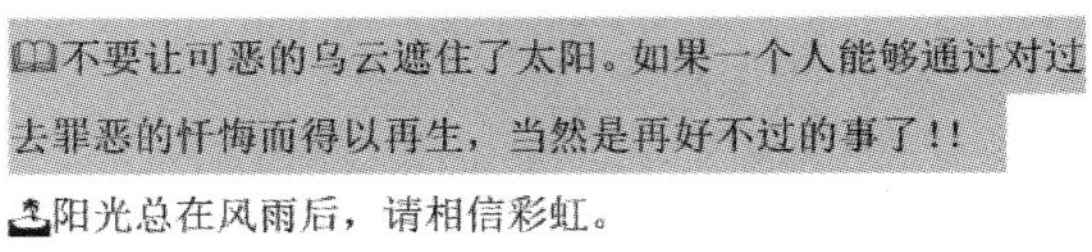

图 3-34　选定整段文本

（5）使用 Alt 键+鼠标选定一块文本

如果要选定一块文本，单用鼠标来选择是不能完成的。选定一块文本需要 Alt 键的协助。首先将鼠标指针放在文本的起始位置，然后按住 Alt 键，之后按住鼠标左键并拖动到要选定文本的结束位置，这样即可选定一块文本，如图 3-35 所示。

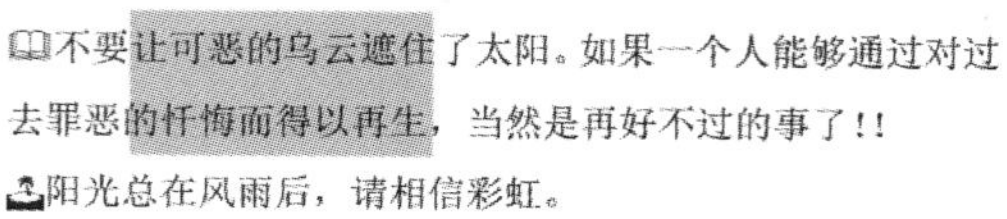

不要让可恶的乌云遮住了太阳。如果一个人能够通过对过去罪恶的忏悔而得以再生，当然是再好不过的事了！！

阳光总在风雨后，请相信彩虹。

图 3-35　选定一块文本

（6）使用 Shift 键+鼠标选定任意文本

利用 Shift 键与鼠标结合，可以选定任意文本。将鼠标指针放到要选定文本的起始位置，单击，按住 Shift 键，然后单击要选定文本的结束位置，这样就将两次单击位置之间的文本选定了，如图 3-36 所示。当然，用户也可以在按住 Shift 键的同时，按↑、↓、←、→方向键来选定任意文本。

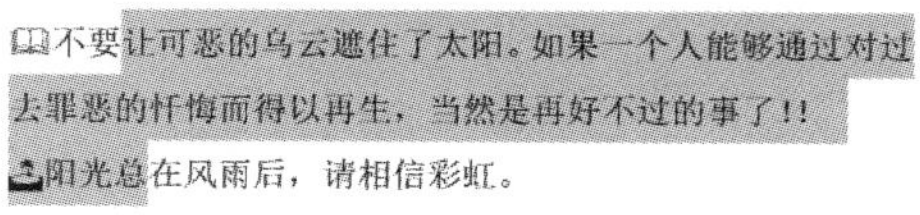

不要让可恶的乌云遮住了太阳。如果一个人能够通过对过去罪恶的忏悔而得以再生，当然是再好不过的事了！！

阳光总在风雨后，请相信彩虹。

图 3-36　选定任意文本

（7）选定一句话

按住 Ctrl 键，然后在要选定的一句话中的任意位置单击，即可将整句话都选定，如图 3-37 所示。此处的一句话是指一个完整的句子，即两个结束句符号（如句号、感叹号或问号等）之间的文本。

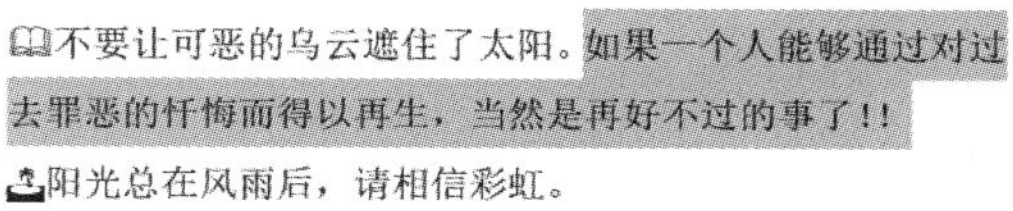

不要让可恶的乌云遮住了太阳。如果一个人能够通过对过去罪恶的忏悔而得以再生，当然是再好不过的事了！！

阳光总在风雨后，请相信彩虹。

图 3-37　选定一句话

（8）全选文本

要将文档中所有的文本都选定，可按 Ctrl+A 组合键。

3．插入与删除文本

用户在编辑文档的过程中，会经常执行一些修改操作来对输入的内容进行更正。当遗漏了某些内容时，用户可以通过单击操作将插入点定位到需要补充输入的地方后，再进行文本的输入。如果要删除某些已经输入的内容，用户可以在选定该内容后按 Delete 键或 BackSpace 键将其删除。在不选择内容的情况下，按 BackSpace 键可以删除插入点左侧的字符，即所谓的"前删"；按 Delete 键可以删除插入点右侧的字符，即所谓的"后删"。

4．复制与移动文本

当需要重复输入文档中已有的内容，或者要移动文档中某些文本的位置时，可以分别通过复制、移动操作来快速完成。复制与移动的操作方法类似，选中文本后，在所选取的文本块上单击鼠标右键，会弹出快捷菜单，欲进行复制操作时可选择"复制"命令，欲进行移动操作时可选择"剪切"命令，然后将鼠标指针移到目标位置，再单击鼠标右键，在弹出的快捷菜单中选择"粘贴选项"中的相应命令。

用户也可以利用快捷键高效地复制和移动文本，按 Ctrl+C 组合键可执行复制操作，按 Ctrl+X 组合键可执行剪切操作，按 Ctrl+V 组合键可执行粘贴操作。

3.2.3　查找与替换

在对一篇较长的文档进行编辑的时候，经常需要对某些地方进行修改，如把"计信学院"改为"计算机与信息工程学院"。Word 提供了强大的查找与替换功能，可以帮助用户轻松地完成类似工作。查找功能可以帮助用户快速查找到指定的内容，替换功能可以将指定的文字换成想要的文字或格式。

1. 查找文本

Word 2016 不仅可以查找任意组合的字符，包括中文、英文及全角、半角等，还可以查找英文单词的各种形式。选择"开始"选项卡，单击"编辑"组中的"查找"按钮，在文本编辑区的左侧会显示图 3-38 所示的"导航"窗格。

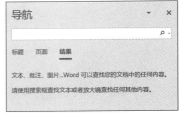

图 3-38　"导航"窗格

在"搜索文档"文本框内输入关键字后按 Enter 键，即可列出整篇文档中所有包含该关键字的匹配结果项，并在文档中高亮显示相匹配的关键字；单击某个搜索结果，如"长城"，能快速定位到正文中的相应位置，如图 3-39 所示。

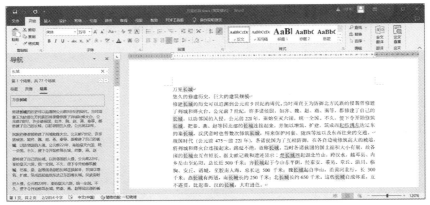

图 3-39　"查找"结果示例

用户也可以选择"查找"下拉列表中的"高级查找"，在弹出的"查找和替换"对话框的"查找内容"文本框内输入查找关键字，如"长城"，然后单击"查找下一处"按钮定位到正文中匹配该关键字的位置，匹配文本以灰色背景显示；单击"阅读突出显示"→"全部突出显示"，则全文所有匹配文本以黄色背景显示，如图 3-40 所示（图中颜色因印刷为单色无法显示）。

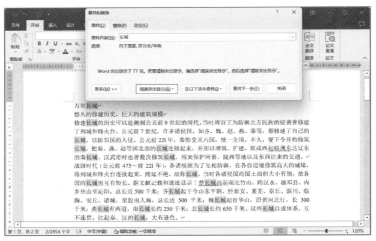

图 3-40　"阅读突出显示"结果示例

单击对话框中的"更多"按钮，能够看到更多的查找功能选项，如是否区分大小写、是否使用通配符等。用户利用这些选项能完成更精准的查找操作。

常用通配符的含义及示例如表 3-1 所示。

表 3-1 常用通配符的含义及示例

通配符	含义	示例
?	任意单个字符	第?段，可以查找第 1 段和第 2 段等
*	任意字符串	第*段，可以查找第 1 段和第 23 段等
@	前面的字符出现一次或一次以上	go@d，可以查找 good 和 god 等
<	单词的起始	<(ap)，可以查找 apple 和 application 等
>	单词的结尾	>(ing)，可以查找 thing 和 evening 等
[]	指定的字符之一	文[件档]，可以查找文件和文档

2．查找格式

用户可以查找指定的文本格式，如加粗的文本等。在图 3-41 所示的"查找和替换"对话框中，单击"格式"按钮，在其下拉列表中选择"字体"或"段落"，如图 3-42 所示，然后在相应的对话框中指定格式进行查找即可。

3．查找特殊格式字符

用户也可以在图 3-41 所示的"查找和替换"对话框中单击"特殊格式"按钮，弹出的下拉列表如图 3-43 所示，可从中选择段落标记、任意数字、任意字母、分栏符或者分节符等，以进行相应的查找。Word 2016 中，"^p""^g"等格式字符分别代表段落、图形等格式。

4．替换

替换操作是在查找的基础上进行的。在图 3-41 所示对话框中切换到"替换"选项卡，在"替换为"文本框中输入要替换的内容，输入查找内容后，单击"替换"按钮，即可对找到的文本逐个进行替换；如果单击"全部替换"按钮，则将找到的内容全部替换为指定的内容。单击"更多"按钮可以打开更多选项，以便替换格式或特殊符号等。默认"不限定格式"按钮为灰色，即不可用状态；当设置查找格式或替换格式后，如"字体：加粗，字体颜色：红色"，该按钮将变为可用状态，如图 3-44 所示。单击"不限定格式"按钮，设置的格式将被删除，且按钮恢复为灰色。

图 3-41 "查找和替换"对话框中的更多功能选项

图 3-42 "格式"下拉列表　　图 3-43 "特殊格式"下拉列表

图 3-44 替换示例

5. 定位

当面对比较长的文档时，要准确找到某个章节进行查看或者修改，单纯依靠鼠标滚动或者右侧的滚动条费时又费力，此时用户可以快速定位文档。按 Ctrl+G 组合键，或者在图 3-41 所示对话框中切换到"定位"选项卡，选择定位目标，如"页""节""行"等，在文本框中输入相应内容，单击"定位"按钮，即可定位到指定的位置。图 3-45 所示为定位到文档的第 10 行。

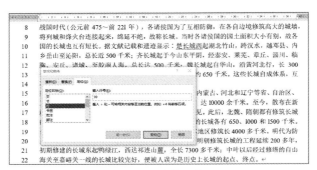

图 3-45　定位示例

3.2.4　自动更正

在文本输入过程中，有时会出现一些输入错误，如将"效果"写成"校果"。Word 的自动更正功能能够自动地对输入的错误文本进行更正，帮助用户更快、更好、更有效地创建无错误的文档。

要使用自动更正功能，必须先设置自动更正选项。单击"文件"→"选项"，打开"Word 选项"对话框，选择"校对"，再单击"自动更正选项"按钮，打开"自动更正"对话框，如图 3-46 所示。

图 3-46　打开"自动更正"对话框

"自动更正"对话框提供了"自动套用格式""操作""自动更正""数学符号自动更正""键入时自动套用格式" 5 个选项卡。其中，"自动更正"选项卡中给出了自动更正错误的多个选项，用户可以根据需要选择相应的选项。用户也可以添加自动更正词条，如在"替换"文本框中输入"现实主意"，在"替换为"文本框中输入"现实主义"，单击"确定"按钮。以后用户输入该类错误文本时系统会自动进行更正。

利用 Word 的自动更正功能，用户可以实现自动查找生僻字、自动插入特殊符号、自动插入常用词语、自动记忆输入等，实现快捷、方便地输入文字。

3.2.5　撤销与恢复

用户在进行文档编辑时，难免会出现输入错误或对文档的某一部分内容不太满意，抑或在排版过程中出现误操作的情况。此时，撤销或恢复以前的操作就非常有必要了。

Word 2016 的快速访问工具栏中有"撤销"按钮 ，可以帮助用户撤销前一步或前几步的错误操作，而"恢复"按钮 则可以重复执行上一步被撤销的操作。

如果是撤销前一步操作，则可以直接单击"撤销"按钮；若要撤销前几步操作，则可以单击"撤销"按钮旁的下拉按钮，然后在弹出的下拉列表中选择要撤销的操作。

3.3　文档的排版

3.3.1　基本排版

1. 字符格式

字符包括汉字、字母、数字、符号及其他可见字符，字符的格式包括字符的字体、大小、粗细、间距等。对字符格式的设置决定了字符在屏幕上显示的效果和打印输出的样式。字符格式设置可以通过功能区、对话框和浮动工具栏 3 种方式来完成。不管使用哪种方式，都需要在设置前先选中字符，即先选中后设置。

（1）通过功能区进行设置

使用此种方法进行设置，要先单击"开始"选项卡，此时可以看到"字体"组中的相关命令项，如图 3-47 所示。利用这些命令项即可完成对字符的格式设置。

图 3-47　"开始"选项卡中的"字体"组

单击"字体"下拉按钮，在打开的下拉列表中单击某种字体，如"华文琥珀"，即可将所选字符以该字体形式显示。当鼠标指针在下拉列表的字体选项上移动时，所选字符的显示形式也会随之发生改变，这是 Word 2016 提供的在实施格式修改之前预览显示效果的功能，如图 3-48 所示。

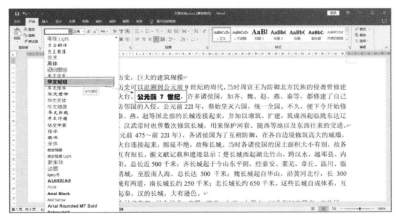

图 3-48　在格式修改之前预览显示效果示例

单击"字号"下拉按钮，在打开的下拉列表中单击某个字号，如"二号"，即可将所选字符以对应字号大小显示。也可以通过"增大字号"按钮 和"减小字号"按钮 来改变所选字符的字号大小。

单击"加粗""倾斜"或"下画线"按钮，可以将选定的字符设置成粗体、斜体或带下画线的显示形式。3 个按钮允许联合使用，当同时按下"加粗"按钮和"倾斜"按钮时，显示的是粗斜体。单击"下画线"按钮可以为所选字符添加黑色的下画线。若想添加其他线型的下画线，单击"下画线"按钮旁的下拉按钮，在弹出的下拉列表中单击所需线型即可；若想添加其他颜色的下画线，在"下画线"下拉列表的"下画线颜色"中单击所需颜色项即可。

单击"文本突出显示颜色"按钮 可以为选中的文字添加底色以突出显示，这操作一般用在文中的某些内容需要读者特别注意的时候。如果要更改突出显示文字的底色，单击该按钮旁的下拉按钮，在弹出的下拉列表中单击所需的颜色即可。

在 Word 2016 中，用户可以为文字添加轮廓、阴影、发光等视觉效果，单击"文本效果和版式"按钮 ，在弹出的下拉列表中选择所需的效果选项就能将该效果应用于所选文字。

在图 3-47 所示界面中还有其他的一些功能按钮，如将字符设置为上标或下标等的按钮。

（2）通过对话框进行设置

选中要设置的字符后，单击图 3-47 所示界面右下角的"对话框启动器"按钮，会弹出图 3-49 所示的"字体"对话框。

在该对话框的"字体"选项卡中，可以通过"中文字体"下拉列表框和"西文字体"下拉列表框中的选项分别为所选择字符中的中、西文字符设置字体，还可以为所选字符进行字形（常规、倾斜、加粗或加粗倾斜）、字号、颜色等的设置。通过"着重号"下拉列表框中的"着重号"选项可以为选定字符添加着重号。通过"效果"区域的复选框可以进行特殊效果的设置，如为所选文字加删除线或将其设置为上标、下标等。

在图 3-50 所示的"高级"选项卡中，可以通过"缩放"下拉列表框中的选项放大或缩小字符，也可以通过"间距"下拉列表框中的"加宽""紧缩"等选项使字符之间的距离增大或缩小，还可以通过"位置"下拉列表框中的"提升""降低"等选项使字符向上提升显示或向下降低显示等。

图 3-49 "字体"对话框

图 3-50 "字体"对话框中的"高级"选项卡

（3）通过浮动工具栏进行设置

当选中字符并将鼠标指针指向其后面时，在选中字符的右上角会出现图 3-51 所示的浮动工具栏。利用浮动工具栏进行设置的方法与通过功能区的按钮进行设置的方法相同，这里不详述。

2. 段落格式

在 Word 中，通常把两个换行符之间的部分叫作一个段落。用户既可以设置段落的对齐方式、大纲级别、左右缩进、首行缩进或悬挂缩进等特殊格式，以及段前段后间距、段内的行距，又可以设置段落的孤行控制、段中不分页等分页效果，还可以设置中文版式，如按中文习惯控制首尾字符、标点溢界等换行方式，压缩行首标点、调整中西文间距和中文与数字的间距等。图 3-52 所示为"开始"选项卡中的"段落"组。

图 3-51 浮动工具栏

图 3-52 "开始"选项卡中的"段落"组

（1）段落对齐方式

段落的对齐方式分为以下 5 种。

① 左对齐：段落所有行以页面左侧边缘为基准对齐。

② 右对齐：段落所有行以页面右侧边缘为基准对齐。

③ 居中对齐：段落所有行以页面中心为基准对齐。

④ 两端对齐：段落除最后一行外，其他行均匀分布在页面左右边缘之间。

⑤ 分散对齐：段落所有行均匀分布在页面左右边缘之间。

单击"开始"选项卡"段落"组右下角的"对话框启动器"按钮，将打开图 3-53 所示的"段落"对话框。在设置过程中，用户可以在预览框中立即看到设置后的段落效果。

选择"对齐方式"下拉列表框中的选项即可进行段落对齐方式的设置，或者单击"段落"组中的 5 种对齐方式按钮进行设置。

（2）段落缩进

缩进决定了段落到左右边缘的距离，段落的缩进方式分为以下 4 种。

① 左缩进：段落左侧到页面左侧边缘的距离。

② 右缩进：段落右侧到页面右侧边缘的距离。

③ 首行缩进：段落的第 1 行由左缩进位置起向内缩进一定的距离。

④ 悬挂缩进：段落除第 1 行以外的所有行由左缩进位置起向内缩进一定的距离。

通过图 3-53 所示的"段落"对话框可以精确地设置所选段落的缩进方式和缩进距离。左缩进和右缩进可以通过"缩进"区域的"左侧""右侧"设置框中的上下微调按钮进行设置；首行缩进和

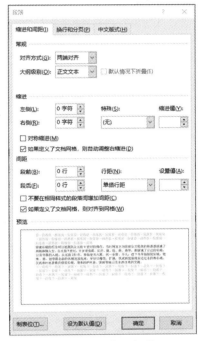

图 3-53 "段落"对话框

悬挂缩进可以从"特殊"下拉列表框中进行选择，缩进量可通过"缩进值"进行精确设置。此外，还可以通过水平标尺来设置段落的缩进：将光标放到段落中或选中段落，之后拖动图 3-54 所示的缩进滑块即可调整对应的缩进量。不过此种方式只能模糊地设置缩进量。

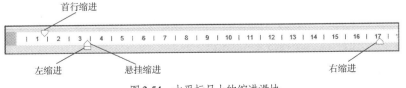

图 3-54 水平标尺上的缩进滑块

（3）段落间距与行间距

通过图 3-53 中"间距"区域的"段前"和"段后"选项，可以设置所选段落与上一段落之间的距离以及该段落与下一段落之间的距离。通过"行距"选项可以修改所选段落相邻两行之间的距离，它有以下 6 个选项供用户选择。

① 单倍行距：将行距设置为该行最大字的高度加上一小段额外间距，额外间距的大小取决于所用的字体。

② 1.5 倍行距：将行距设置为单倍行距的 1.5 倍。

③ 2 倍行距：将行距设置为单倍行距的 2 倍。

④ 最小值：将行距设置为适应行中最大字或图形所需的最小行距。

⑤ 固定值：将行距设置为固定值。

⑥ 多倍行距：将行距设置为单倍行距的倍数。

▶注意

需要注意的是，当选择行距为"固定值"并输入一个值时，Word 将不管字体或图形的大小，这可能会导致行与行相互重叠，所以使用该选项时要小心。

3. 项目符号和编号

对于一些有并列关系的内容等，例如一个问答题的几个要点，可以使用项目符号或编号对其进行格式化设置，这样可以使内容看起来条理更加清晰。添加项目符号和编号的方式有两种：一是选定正文，再应用项目符号或编号；二是在空行中设置插入项目符号或编号，再输入正文。

首先选中要添加项目符号或编号的文字，然后选择"开始"选项卡，单击"段落"组中的"项目符号"按钮 ≔，也可单击该按钮旁的下拉按钮，在弹出的项目符号库中选择已有的项目符号样式，如图 3-55 所示。

用户如果对内置的项目符号不满意，还可以添加新项目符号。单击"定义新项目符号"，弹出"定义新项目符号"对话框，如图 3-56 所示。在其中用户可选择合适的符号或图片，指定符号字体，并设置对齐方式，然后将其作为新的项目符号。

图 3-55　项目符号库

要为所选文字添加编号，可单击"段落"组中的"编号"按钮 ≔，也可单击该按钮旁的下拉按钮，在弹出的编号库中选择编号样式，如图 3-57 所示。

图 3-56　"定义新项目符号"对话框

图 3-57　编号库

用户如果对内置的编号格式不满意，还可以添加新编号格式。单击"定义新编号格式"，弹出"定义新编号格式"对话框，如图 3-58 所示。在其中用户可选择合适的编号样式，指定编号字体，并设置对齐方式，然后将其作为新的编号格式。

要为所选文字添加多级编号，可单击"段落"组中的"多级列表"按钮，也可单击该按钮旁的下拉按钮，在弹出的下拉列表中选择其他的多级编号样式，如图 3-59 所示。

图 3-58　"定义新编号格式"对话框

图 3-59　当前列表和列表库

用户如果对内置的多级列表不满意，还可以添加新的多级列表。单击"定义新的多级列表"，弹出"定义新多级列表"对话框。在其中用户可选择要修改的级别，设置编号的格式和该级别的编号样式，设置位置（如编号对齐方式、对齐位置和文本缩进位置）等；单击"更多"按钮，还可以进一步设置该级别链接样式等，如图 3-60 所示。最后单击"确定"按钮，即可添加并应用新的多级列表。

用户还可以定义新的列表样式。在图 3-59 所示界面中，单击"定义新的列表样式"，弹出"定义新列表样式"对话框，如图 3-61 所示。在其中用户可命名自定义的样式，设置样式的格式，并指定应用于列表的级别。

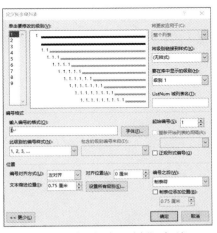

图 3-60　"定义新多级列表"对话框

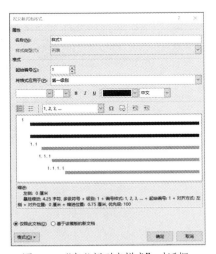

图 3-61　"定义新列表样式"对话框

4. 边框和底纹

设置边框和底纹可以突出某些文本、段落、表格及单元格的效果，从而美化文档。

（1）边框

选中要添加边框的文字或段落，单击"开始"→"段落"→"下框线"按钮 ⊞ 右侧的下拉按钮，弹出的下拉列表，如图 3-62 所示。在这里用户可以选择上、下、左、右、内、外、斜等各种框线。

选择"边框和底纹"，将弹出"边框和底纹"对话框，在此对话框的"边框"选项卡中可以进行边框的设置，如图 3-63 所示。

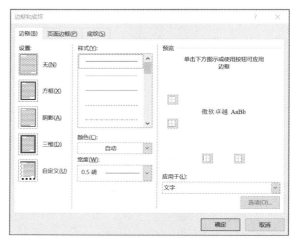

图 3-62 "边框"下拉列表　　　　图 3-63 "边框和底纹"对话框中的"边框"选项卡

用户可以设置边框的类型为"方框""阴影""三维""自定义"等，若要取消边框可选择"无"。选择好边框类型后，还可以选择边框的线型样式、颜色和宽度，其方法为打开相应的下拉列表进行选择。若是给文字加边框，要在"应用于"下拉列表中选择"文字"，文字的四周都必须有边框。若是给段落加边框，要在"应用于"下拉列表中选择"段落"，对段落加边框时可根据需要有选择地添加上、下、左、右 4 个方向的边框，利用"预览"区域中的"上边框""下边框""左边框""右边框"4 个按钮即可实现为所选段落添加（或删除）相应位置的边框。设置完成后单击"确定"按钮即可。

（2）页面边框

为文档添加页面边框要通过图 3-64 所示的"页面边框"选项卡来完成，页面边框的设置方法与为段落添加边框的方法基本相同。除了可以添加线型页面边框外，用户还可以添加艺术型页面边框：打开"页面边框"选项卡中的"艺术型"下拉列表，选择自己喜欢的边框类型，再单击"确定"按钮即可。

图 3-64 "边框和底纹"对话框中的"页面边框"选项卡

（3）底纹

如要设置底纹，先进入图 3-65 所示的"底纹"选项卡，在其中选择填充、图案样式和颜色以及应用的范围后再单击"确定"按钮即可。此外，也可通过"段落"组中的"底纹"按钮  为所选内容设置底纹。

图 3-65 "边框和底纹"对话框中的"底纹"选项卡

5．分栏

分栏排版就是将文本分成几栏排列，文本可从一栏的底部连续接排到下一栏的顶部的排版方式。分栏排版是常见于报纸、杂志的一种排版形式。因为分栏排版只有在页面视图下才能够看到分栏的效果，故需先设置页面视图方式，再选择需要分栏排版的文本。若不选择，则系统默认对整篇文档进行分栏排版。单击"布局"→"页面设置"→"栏"按钮，弹出下拉列表，如图 3-66 所示。从中选择某个选项，如"一栏""两栏"等，即可对所选内容进行相应的分栏设置。

如果想对文档进行其他形式的分栏处理，选择"栏"下拉列表中的"更多栏"，在弹出的"栏"对话框中可以进行详细的分栏设置，包括设置更多的栏数、每一栏的宽度、栏与栏之间的距离及分隔线等，如图 3-67 所示。若要撤销分栏，选择"一栏"即可。

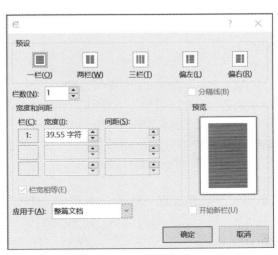

图 3-66 "栏"下拉列表 图 3-67 "栏"对话框

6. 首字下沉

首字下沉是指正文的第一个字放大突出显示的排版形式。首字下沉经常在报纸或杂志中出现，目的是使文档更醒目，从而达到强化的特殊效果。设置首字下沉的步骤如下。

① 将光标定位到要设置首字下沉效果的段落。

② 单击"插入"→"文本"→"首字下沉"按钮，将弹出图3-68所示的下拉列表。

③ 在该下拉列表中可选择"下沉"，也可选择"悬挂"。若想要对下沉的文字进行字体以及下沉行数的设置，用户可选择"首字下沉选项"，然后在弹出的"首字下沉"对话框中进行设置，如图3-69所示。

图3-68 "首字下沉"下拉列表

图3-69 "首字下沉"对话框

7. 中文版式

中文版式是指自定义中文或混合文字的版式，对文档中的中文字符做各种特殊处理以生成特殊的格式，如"纵横混排""合并字符""双行合一"等。单击"开始"→"段落"→"中文版式"按钮 ，将弹出图3-70所示的下拉列表。应用各种中文版式可制作出图3-71所示的特殊格式排版效果。

图3-70 "中文版式"下拉列表

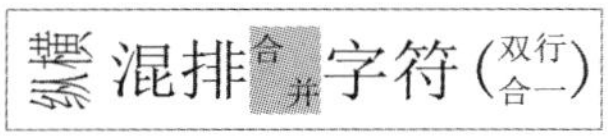

混排字符(双行合一)

图3-71 特殊格式的排版效果

8. 其他格式

（1）拼音指南

拼音指南是指在所选文字上方添加拼音符号以标明其发音。在中文排版时如果需要给中文加拼音，应先选中要加拼音的文字，再单击"开始"→"字体"→"拼音指南"按钮 ，则弹出图3-72所示的对话框。在"基准文字"文本框中显示的是选中的要加拼音的文字，在"拼音文字"文本框中显示的是基准文字的拼音。设置后的效果显示在对话框下方的预览框中，若不符合要求，用户可以通过"对齐方式""偏移量""字体""字号"选项等对其进行调整。

（2）带圈字符

带圈字符是指在字符周围放置圆圈或边框加以强调。日常使用Word的时候，经常会给一些比较重要的文字加上一些标记，如有时为了让阅读文档者看得更加清楚，需要为字符添加圆圈或菱形等图案。

单击"开始"→"段落"→"带圈字符"按钮 ，在弹出的"带圈字符"对话框中选择要加圈的样式、文字及圈号，然后单击"确定"按钮即可，如图3-73所示。

图 3-72 "拼音指南"对话框　　　　图 3-73 "带圈字符"对话框

9. 格式刷

使用格式刷可以快速将相同的格式（如颜色、字体样式和大小或边框样式等）应用于多个文本或图形。使用格式刷可以从源对象复制所有格式并将其应用于目标对象，用户可理解为针对格式的复制和粘贴。使用格式刷复制文本样式的步骤如下。

① 选中要复制样式的文本。

② 单击"开始"→"剪贴板"→"格式刷"按钮，之后将鼠标指针移动到文本编辑区，会看到鼠标指针旁出现了一个小刷子图标。

③ 用格式刷扫过（即按住鼠标左键拖动）需要应用样式的文本即可。

单击"格式刷"按钮，使用一次后格式刷功能就自动关闭了。如果需要将某文本的格式连续应用多次，则可以双击"格式刷"按钮，之后直接用格式刷扫过不同的文本就可以了。若要关闭格式刷功能，可再次单击"格式刷"按钮或按 Esc 键。

▶注意

对于格式的操作，也可以使用 Ctrl+Shift+C 组合键复制格式，使用 Ctrl+Shift+V 组合键粘贴格式。

3.3.2　高级排版

1. 页面设置

页面设置得合理与否直接关系到文档打印效果的好坏。文档的页面设置主要包括设置页眉、页脚、纸张大小、纸张方向和页边距等。此外，还可以选择是否为文档添加封面以及是否将文档设置成稿纸的形式。

（1）页眉与页脚

页眉和页脚中含有在页面的顶部或底部重复出现的信息，用户还可以在页眉和页脚中插入文本或图形，如页码、日期、公司徽标、文档标题、文件名或作者名等。"页眉和页脚"组如图 3-74 所示。

图 3-74 "页眉和页脚"组

需要注意的是，页眉与页脚只有在页面视图下才可以看到效果。设置页眉和页脚的步骤如下。

① 切换至"插入"选项卡。

② 要插入页眉，可单击"页眉和页脚"→"页眉"按钮，弹出的下拉列表如图 3-75 所示，从中选择内置的页眉样式或者选择"编辑页眉"，之后输入页眉内容。

③ 要插入页脚，可单击"页眉和页脚"→"页脚"按钮，弹出的下拉列表如图 3-76 所示，从中选择内置的页脚样式或者选择"编辑页脚"，之后输入页脚内容。

图 3-75 "页眉"下拉列表

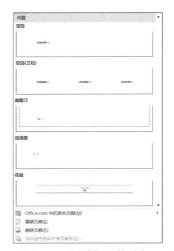

图 3-76 "页脚"下拉列表

在设置页眉和页脚的过程中，页眉和页脚的内容会突出显示，而正文中的内容则变为灰色，同时在功能区中会出现"页眉和页脚"选项卡，如图 3-77 所示。

图 3-77 "页眉和页脚"选项卡

单击"页眉和页脚"→"页码"按钮，弹出的下拉列表如图 3-78 所示，在此用户可以设置页码出现的位置，包括页面顶端、页面底端、页边距和当前位置。其中，"页面顶端"列表如图 3-79 所示，"页边距"列表如图 3-80 所示，"当前位置"列表如图 3-81 所示。此外，还可以设置页码的格式等。

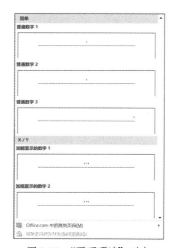

图 3-78 "页码"下拉列表   图 3-79 "页面顶端"列表

图 3-80 "页边距"列表

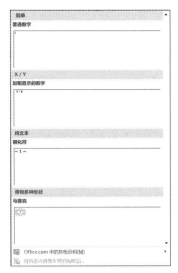

图 3-81 "当前位置"列表

在图 3-77 所示的"页眉和页脚"选项卡中，可以通过"插入"→"日期和时间"按钮在页眉或页脚中插入日期和时间，并可以设置其显示格式；选择"文档部件"下拉列表中的"域"，在之后弹出的"域"对话框的"域名"列表中进行选择，可以在页眉或页脚中显示作者名、文件名以及文件大小等信息。通过"选项"组中的复选框可以设置首页不同、奇偶页不同的页眉或页脚等。图 3-82 和图 3-83 分别是设置页眉和页脚的示例。

图 3-82 页眉示例

图 3-83 页脚示例

▶注意

默认页眉有下框线，页脚没有框线，用户可以选中页眉或页脚，通过"开始"→"段落"→"边框"对下框线进行设置。

页眉和页脚设置完后，可单击"页眉和页脚"选项卡中的"关闭页眉和页脚"按钮退出页眉和页脚的设置，回到文档编辑状态。

（2）纸张大小与方向

通常在进行文字编辑与排版之前，就要先设置好纸张大小以及方向。切换至"布局"选项卡，单击

"纸张大小"按钮，可以在弹出的下拉列表中选择一种已经列出的纸张大小，或者选择"其他纸张大小"，在之后弹出的"页面设置"对话框的"纸张"选项卡中进行纸张大小的设置，如图3-84所示。常见的纸张大小有16开、A4等。单击"页面设置"→"纸张方向"按钮，在弹出的下拉列表中选择"纵向"或"横向"。

（3）页边距

页边距是指页面边缘到文字的距离，页面可分为上、下、左、右4个边距。要设置页边距，先切换到"布局"选项卡，再单击"页面设置"→"页边距"按钮，选择下拉列表中已经列出的常用页边距格式（有常规、窄、中等、宽、对称等），也可以选择"自定义页边距"，在之后弹出的"页面设置"对话框的"页边距"选项卡中进行设置，如图3-85所示。

图3-84 "页面设置"对话框的"纸张"选项卡　　　图3-85 "页面设置"对话框的"页边距"选项卡

在"页边距"区域的"上""下""左""右"文本框中输入要设置的数值，或者通过文本框右侧的上下微调按钮进行设置。如果文档需要装订，则可以在该区域的"装订线"文本框中输入装订边距，并在"装订线位置"下拉列表框中选择是在左侧还是在上方进行装订。

▶**注意**

在页边距内部的可打印区域中可插入文字和图形，在页边距区域中也可以存放页眉、页脚和页码等内容。

（4）文档封面

要为文档创建封面，用户可以单击"插入"→"页面"→"封面"按钮，弹出的下拉列表如图3-86所示，Word内置了"奥斯汀""边线型"等多种封面样式，便于用户快速在文档首页插入所选类型的封面，之后在封面的指定位置输入文档标题、副标题等信息即可完成封面的创建。

（5）稿纸设置

用户如果想将自己的文档设置成稿纸的形式，可以单击"布局"→"稿纸"→"稿纸设置"按钮，在弹出的"稿纸设置"对话框中实现。该对话框中"格式"默认为"非稿纸文档"，用户可选择"方格式稿纸""行线式稿纸""外框式稿纸",再根据需要设置稿纸的格式、网格的行列数、网格的颜色以及纸张大小等,如图 3-87 所示。设置完后单击"确认"按钮,Word 会在当前文档中新建稿纸,并将已有文字排入网格中,当前文档就已经设置成稿纸形式了。

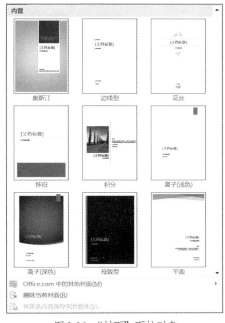

图 3-86 "封面"下拉列表

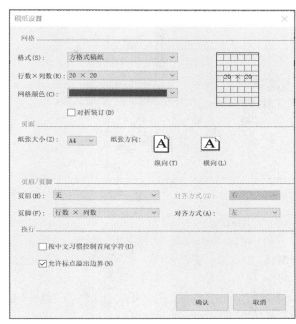

图 3-87 "稿纸设置"对话框

如果要取消稿纸形式,用户在"稿纸设置"对话框中选择"非稿纸文档",单击"确认"按钮即可。但要注意,某些设置如页眉、页脚等无法恢复。

2．分节和分页

在处理格式复杂的长文档时,为了方便处理,用户可以把文档分成若干节,然后对每节进行单独设置,且对当前节的设置不会影响其他节。同时为了确保版面的美观,用户可以对文档强行分页。在需要分节或分页的地方单击"布局"→"页面设置"→"分隔符"按钮 ┤┐分隔符 右侧的下拉按钮,将弹出图 3-88 所示的下拉列表。

用户可以选择分页符、分栏符和自动换行符等分页符,或者选择下一页、连续等分节符。节是一个排版单位,一篇文档可以分成任意多个节,每节都可以按照不同的需要设置为不同的格式。表 3-2 所示为各类型分节符及其作用。

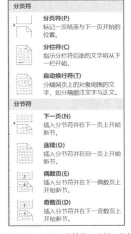

图 3-88 "分隔符"下拉列表

表3-2　各类型分节符及其作用

类型	作用
下一页	插入一个分节符并分页,新节从下一页开始
连续	插入一个分节符,新节从同一页开始
奇数页	插入一个分节符,新节从下一个奇数页开始
偶数页	插入一个分节符,新节从下一个偶数页开始

默认情况下,Word 将整个文档视为一节,故对文档的页面设置等是应用于整篇文档的。但长文档经

常分为多个节，并在不同的节中对页边距、纸张方向、页眉和页脚的位置及格式等进行设置。图 3-89 所示为长文档不同节设置了不同页面格式的打印预览效果。

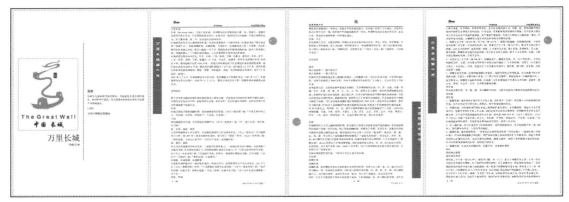

图 3-89　分节排版示例

3．页面背景

一个 Word 文档从底到顶包含 4 个层面：页眉/页脚层、背景层、正文层、前景层。下一层的任何内容都将被上一层的内容所遮盖，但下层内容将通过上层的空白部分显现出来，这样用户就可以在打印页上创建一种分层效果。

在使用 Word 的时候，用户可在文档中加入背景图案，例如在一封信的背景中添加一张自己喜欢的图片或是自己公司的标志。

单击"设计"→"页面背景"→"页面颜色"按钮，弹出图 3-90 所示的下拉列表，其中有主题颜色和标准色，标准色从左到右依次为"深红""红色""橙色""黄色""浅绿""绿色""浅蓝""蓝色""深蓝""紫色"。选中一种颜色，即可用其填充文档的背景。

如果需要更多颜色，则选择"其他颜色"，在打开的"颜色"对话框（见图 3-91）中选择所需颜色或者自定义颜色。

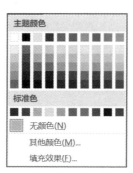

图 3-90　"页面颜色"下拉列表

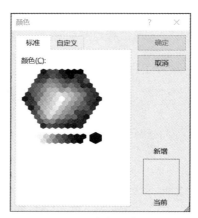

图 3-91　"颜色"对话框

填充效果设置允许用户在文档中添加某些特殊背景效果，分别为渐变、纹理、图案和图片，对应选项卡分别如图 3-92 至图 3-95 所示。

单击"设计"→"页面背景"→"水印"按钮，弹出图 3-96 所示的下拉列表，其中内置有"机密"和"紧急"两类水印效果。用户也可选择"自定义水印"，弹出"水印"对话框，从中设置页面背景的水印效果，如图片水印和文字水印。对于其中的文字水印，用户可以自定义文字，还可以选择字体、字号、颜色和版式等，如图 3-97 所示。

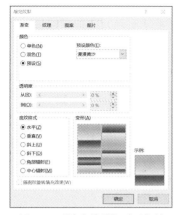

图 3-92 "填充效果"对话框的"渐变"选项卡

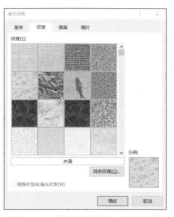

图 3-93 "填充效果"对话框的"纹理"选项卡

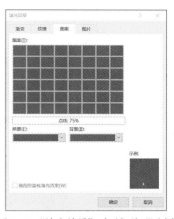

图 3-94 "填充效果"对话框的"图案"选项卡

图 3-95 "填充效果"对话框的"图片"选项卡

图 3-96 "水印"下拉列表

图 3-97 "水印"对话框

4. 使用样式

我们在编排一篇长文档时，需要对许多的文字和段落进行相同的排版工作，如果只是利用字体格式和段落格式功能，不仅很费时间，而且很难使文档格式一直保持一致。这时，就需要使用样式来实现这些功能。

样式是应用于文档中的文本、表格和列表的一套格式特征，规定了文档中标题、题注以及正文等各个元素的格式。它是一组已经命名的字符和段落格式，用户可以将一种样式应用于某个段落或者段落中选定的字符上。使用样式定义文档中的各级标题，如标题 1、标题 2、标题 3……标题 9，就可以智能化地制作出文档的标题目录。

使用样式能减少许多重复的操作，在短时间内排出高质量的文档。例如，用户要一次改变使用某个样式的所有文字的格式时，只需修改该样式即可。再如，标题 2 样式最初为"四号、宋体、两端对齐、加粗"，如果用户希望标题 2 的样式为"三号、隶书、居中、常规"，此时不必重新定义标题 2 的每一个实例，只需改变标题 2 样式的属性就可以了。

样式按不同的定义来分，可以分为字符样式和段落样式，也可以分为内置样式和自定义样式。字符样式是指由样式名称来标识的字符格式的组合，它提供字符的字体、字号、间距和特殊效果等。字符样式仅作用于段落中选定的字符。段落样式是指由样式名称来标识的一套字符格式和段落格式，包括字体、制表位、边框、段落格式等。

Word 本身自带了许多样式，这些样式称为内置样式。但有时候这些样式不能满足用户的全部要求，这时用户就可以创建新的样式，这些样式称为自定义样式。内置样式和自定义样式在使用及修改方面没有任何区别。但是用户可以删除自定义样式，而不能删除内置样式。

用户可以创建或应用下列类型的样式。

① 段落样式：控制段落外观的所有方面，如文本对齐、制表位、行间距和边框等。
② 字符样式：设置段落内选定文字的外观，如文字的字体、字号、加粗及倾斜格式等。
③ 表格样式：可为表格的边框、阴影、对齐方式和字体等设置一致的外观。
④ 列表样式：可为列表应用相似的对齐方式、编号或项目符号等。

单击"开始"→"样式""其他"按钮，出现图 3-98 所示的下拉列表，其中显示了可供选择的样式。要对文档中的文本应用样式，可先选中这段文本，然后选择下拉列表中需要使用的样式名称。要删除某文本中已经应用的样式，可先将其选中，再选择图 3-98 中的"清除格式"。

图 3-98　"样式"下拉列表

用户如果想要快速改变具有某种样式的所有文本的格式，可通过重新定义样式来完成。选择图 3-98 所示下拉列表中的"应用样式"，在弹出的"应用样式"窗格的"样式名"文本框中选择要修改的样式名称，如"正文"，单击"修改"按钮，在弹出的"修改样式"对话框中，可以看到"正文"样式的字体格式为"宋体"，段落格式为"两端对齐，单倍行距"。若要将文档中正文的字体修改为"微软雅黑"，段落格式修改为"两端对齐，1.25 倍行距，首行缩进 2 字符"，则可以选择"修改样式"对话框中"样式类型"下拉列表框中的"段落"选项，在弹出的"段落"对话框中设置行距为 1.25 倍，首行缩进为 2 字符。单击"确定"按钮使设置生效后，即可看到文档中所有使用"正文"样式的文本段落格式已发生改变。图 3-99 所示为已经修改的"正文"样式。

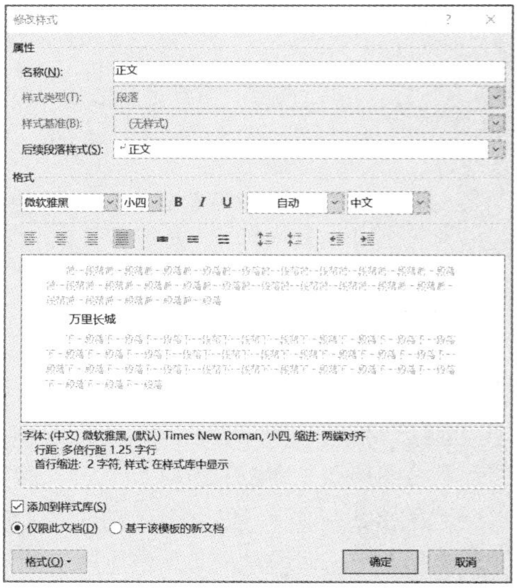

图 3-99　"修改样式"对话框中的"正文"样式

5. 创建目录

目录通常是文档不可缺少的部分。有了目录，阅读者就能很容易地知道文档中有什么内容及如何查找内容等。

Word 提供了自动创建目录的功能，使目录的制作变得非常简便，既不用费力地去手动制作目录、核对页码，也不必担心目录与正文不符；而且在文档发生了改变以后，还可以利用更新目录的功能来适应文档的变化。

用户除了可以创建一般的标题目录外，还可以根据需要创建图表目录以及引文目录等。但要创建引文目录，先要在文档中标记出引文。若要编制图表目录，先要指定须包含的图表题注。编制图表目录时，Word 将对题注进行搜索，依照序号进行排序，并在文档中显示图表目录。

（1）标记目录项

在创建目录之前，需要先将要在目录中显示的内容标记为目录项，步骤如下。

① 选中要成为目录的文本。

② 单击"开始"→"样式"→"其他"按钮，弹出图 3-98 所示的下拉列表。

③ 根据所要创建的目录项的级别，选择"标题 1""标题 2"等。

如果所要使用的样式不在图 3-98 所示下拉列表中显示，则可以通过以下步骤标记目录项。

① 选中要成为目录的文本。

② 单击"开始"→"样式"→"对话框启动器"按钮，打开"样式"窗格，如图 3-100 所示。

③ 单击"样式"窗格右下角的"选项…"按钮，将弹出"样式窗格选项"对话框，如图 3-101 所示。

图 3-100　"样式"窗格　　　　图 3-101　"样式窗格选项"对话框

④ 选择"选择要显示的样式"下拉列表框中的"所有样式"选项，单击"确定"按钮，返回到"样式"窗格。

⑤ 此时可以看到在"样式"窗格中已经显示出了所有的样式，单击需要的样式选项即可。

（2）创建目录的步骤

标记好目录项之后，就可以创建目录了。创建目录的步骤如下。

① 将光标定位到需要显示目录的位置。

② 单击"引用"→"目录"→"目录"按钮，弹出图 3-102 所示的下拉列表，在这里用户可以选择内置的"手动目录""自动目录 1""自动目录 2"创建目录。

③ 选择"自定义目录"，打开"目录"对话框，在这里可以查看打印预览效果，设置是否显示页码、页码是否右对齐，并设置制表符前导符的样式等，如图 3-103 所示。

④ 在"目录"选项卡的"常规"区域选择目录的格式以及目录的显示级别（一般目录显示到3级）。

⑤ 设置完后单击"确定"按钮即可。

图 3-102　"目录"下拉列表

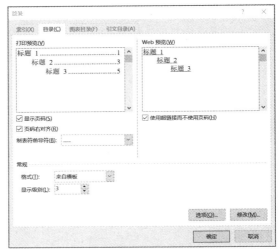

图 3-103　"目录"对话框

（3）更新目录

当文档中的目录内容发生变化时，就需要对目录进行更新。要更新目录，可单击"引用"→"目录"→"更新目录"按钮，在弹出的图 3-104 所示的对话框中选择是对整个目录进行更新还是只进行页码的更新。用户也可以先将光标定位到目录中，再按 F9 键打开"更新目录"对话框进行更新设置。

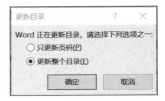

图 3-104　"更新目录"对话框

3.3.3　图文混排

要想使文档具有更美观的视觉效果，仅通过编辑和排版是不够的，有时还需要在文档中适当的位置放置一些图片并对其进行编辑修改以提升文档的美观度。Word 为用户提供了功能强大的图片编辑工具，无须其他专用的图片工具，就能够完成对图片的插入、剪裁和添加图片特效，也能够更改图片的亮度、对比度、饱和度、色调等，还能够轻松、快速地将简单的文档转换为图文并茂的艺术作品。此外，通过"删除背景"功能还能够方便地移除所选图片的背景。

1. 绘制图形

在 Word 中，用户可以绘制不同的图形，如直线、曲线及各种标注等，如图 3-105 所示。

Word 提供了很多自选图形绘制工具，其中包括各种线条、矩形、基本形状（如圆、椭圆以及梯形等）、箭头和流程图等，分别内置于"线条""基本形状""箭头总汇""公式形状""流程图""星与旗帜""标注"7类中。插入自选图形的步骤如下。

图 3-105　绘制图形示意

① 单击"插入"→"插图"→"形状"按钮，弹出的下拉列表如图 3-106 所示，从中选择所需的自选图形。

② 移动鼠标指针到文档中要显示自选图形的位置，按住鼠标左键并拖动至合适的位置后松开鼠标，

即可绘制出所选图形。

将自选图形插入文档后，在功能区中会显示"形状格式"选项卡，可以在其中对自选图形进行更改边框、填充颜色、阴影、发光效果操作，还可以进行三维旋转以及文字环绕等设置。

2. 插入图片

在文档中插入图片的步骤如下。

① 将光标定位到文档中要插入图片的位置。

② 单击"插入"→"插图"→"图片"按钮，选择"插入图片来自"→"此设备"，打开"插入图片"对话框，如图 3-107 所示。

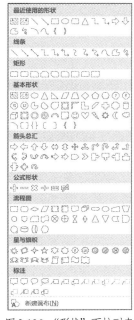

图 3-106 "形状"下拉列表

图 3-107 "插入图片"对话框

③ 找到要使用的图片并选中。

④ 单击"插入"按钮，即可将图片插入文档中。

选中插入文档中的图片后，图片四周会出现 8 个灰色的空心控制点，上方会出现空心的旋转控制手柄，右上方会出现"布局选项"按钮，单击该按钮可以弹出"布局选项"界面，如图 3-108 所示。

图 3-108 图片控制与"布局选项"界面

把鼠标指针移动到控制点上，当其变成双向箭头时，拖动鼠标可以改变图片的大小。同时功能区中会出现一个用于编辑图片的"图片格式"选项卡，如图 3-109 所示。该选项卡中有"调整""图片样式""排列""大小" 4 个选项组，利用其中的按钮可以对图片进行亮度、对比度、位置、环绕方式等的设置。

图 3-109 "图片格式"选项卡

（1）"调整"选项组

Word 在"调整"选项组中增加了许多编辑图片的功能，包括为图片设置艺术效果、图片校正、自动消除图片背景等。通过去除图片背景能够更好地突出图片主题；通过微调图片的颜色饱和度、色调，图片可以具有更引人注目的视觉效果；通过对图片应用艺术效果，如铅笔素描、线条图、水彩海绵、蜡笔平滑等，图片可以看起来更像素描、水彩或蜡笔画等作品。下面介绍该选项组的部分功能。

① 删除背景。使用标记表示图片中需要保留或删除的区域，实现自动删除不需要的部分图片。在为图片删除背景时，单击"删除背景"按钮，会显示出"背景消除"选项卡，如图 3-110 所示。

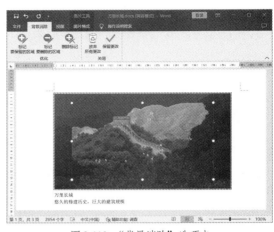

图 3-110 "背景消除"选项卡

Word 会自动在图片上标记出要删除的部分，一般还需要用户手动拖动标记框周围的调整按钮来进行设置，之后通过"标记要保留的区域" 按钮或"标记要删除的区域"按钮修改图片的边缘效果，完成设置后单击"保留更改"按钮就会删除所选图片的带删除标记的部分。图 3-111 所示为删除背景的前后对比效果。

图 3-111 删除背景的前后对比效果

② 校正。通过"校正"按钮可以改善图片的亮度、对比度和清晰度。单击"校正"按钮，会显示图 3-112 所示的下拉列表，其中有"柔化 50%""锐化 50%"等多种内置效果，分别归集在"锐化/柔化""亮度/对比度"两大类中。单击"图片校正选项"，Word 窗口右侧会显示"设置图片格式"窗格，如图 3-113 所示，用户在"图片校正"选项卡中可以进一步设置清晰度、亮度和对比度，使图片具有更好的显示效果。

③ 颜色。通过"颜色"按钮可以更改图片颜色，以提高图片质量或匹配文档内容。单击"颜色"按钮，会显示图 3-114 所示的下拉列表，其中有对图片颜色进行处理的"饱和度：0%""灰度"等多种内置效果，分别归集在"颜色饱和度""色调""重新着色"三大类中。单击"设置透明色"，将鼠标指针移动到图片中，鼠标指针会变为颜色选择器，单击图片中的某种颜色后，相关的类似颜色区域会透明化；单击"图片颜色选项"，会出现"设置图片格式"窗格，如图 3-115 所示，用户在"图片颜色"选项卡中可以进一步设置饱和度和色温等。

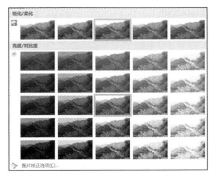

图 3-112 "校正"下拉列表

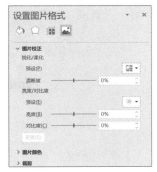

图 3-113 "设置图片格式"窗格

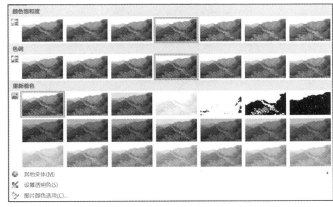

图 3-114 "颜色"下拉列表

④ 艺术效果。利用"艺术效果"按钮可以使图片更像草图或者油画等。单击"艺术效果"按钮,会显示图 3-116 所示的下拉列表,其中包含"标记""铅笔灰度"等多种内置效果。单击"艺术效果选项",可以进一步设置相应艺术效果的透明度和平滑度等。

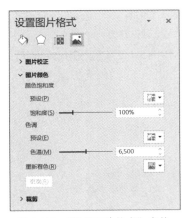

图 3-115 "设置图片格式"窗格

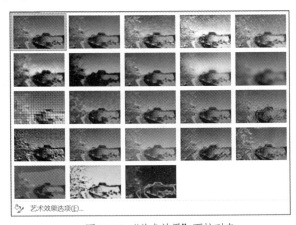

图 3-116 "艺术效果"下拉列表

如果用户想恢复图片到未设置前的样式,单击图 3-109 所示选项卡中的"重置图片"按钮即可。

(2)"图片样式"选项组

"图片样式"选项组用于更改图片的整体外观,用户不仅可以将图片设置成该组中预设好的样式,还可以根据自身的需要,使用"图片边框""图片效果""图片版式"3 个下拉按钮对图片进行自定义设置，包括更改图片的边框、阴影、发光、三维旋转等效果的设置，将图片转换为 SmartArt 图形等。下面介绍该选项组的功能。

① 预定义样式。Word 预定义了很多图片样式，如图 3-117 所示。用户只需将鼠标指针悬停在某种样式上，即可看到该样式的名称，并可在文档中预览其效果。通过该组中预定义的样式，用户能够轻松地预览图片的不同外观。

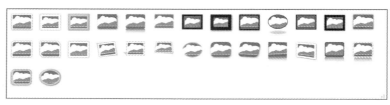

图 3-117　图片预定义样式

② 图片边框。用户可以为图片或者形状的边框轮廓选择颜色、宽度和线型，还可以设置边框轮廓的线条粗细和线条虚实样式等。单击"图片边框"下拉按钮，弹出的下拉列表如图 3-118 所示；对于线条粗细和虚实样式的设置，用户可参考图 3-119 和图 3-120 所示的列表。

当不需要图片边框时，单击图 3-118 所示的"无轮廓"即可实现。

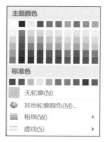

图 3-118　"图片边框"下拉列表

图 3-119　线条粗细列表

图 3-120　线条虚实样式列表

③ 图片效果。用户可以为图片应用某种视觉效果，这些视觉效果包括"阴影""映像""发光""柔化边缘""棱台""三维旋转"等。Word 预设了一些图片效果，如图 3-121 所示。

鼠标指针指向每类图片效果后，会弹出相应的效果样式，每个样式都具有相应的名称。注意图片效果可以复合应用于同一图片上。由于效果样式比较多，这里不展开介绍。图 3-122 中应用的效果是"偏移：右下"阴影、"紧密映像：接触"（映像）、"发光：5 磅；蓝色，主题色 1"（发光）、"1 磅"（柔化边缘）、"圆形"（棱台）和"等角轴线：左下"（三维旋转）。

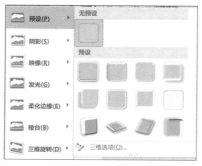

图 3-121　"图片效果"下拉列表和预设效果

图 3-122　图片效果示例

④ 图片版式。Word 内置有多种图片版式，如"重音图片""圆形图片标注"等，单击"图片版式"

按钮会出现图 3-123 所示的下拉列表。单击某个版式后，图片转换为对应的 SmartArt 图形，可以添加图片标注信息。图 3-124 所示为选择图片版式"图片题注列表"并添加文字后的效果。

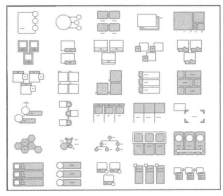

图 3-123 "图片版式"下拉列表

摄于2018年

图 3-124 图片版式"图片题注列表"示例

（3）"排列"选项组

"排列"选项组用于组织图片与文字之间的关系，如位置、环绕文字等。该选项组提供的功能如图 3-109 所示。

① 位置。Word 中插入的图片默认嵌入文本行中，单击"位置"按钮，显示图 3-125 所示的下拉列表，用户可在其中设置图片在文档中的位置，其中"文字环绕"下内置了 9 种布局，如"顶端居左，四周型文字环绕"等。用户只需将鼠标指针悬停在某种布局上，即可看到该布局的名称，并可在文档中预览其效果。单击"其他布局选项"会打开"布局"对话框的"位置"选项卡，可以进行进一步的设置，如图 3-126 所示。

图 3-125 "位置"下拉列表

图 3-126 "布局"对话框的"位置"选项卡

② 环绕文字。在 Word 中用户可以选择文字环绕图片的方式。单击"环绕文字"按钮，显示图 3-127 所示的下拉列表，在其中可以选择文字环绕图片的方式，如"嵌入型""四周型"等。用户只需将鼠标指针悬停在某种环绕方式上，即可在文档中预览其效果。图 3-128 展示了"紧密型环绕"的效果。单击"其他布局选项"会打开"布局"对话框的"文字环绕"选项卡，可以进行进一步的设置，如图 3-129 所示。

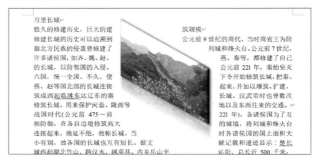

图 3-127 "环绕文字"下拉列表　　　　图 3-128 "紧密型环绕"效果示例

图 3-129 "布局"对话框的"文字环绕"选项卡

③ 旋转。在 Word 中用户可以旋转或者翻转图片。单击"旋转"按钮，显示图 3-130 所示的下拉列表，在其中可以设置图片旋转角度或者翻转方向。单击"其他旋转选项"会打开"布局"对话框的"大小"选项卡，可以设置旋转的角度等，如图 3-131 所示。

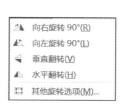

图 3-130 "旋转"下拉列表　　　　图 3-131 "布局"对话框的"大小"选项卡

（4）"大小"选项组

"大小"选项组用于设置图片的裁剪效果和大小。

① 裁剪。在 Word 中可以删除图片中任何不需要的区域。单击"裁剪"按钮，显示图 3-132 所示的下拉列表，用户可以手动裁剪、按形状裁剪、按纵横比裁剪等。图 3-133 所示为图片裁剪形状为"流程图：资料带"的效果。

图 3-132　"裁剪"下拉列表

图 3-133　"流程图：资料带"裁剪效果示例

② 大小。在"大小"选项组中可以直接输入图片的宽度和高度，以确定图片的大小；此外，也可以单击其右下角的对话框启动器，打开图 3-131 所示的"布局"对话框的"大小"选项卡，用户可在其中以相对值或绝对值的形式设置图片大小，还可以按比例缩放图片（特别注意：如果缩放的高度和宽度比例不一致，则不能勾选"锁定纵横比"复选框）等。

3．插入屏幕截图

Word 中的屏幕截图功能能将屏幕截图即时插入文档中。单击"插入"→"插图"→"屏幕截图"按钮，在弹出的下拉列表中可以看到所有已经打开的窗口的缩略图，如图 3-134 所示，单击任意一个窗口即可将该窗口完整地截取并将截图自动插入文档中。如果只想截取屏幕上的一小部分，选择"屏幕剪辑"，然后在屏幕上选取想要截取的区域，即可将选取的内容以图片的形式插入文档中。在添加屏幕截图后，使用"图片格式"选项卡可以对截图进行编辑或修改。

图 3-134　"屏幕截图"下拉列表

4．插入文本框

所谓文本框，就是用来输入文字的矩形方框，也是一种特殊的图形对象。插入文本框的好处在于，文本框可以放在任意位置，也可以随时移动。插入文本框的步骤如下。

① 单击"插入"→"文本"→"文本框"按钮，将弹出图 3-135 所示的下拉列表。

② 如果要使用已有的文本框样式，直接在"内置"栏中选择所需的文本框样式即可。

③ 如果要手动绘制文本框，则可选择绘制文本框的相关选项（例如，要使用竖排文本框，可选择"绘制竖排文本框"）。选择后，鼠标指针在文档中会变成"+"形状，将其移动到要插入文本框的位置，按住鼠标左键并拖动至合适大小后，松开鼠标即可得到一个文本框。

④ 将文本框插入文档后，功能区中会显示出"形状格式"选项卡，在这个选项卡中可对文本框及其中的文字设置边框、填充颜色、阴影、发光、三维旋转等效果。若想更改文本框中的文字方向，用户可单击"文本"组中的"文字方向"按钮，在弹出的下拉列表中进行选择。

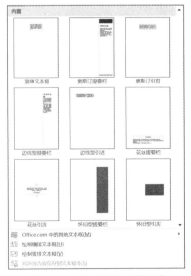

图 3-135　"文本框"下拉列表

5．插入艺术字

艺术字是具有特殊效果的文字，可以使文字产生立体感，因此插入艺术字在优化版面方面具有非常重要的作用。

在文档中插入艺术字的步骤如下。

① 将光标定位到文档中要插入艺术字的位置。

② 单击"插入"→"文本"→"艺术字"按钮，弹出的下拉列表如图 3-136 所示，从中选择一种样式。

③ 在文本编辑区的"请在此放置您的文字"框中输入文字即可。

将艺术字插入文档中后，功能区中会出现用于编辑艺术字的"形状格式"选项卡，如图 3-137 所示，利用"形状样式"组中的按钮可以对艺术字边框的填充颜色、阴影、发光效果、三维效果等进行设置。利用"艺术字样式"组中的按钮可以对艺术字文字的边框、填充颜色、阴影、发光效果、三维效果等进行设置。与图片一样，用户也可以通过"排列"组中的"位置"和"环绕文字"按钮对其位置和环绕方式进行设置。艺术字效果的设置与图片效果的设置高度相似，这里不赘述。

图 3-136 "艺术字"下拉列表

图 3-137 "形状格式"选项卡

6. 插入 SmartArt 图形

SmartArt 图形，中文翻译为"智能图形"。Word 中的 SmartArt 工具提供了多种图形绘制功能，能够帮助用户制作出精美的图形。使用 SmartArt 工具，可以非常方便地在文档中插入用于展示流程、层次结构、循环结构或者其他关系的 SmartArt 图形。

在文档中插入 SmartArt 图形的步骤如下。

① 将光标定位到文档中要插入 SmartArt 图形的位置。

② 单击"插入"→"插图"→"SmartArt"按钮，打开"选择 SmartArt 图形"对话框，如图 3-138 所示。

③ 图 3-138 中左侧显示的是 Word 2016 提供的 SmartArt 图形分类列表，有列表、流程、循环、层次结构、关系等。单击某一种类别，会在对话框中间显示该类别下的 SmartArt 图形的图例。单击某一图例，在对话框右侧可以预览该种 SmartArt 图形的效果，预览图的下方显示了该图形的文字介绍。在此选择"层次结构"分类下的组织结构图。

④ 单击"确定"按钮，即可在文档中插入图 3-139 所示的组织结构图。

插入组织结构图后，就可以在图 3-139 中显示"文本"的位置输入任意文字，也可以在左侧的"在此处键入文字"文本框中输入任意文字。输入文字的格式按照预先设计的格式显示，当然用户也可以根据自己的需要进行更改。

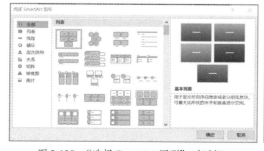

图 3-138 "选择 SmartArt 图形"对话框

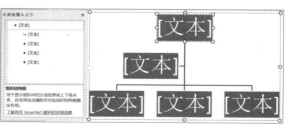

图 3-139 组织结构图

当文档中插入组织结构图后，功能区中会显示用于编辑 SmartArt 图形的"SmartArt 设计"选项卡（见

图 3-140）和"格式"选项卡。通过这两个选项卡可以为 SmartArt 图形添加新形状、更改布局、更改颜色、更改形状样式（包括设置阴影、发光等效果），还可以为文字设置边框、填充颜色，以及设置发光、阴影、三维旋转和转换等效果。

图 3-140 "SmartArt 设计"选项卡

3.3.4 表格

Word 具有强大的表格制作功能，其"所见即所得"的工作方式使表格的制作更加方便、快捷、安全。

Word 中的表格在文字处理操作中有着举足轻重的作用。表格排版功能相对于文本排版功能来说，有许多相似之处，但其也有独特之处。表格排版功能能够帮助用户处理复杂的、有规则的文本，极大简化了排版操作。

表格可以看作由不同行、列的单元格组成，用户不仅可以在单元格中输入文字和插入图片等，还可以对单元格中的数字进行排序和计算等。

有关表格的创建、编辑、美化、排序和计算等操作，可扫描二维码查看。

3.4 实验案例

【实验一】 基本编辑操作

实验内容：创建一个空白的 Word 文档，并按要求输入文字；编辑文档；对文档进行排版，如格式化字符和段落、插入项目符号和编号、添加边框和底纹、进行分栏、设置首字下沉、设置中文版式等，使文档具有图 3-141 所示的排版效果。

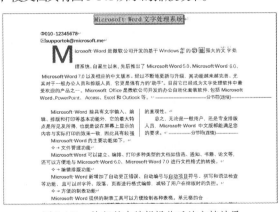

图 3-141 执行基本编辑操作后的文档效果

实验要求如下。

（1）创建文档

启动 Word，创建一个空白文档，输入图 3-141 所示的文字，将文档保存为"Word 实验 1-基本编辑-原始.docx"。

（2）编辑文档

插入特殊符号，包括电话符号①和邮箱符号✉。提示：符号字体选"Wingdings"。

查找、替换文本格式，将所有"Microsoft Word"的格式替换为"加粗、红色"。

（3）排版文档

设置标题格式：标题文字居中，字体为宋体、四号，段后缩进 0.5 行。

设置段落格式：第 4 段（即以"Microsoft Word 是微软公司开发的……"开始的段落）的字号为五号，首行缩进 2 字符，单倍行距，两端对齐。设置其他段落的格式与本段一致。

设置项目符号：将第 8 段（即"文件管理功能"所在的段落）的项目符号定义为新项目符号◆。相关段落项目符号的格式同本段。

添加边框和底纹：设置标题文字的边框为"阴影，双实线样式，红色"，设置底纹为"浅色下斜线样式，蓝色"。

设置分栏：设置第 5 段和第 6 段分为两栏，有分隔线。

设置首字下沉：设置第 4 段首字下沉。

设置中文版式：设置第 4 段第 1 行的"平台"两字为纵横混排，设置"功""能""文字"的中文版式分别为带圈字符、拼音指南效果。

（4）保存文档

保存文档，将文档另存为"Word 实验 1-基本编辑-效果.docx"。

【实验二】 图文混排

实验内容：在指定文档中插入艺术字、剪贴画、图片，插入自选图形、SmartArt 图形，设置图文混排效果，使文档具有图 3-142 所示的混排效果。

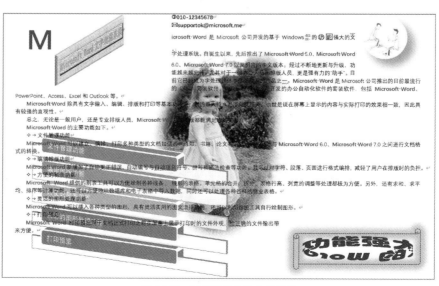

图 3-142　图文混排后的文档效果

实验要求如下。

（1）插入并编辑艺术字

打开文档"Word 实验 2-图文混排-原始.docx"。

插入艺术字：设置标题为第 1 行、第 1 列的艺术字样式；设置字体为宋体，字号为 20，加粗显示。

编辑艺术字：更改标题艺术字的形状样式为预设"透明-黑色，深色 1"，形状填充为纸莎草纸纹理，形状轮廓为黄色，形状效果为圆形棱台；更改艺术字文本的填充效果为"从中心"变体渐变，文本轮廓为浅绿，文本效果为"三维旋转"→"离轴 2：右"。

（2）插入剪贴画

搜索并插入"公司团队成员剪贴画"联机图片，删除题注（即"此照片，作者：未知作者，许可证：CC BY-SA-NC"），更改图片样式为"金属椭圆"（样式列表中的最后一项），设置图片边框为"无轮廓"、图片效果为"预设 4"，更改亮度和对比度为"亮度：+40% 对比度：+40%"（校正列表中的最后一项），设置重新着色为"绿色，个性色 6 浅色"、位置为"顶端居右"、环绕方式为"四周型环绕"、大小为 3 厘米×3 厘米。

（3）插入图片

插入图片"Word 实验 2-素材-儿童.jpg"，设置图片的柔化边缘值为"25 磅"、大小缩放"50%"、裁剪形状为"泪滴形基本形状"、位置为"中间居中"、环绕方式为"衬于文字下方"。

（4）插入图形

插入"卷形：水平"形状，在图形中输入文本"功能强大的 Word"，设置字体为华文琥珀、字号为小二、颜色为红色；设置图形的形状效果为"发光：18 磅；橙色，主题色 2"、形状填充为"无填充"、形状轮廓为"方点虚线"、文本效果为"顺时针：内"、环绕方式为"穿越型环绕"。

（5）插入 SmartArt 图形

在文末插入 SmartArt 图形，并添加 5 个框，分别输入文档的 5 个项目文本，如"文件管理功能"等。设置 SmartArt 图形的样式为"三维砖块场景"、颜色为"彩色范围-个性色"、文本效果为"全映像：接触"。

（6）保存文档

完成图文混排效果的制作后，按 Ctrl+S 组合键保存文档。

【实验三】 长文档排版

实验内容：对长文档进行高级排版，包括设置页面、插入页眉和页脚、设置页面背景、建立目录等，设置后的效果如图 3-143 所示。

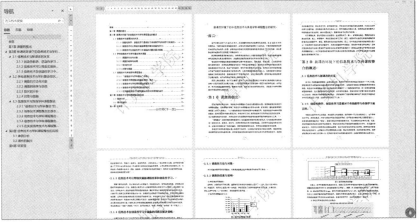

图 3-143　长文档排版效果

实验要求如下。

（1）打开文档

打开文档"Word实验3-长文档排版-原始.docx"，这是一篇未经排版的论文。

（2）设置页面

设置页面的上、下、左、右边距分别为2.54厘米、2.54厘米、2厘米、2厘米，设置装订线为1厘米、位置为左、纸张方向为纵向；设置纸张大小为"A4"；设置页眉和页脚为"奇偶页不同""首页不同"，设置页边距页眉为"1.5厘米"、页脚为"1.75厘米"。

（3）插入页眉和页脚

设置首页页眉为空、页脚位置为居中；在首页页脚处插入马赛克形状的页码；设置偶数页与首页的页眉/页脚的页码形状相同；设置页眉显示"毕业论文"字样、下框线为双实线；设置奇数页页眉文字为"新课改环境下初中信息技术与其他学科课程整合的研究"，下框线格式与偶数页页眉的下框线一致，页脚及页码的格式与首页格式相同。

（4）设置页面背景

设置页面背景为"文字水印"、文字为"计算机学院"、颜色为红色。

（5）建立目录

显示文档大纲，包括"前言"所在的段落，在"大纲级别"中选择"1级"；定义其他段落在文档中的级别，如图3-144所示。

在导航窗格中可以清楚地看到文档目录，如图3-143所示。

定位到文首，插入目录，如图3-145所示。

图3-144　定义段落的大纲级别

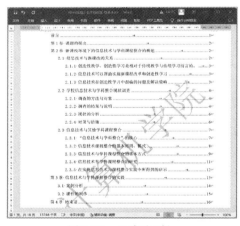

图3-145　目录页示例

▶**注意**

目录页和正文页要分开。一般的目录页为首页，而正文会从第2页或更后的页码开始，因此，正文的页码编号应从"1"开始。

（6）更新目录

右击目录页，在弹出的快捷菜单中选择"更新域"→"只更新页码"命令。

▶**提示**

正文内容有所更改，目录页必须进行相应的更新。如果正文的大纲级别没有更改，那么只需更改目录页的页码。

（7）保存文档

对修改后的文档进行保存。

小结

Word 是微软公司推出的大型办公软件 Office 中重要而独立的组成部分——文字处理软件。Word 2016 具有强大的文字处理、图片处理和表格处理功能。本章详细讲解了输入文字、排出精美的版面、插入图片的方法等。使用 Word 2016，用户能够更加轻松、方便地完成文字处理工作。

习题

一、选择题

1. Word 是用来处理（　　）的软件。
   A. 文字　　　　　　　　B. 演示文稿　　　　　　C. 数据库　　　　　　D. 电子表格
2. 对文档进行分栏设置后，只有在（　　）视图下才能显示分栏效果。
   A. 大纲　　　　　　　　B. 普通　　　　　　　　C. 页面　　　　　　　D. 阅读版式
3. 在 Word 中，如果要选定文档中的一块文本，需要按住（　　）键。
   A. Ctrl　　　　　　　　B. Shift　　　　　　　　C. Alt　　　　　　　D. Enter
4. Word 2016 文档默认的扩展名为（　　）。
   A. .doc　　　　　　　　B. .docx　　　　　　　　C. .dot　　　　　　　D. .dotx
5. 在 Word 中，按键盘上的（　　）组合键，可以把插入点从当前位置移动到文首。
   A. Ctrl+Home　　　　　B. Shift+Home　　　　　C. Alt+Home　　　　　D. Esc+Home

二、问答题

1. Word 2016 有哪些排版功能?
2. 使用 Word 2016 可以对表格做哪些操作?

第4章 Excel 电子表格

学习目标

- 了解 Excel 的主要功能及基本概念。
- 熟练掌握输入数据和格式化工作表的方法。
- 掌握 Excel 数据排序、合并计算、数据筛选、分类汇总、数据趋势预测分析等操作方法。
- 掌握创建数据透视表的方法。
- 掌握图表、迷你图的创建及编辑方法。

4.1 Excel 2016 概述

电子表格软件是一种专门用于数据计算、数据图表化、数据统计分析的软件。它能解决人们在日常生活、工作中遇到的各种计算问题，使人们从烦琐、复杂的数据计算中解脱出来，专注于对计算结果的分析与评价，从而提高工作效率。电子表格软件的应用范围很广，如商业上进行销售统计，会计人员对工资、报表进行统计分析，教师记录、分析学生的成绩，家庭理财、制作贷款偿还表等。

Excel 是 Office 办公系列软件中的另一个重要组成部分，是一款出色的电子表格软件，常用于管理和显示数据。Excel 能对数据进行各种复杂的运算、统计等处理，并能以各种统计报表或统计图的形式将数据打印出来。与之前版本相比，Excel 2016 的界面更加直观、操作更加灵活、功能更强大，如新增了询问式操作引导功能、增强了数据透视表功能、增加了 6 种新图表、增设三维地图生成功能，甚至还能为用户推荐合适的图表，且支持数据未来趋势的预测。

4.1.1 Excel 2016 的功能及概念

1. Excel 2016 的主要功能

（1）工作表管理

Excel 具有强大的电子表格操作功能，用户可以在系统提供的巨大表格上随意设计、修改自己的报表，并且可以方便地一次性打开多个文件以进行快速存取。

（2）数据库管理

Excel 作为一种电子表格工具，对数据库进行管理是其最有特色的功能之一。工作表中的数据是按照相应的行和列保存的，加上系统提供的处理数据库的命令和函数，使 Excel 具备了组织和管理大量数据的能力。

（3）数据清单管理和数据分析

Excel 可创建数据清单、对清单中的数据进行查找和排序，并对查找到的数据自动进行分类汇总。除了可以做一般的计算工作外，Excel 还可以用丰富的格式设置选项、强大而直观的数据分析功能帮助用户完成大量分析与决策方面的工作，为用户的数据优化和资源的更好配置提供帮助。

（4）数据图表管理

Excel 可以根据工作表中的数据源迅速生成二维或三维的统计图表，并能对图表中的文字、图案、色彩等进行编辑和修改，还可以使用"迷你图"功能绘制简洁、直观的嵌入式小图表。

2．Excel 2016 的基本概念

Excel 中，工作簿、工作表和单元格是数据存放及操作的基本单位，也是最重要的基本概念。

（1）工作簿

工作簿是用于处理和存储数据的文件（用户一开始打开的 Excel 窗口即为工作簿窗口）。一个 Excel 2016 文档对应一个工作簿，其文件扩展名为.xlsx。Excel 2016 能兼容前期版本的工作簿。Excel 2010、Excel 2007 文件的扩展名也为.xlsx，而 Excel 97～Excel 2003 文件的扩展名为.xls。

（2）工作表

工作表是工作簿中一张张的表格。一个工作簿中可以包含多张工作表，工作表之间可由工作表标签进行切换。Excel 2016 默认的工作表只有 1 张——Sheet1，用户可以根据需要增加、删除或重命名工作表，也可以更换多张工作表的存放顺序。每一张工作表中可容纳多达 1048576 行、16384 列数据，行号自上而下为 1～1048576，列号从左到右为 A、B、C、…、Y、Z、AA、AB、…、ZZ、AAA、…、XFD。

（3）单元格

单元格就是工作表中用来输入数据或公式的矩形小格子，它是存放数据的最小单元。每个单元格都可由列号和行号唯一标识其地址，如 C5 就是指第 3 列第 5 行位置上的单元格。为区分不同工作表中的单元格，用户可在地址前加上工作表名，如 Sheet1!C5 表示"Sheet1"工作表的 C5 单元格。单元格地址的列号用大、小写字母表示均可。

4.1.2　Excel 2016 的工作界面

Excel 2016 的工作界面如图 4-1 所示，其组成部分主要有快速访问工具栏、标题栏、选项卡、功能区、编辑栏、数据区、状态栏等。

① 快速访问工具栏：显示多个常用的工具按钮，默认状态下包括"保存""撤销""恢复"按钮。用户也可以根据需要添加或更改该栏的工具按钮。

② 标题栏：显示正在编辑的工作表的名称以及所使用的软件。

③ 选项卡：Excel 2016 默认分为"开始""插入""页面布局""公式""数据""审阅""视图"等选项卡。单击某个选项卡，功能区会显示相应的操作设置选项。

④ 功能区：功能区提供相应选项卡的操作设置选项，各个选项卡的功能区集合了 Excel 2016 绝大部分的操作功能，通常功能区的功能又按"选项组"进行划分。如"开始"选项卡的功能区就分为"剪贴板""字体""对齐方式""数字""样式""单元格""编辑"等选项组。

⑤ 编辑栏：用户可直接通过该栏向活动单元格输入数据内容；单元格中输入的数据也会同时在此栏中显示。

⑥ 数据区：显示正在编辑的工作表数据，对数据的编辑操作也在该区中进行。

⑦ 状态栏：显示当前 Excel 文件的状态。

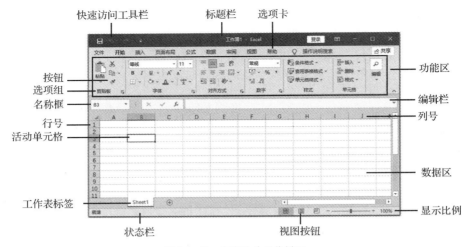

图 4-1　Excel 2016 的工作界面

4.2　工作簿及工作表的基本操作

Excel 2016 可通过双击桌面上的 <img> 图标启动，或者通过选择"开始"→"Excel"命令启动。

4.2.1　工作簿的创建、保存及打开

1．工作簿的创建

在 Excel 2016 中，用户常用以下 3 种方法创建工作簿。

① 利用"开始"界面创建工作簿。打开 Excel 2016 时会显示"开始"界面，单击"新建"→"空白工作簿"（见图 4-2）可创建一个新的工作簿。

② 利用快捷键创建工作簿。按 Ctrl+N 组合键可以创建新的工作簿。

③ 利用快速访问工具栏创建工作簿。在快速访问工具栏上打开"自定义快速访问工具栏"下拉列表并选择"新建"，如图 4-3 所示，则快速访问工具栏中增加了"新建"按钮，以后用户可通过单击该按钮快速创建新的工作簿。

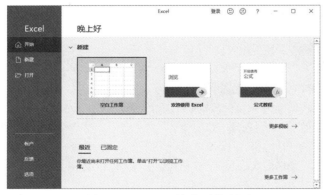

图 4-2　Excel 2016 的"开始"界面

图 4-3　自定义快速访问工具栏

2．工作簿的保存

对于已编辑好的工作簿，如果要对其进行保存，则可采用以下 3 种方法。

① 选择"文件"→"保存"，工作簿首次保存时会自动切换成"另存为"，并打开"另存为"对话框，选择某个存放位置进行存放，如图4-4所示。其中"最近"指近期文件常存放的位置。

图4-4 保存新工作簿

② 在快速访问工具栏上单击"保存"按钮 🔲。

③ 按 Ctrl+S 组合键进行保存。

3．工作簿的打开

如果要编辑系统中已存在的工作簿，首先要将其打开，可用如下3种方法。

① 选择"文件"→"打开"，找到已有工作簿的存放位置并将其打开。

② 在快速访问工具栏上增加"打开"按钮 📂 并单击。

③ 按 Ctrl+O 组合键进行打开。

4.2.2　工作表的插入及编辑

1．工作表的建立

插入新工作表的常用操作方法有如下两种。

① 单击"工作表"标签 Sheet1 右侧的"新工作表"按钮 ⊕，系统将在已有工作表后面自动插入新工作表，如重复操作可插入多个工作表，其名称依次为 Sheet2、Sheet3……。

② 在工作表标签上单击鼠标右键，在弹出的快捷菜单中选择"插入"命令，打开"插入"对话框，选择"常用"选项卡中的"工作表"，单击"确定"按钮，则在当前工作表前面插入一个新工作表。

③ 选择"开始"→"单元格"→"插入"→"插入工作表"命令，在当前工作表前插入一个新工作表。

2．工作表的删除

删除工作表的具体操作方法有如下两种。

① 选定一个或多个工作表标签（要选择多个可按住 Shift 键或 Ctrl 键辅助），单击鼠标右键，在弹出的快捷菜单中选择"删除"命令。

② 选择"开始"→"单元格"→"删除"→"删除工作表"命令可删除当前工作表。

3．工作表的重命名

用户可以为工作表重新命名，操作方法有如下两种。

① 在工作表标签上单击鼠标右键，在弹出的快捷菜单中选择"重命名"命令，输入新名称。

② 双击工作表标签，直接输入新名称。

4．工作表的移动

将 Sheet1 移至 Sheet3 右侧的方法如下。

单击 Sheet1 工作表的标签，将其拖曳至 Sheet3 标签的右侧，如图 4-5 所示，工作表移动后的效果如图 4-6 所示。

图 4-5　移动工作表

图 4-6　工作表移动后的效果

4.2.3　单元格的编辑

1．单元格的选定

对单元格进行操作（如移动、删除、复制单元格）时，首先要选定单元格。用户可以选定一个或多个单元格，也可以一次选定一整行或一整列，还可以一次将所有的单元格都选中。熟练掌握选择不同范围内的单元格的方法可以加快编辑的速度，从而提高工作效率。

（1）选定一个单元格

单击需编辑的单元格，该单元格就成为活动单元格，并会以深绿色框显示。当选定了某个单元格后，该单元格的名称（对应的行列号）会在名称框中显示出来。

当选定当前位置的邻近单元格后，可通过方向键（↑、↓、←、→）向上、下、左、右移动选定相应方向的单元格。

（2）选定整个工作表

要选定整个工作表，单击行标签及列标签交汇处的"全选"按钮即可，如图 4-7 所示。

图 4-7　选定整个工作表

（3）选定整行或整列

要选定整行单元格可以通过单击行首的行号来实现，如图 4-8 所示；要选定整列单元格可以通过单击列首的列号来实现，如图 4-9 所示。

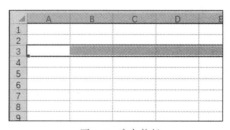

图 4-8　选定整行

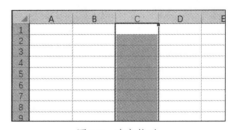

图 4-9　选定整列

（4）选定多个相邻的单元格

用户如果想选定连续的单元格，可单击起始单元格，然后按住鼠标左键不放，拖曳至需连续选定单元格的终点，这时所选区域会以灰底显示。

（5）选定多个不相邻的单元格

用户不但可以选择连续的单元格，还可以选择间断（不相邻）的单元格。其方法是先选定一个单元格，然后按住 Ctrl 键，再选定其他单元格即可。

2．单元格、行或列的插入

插入单元格、行或列的具体操作方法如下。

选定单元格区域（选定的单元格的数量即插入单元格的数量，例如，选择 7 个单元格，则会插入 7 个单元格）。选择"开始"→"单元格"→"插入"，打开的下拉列表如图 4-10 所示。

如果选择"插入单元格"，则会打开图 4-11 所示的"插入"对话框。选中"活动单元格右移"单选按钮或"活动单元格下移"单选按钮，单击"确定"按钮后，即可插入单元格。

如果在图 4-10 所示的下拉列表中选择"插入工作表行"或"插入工作表列"，则会直接插入一行或一列。

3. 单元格、行或列的删除

选定要删除的单元格或单元格区域，选择"开始"→"单元格"→"删除"→"删除单元格"，将会弹出"删除文档"对话框，如图 4-12 所示。根据需要选中相应的单选按钮后，单击"确定"按钮即可删除所选单元格或单元格区域。

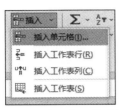

图 4-10 "插入"下拉列表

图 4-11 "插入"对话框

图 4-12 "删除文档"对话框

要删除行（或列），可选定要删除的行（或列），选择"开始"→"单元格"→"删除"→"删除工作表行"或"删除工作表列"。

以上操作也可以通过在选定对象上单击鼠标右键，在弹出快捷菜单中选择"删除"命令来实现。

4. 清除单元格格式或内容

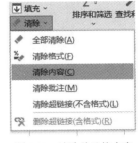

清除单元格的操作，只是删除了单元格中的内容（如公式和数据）、格式或批注，但空白单元格仍然保留在工作表中。

清除单元格格式（或内容）的方法为：选定需要清除其格式（或内容）的单元格或单元格区域，单击"开始"→"编辑"→"清除"按钮，从打开的下拉列表中选择相应选项即可，如图 4-13 所示。

5. 单元格的移动及复制

移动单元格就是将一个单元格或若干个单元格中的数据及图表从一个位置移至另一个位置，移动单元格的操作方法如下。

图 4-13 清除单元格内容

① 选择所要移动的单元格，将鼠标指针放置到所选区域的边框位置，当鼠标指针变成四向箭头形状时，按住左键将其拖动到目标位置后松开左键，即可移动单元格，如图 4-14 和图 4-15 所示。

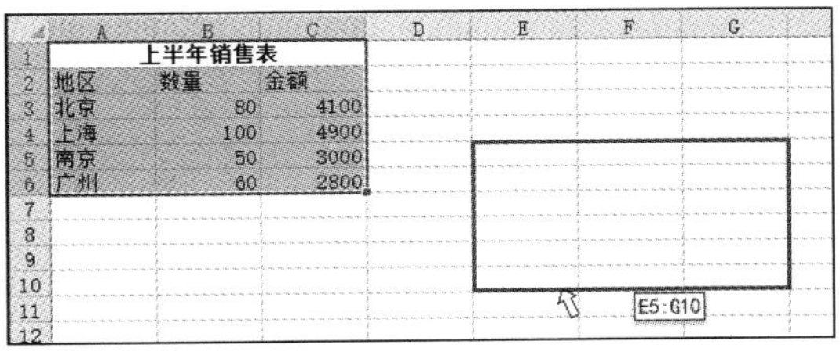

图 4-14 移动单元格

图 4-15 单元格移动后的效果

② 通过按钮来移动（或复制）单元格。选择要移动的单元格，然后单击"开始"→"剪贴板"→"剪切"按钮，所选区域的单元格边框会出现滚动的虚线，单击所要移至的位置，单击"开始"→"剪贴板"→"粘贴"按钮，即可达到移动单元格的目的。

③ 使用 Ctrl+X 及 Ctrl+V 组合键可实现选定内容的移动。

④ 在选定区域上单击鼠标右键，在弹出的快捷菜单中选择"剪切"命令，然后在目标位置单击鼠标右键，在弹出的快捷菜单中选择"粘贴选项"命令或"粘贴"命令。

单元格的复制方法与移动方法相似，在移动数据选区的同时按住 Ctrl 键，则能实现该数据选区内容的复制。此外，通过"复制"（Ctrl+C 组合键）+"粘贴"（Ctrl+V 组合键）命令也能实现复制操作。

Excel 2016 的粘贴选项可实现"值""公式""置换""格式"等的粘贴。图 4-16 显示了一个课程表的行列转置操作及效果，具体方法是：选择整个课程表选区（图 4-16 左上），使用右键快捷菜单中的"复制"命令复制数据，选中目标单元格，再单击右键快捷菜单中的"粘贴选项"→"转置"按钮粘贴数据，即可得到图 4-16 左下方的行列置换后的课程表。

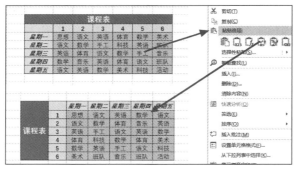

图 4-16　数据的"转置"粘贴

6. 行高和列宽的调整

系统默认的行高和列宽有时并不能满足用户的需要，这时用户可以自定义行高和列宽。修改行高最方便、快捷的方法就是利用鼠标拖曳，具体操作方法如下。

① 将鼠标指针放到两个行号之间，待鼠标指针变成 形状时，按住鼠标左键并拖动，即可调整行高。

② 将鼠标指针放到两个列号之间，待鼠标指针变成 十 形状时，按住鼠标左键并拖动，即可调整列宽。

4.2.4　工作表数据的输入

Excel 中用户输入的内容都存放于单元格内。当用户选定某个单元格后，即可在该单元格内输入内容，可输入的内容包括文本、数字、日期和时间等。用户可以自己手动输入，也可以设置自动输入。

1. 数据的输入

（1）文本

在 Excel 中，系统将汉字、数字、英文字母、空格、连接符等字符的组合统称为文本。
输入文本的具体操作步骤如下。

① 选定单元格。

② 直接输入文本。

③ 输入完成后按 Enter 键确认输入的内容。

④ 按 Alt+Enter 组合键，可在同一单元格中实现分行输入。

（2）数字

输入数字与输入文字的方法相同，不过输入数字需要注意下面几点。

① 输入分数时，应先输入一个 0 和一个空格，之后再输入分数，否则系统会将其作为日期处理。例如，输入"8/10"（十分之八），应输入"0 8/10"；不输入 0，则表示 10 月 8 日。

② 输入百分数时，应先输入数字，再输入百分号。

③ 在 Excel 中，可以输入以下内容："0～9"、"+"（加号）、"−"（减号）、"（）"（圆括号）、","（逗号）、"/"（斜杠）、"$"（货币符号）、"%"（百分号）、"."（英文句号）、"E 和 e"（科学记数符）。

④ Excel 2016 中，在空白单元格中先输入一个单撇号"'"可将该单元格的内容设置成文本格式，此时再输入任何数据，均会将之视为文本。

⑤ 如果在 Excel 中输入超过 12 位的数值，系统会自动将其转换为科学记数格式；如果输入超过 15 位的数值，系统会自动将 15 位以后的数值转换为"0"。例如，银行账号、身份证号码等数字均多于 15 位，如果直接在 Excel 中输入数字，将会丢失后面超过 15 位的数据。为了让长位数值完整显示出来，此时可在输入数据前先输入单撇号"'"，再输入长位数值。

▶ **注意**

　　E 或 e 是科学记数符，En 表示 10 的 n 次方。例如，"1.3E−2"表示"$1.3×10^{-2}$"，值为 0.013。

（3）日期

Excel 内置了一些日期格式，常用格式为"mm/dd/yy""dd-mm-yy"，以下均为有效的日期表达方式。

- 2022 年 5 月 12 日。
- 2022/5/12。
- 2022-5-12。
- 12-May-22。

默认情况下，日期和时间数据在单元格中是按右对齐的方式排列的。如果输入的是 Excel 不能识别的日期或时间格式，则输入的内容会被视为文字，并在单元格中按左对齐的方式排列。

（4）时间

在 Excel 中，时间分为 12 小时制和 24 小时制。如果要基于 12 小时制输入时间，首先应在时间后输入一个空格，然后输入 AM 或 PM（也可输入 A 或 P），分别用来表示上午或下午，否则，Excel 将以 24 小时制计算时间。例如，输入 11:00 而不是 11:00 PM，将被视为 11:00 AM。

日期和时间可以转换成数字，还可以相加、相减，并可以包含到其他运算中。如果要在公式中使用日期或时间，可用带引号的文本形式输入日期或时间值。例如，="2022/11/25"-"2022/10/5"的差值为 51 天（注意双引号必须是英文半角符号）。

日期和时间数据在操作上有以下几种常用的快捷键。

- Ctrl+；：输入当天的日期。
- Ctrl+Shift+；：输入当前的时间。
- Ctrl+Shift+～：将日期转换为数字（该日期与 1900/1/1 之间的天数）。
- Ctrl+Shift+#：将数字转换为日期。

2．自动填充

Excel 为用户提供了强大的自动填充数据的功能，通过这一功能，用户可以非常方便地填充数据。

自动填充数据是指在一个单元格内输入数据后，与其相邻的单元格中可以自动地出现具有一定规则的数据。它们可以是相同的数据，也可以是一组序列（等差或等比）。自动填充数据的方法有两种：使用鼠标拖动填充数据和使用菜单命令填充数据。

（1）使用鼠标拖动填充数据

用户可以通过拖动的方法来输入相同的数据（在只选定一个单元格的情况下）。如果选定了多个单元格且各单元格的值存在等差或等比的规律，则通过拖动的方法可以输入一组等差或等比数据。

例4.1 在连续的5个单元格中输入相同数值"123"。

操作方法如下。

① 在第一个单元格中输入数值123。

② 将鼠标指针放到单元格右下角的实心方块上（称为填充柄），鼠标指针变成实心十字形状。

③ 向下拖曳填充柄，即可在选定范围的单元格内输入相同的数值，如图4-17所示。

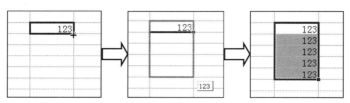

图4-17　拖动输入相同数值

例4.2 在连续的5个单元格中输入等差序列"1,3,5,7,9"。

操作方法如下。

① 在第一个单元格中输入数值1，在第二个单元格中输入数值3。

② 框选这两个单元格，向下拖曳填充柄，即可在选定范围的单元格内输入等差序列，如图4-18所示。

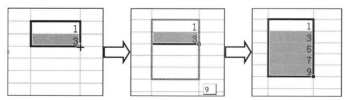

图4-18　拖动输入等差序列

（2）使用菜单命令填充数据

例4.3 在连续的单元格中分别输入不大于200的等比序列"2,4,8,16,…"。

操作方法如下。

① 在第一个单元格中输入初始数值2，单击单元格外框使单元格处于选中状态，如图4-19所示。

② 选择"开始"→"编辑"→"填充"下拉列表中的"序列"，如图4-20所示。在"序列"对话框中设置相应的填充信息，单击"确定"按钮，如图4-21所示。填充效果如图4-22所示。

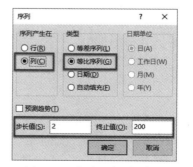
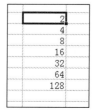

图4-19　输入初始值　　图4-20　"序列"下拉列表　　图4-21　"序列"对话框（1）　　图4-22　填充效果

例4.4 在连续的 10 个单元格中输入等比序列 "2,4,8,16,…"。

操作方法如下。

① 在第一个单元格中输入初始数值 2，框选连续的 10 个单元格，如图 4-23 所示。

② 选择 "开始" → "编辑" → "填充" 下拉列表中的 "序列"，在 "序列" 对话框中设置相应的填充信息（其中 "终止值" 不用填写），单击 "确定" 按钮，如图 4-24 所示。填充效果如图 4-25 所示。

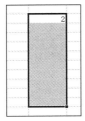

图4-23 设置初始值及数据区

图4-24 "序列" 对话框（2）

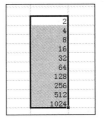

图4-25 序列填充效果

3．自定义序列

使用自动填充功能还可实现常用序列的快速循环填充，如 "Sun,Mon,Tue,…" 或 "甲,乙,丙,…" 等。除了系统提供的数据序列，用户还可以根据需要建立特定的序列，该功能可通过 "自定义序列" 实现。

例4.5 自定义十二生肖序列。

操作方法如下。

① 选择 "文件" → "选项"，将弹出图 4-26 所示的 "Excel 选项" 对话框。在该对话框左侧单击 "高级"，在右侧找到 "编辑自定义列表" 按钮并单击。打开图 4-27 所示的 "自定义序列" 对话框，在 "输入序列" 列表中输入十二生肖，然后单击 "添加" 按钮，在对话框左侧的 "自定义序列" 列表下方可看到新增的序列，单击 "确定" 按钮。

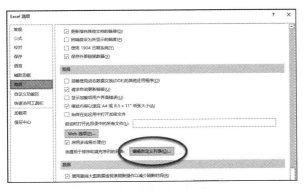

图4-26 "Excel 选项" 对话框

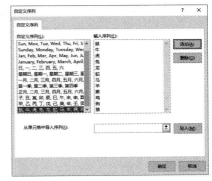

图4-27 "自定义序列" 对话框

② 新增了自定义序列后，可采用自动填充的方法在工作表中生成自定义序列，如图 4-28 所示。

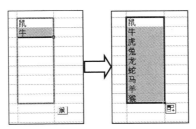

图4-28 自定义序列的填充

Excel 电子表格 / 第4章

4.2.5　工作表数据的格式化

1．格式化单元格

在工作表中设置单元格格式可使工作表显得整齐和美观，便于查看数据。常见的单元格格式化主要是通过"开始"选项卡中的"字体""对齐方式""数字"选项组等来设置的，如图 4-29 所示。

图 4-29　"字体""对齐方式""数字"选项组

此外，用户也可以通过单击选项组右下角的 按钮或选择右键快捷菜单中的"设置单元格格式"命令来实现更详细的格式设置。这两种方法都会打开"设置单元格格式"对话框，如图 4-30 所示，其中有 6 个选项卡："数字""对齐""字体""边框""填充"和"保护"。

（1）"数字"选项卡

该选项卡用来设置单元格中数字的格式，可以设置不同的小数位数、百分比、货币符号以及是否使用千位分隔符等来表示同一个数（如 6123.45、612345%、¥6123.45、6,123.45），这时数据区的单元格中显示的是格式化后的数字，编辑栏中显示的是系统实际存储的数据。

（2）"对齐"选项卡

图 4-30　"设置单元格格式"对话框

该选项卡用来设置单元格内数据的对齐方式，以及解决单元格中文字较长、被截断显示的问题。"对齐"选项卡及相关示例如图 4-31 所示。

单元格数据的对齐方法有以下两类。

① 水平对齐：包括常规、靠左（缩进）、居中、靠右（缩进）、填充、两端对齐、跨列居中、分散对齐（缩进）。

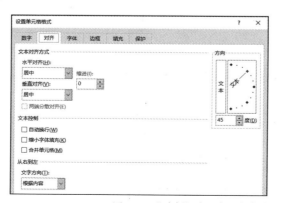

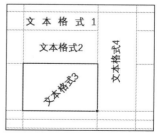

图 4-31　"对齐"选项卡及文本的显示控制示例

② 垂直对齐：包括靠上、居中、靠下、两端对齐和分散对齐。

单元格中文本的显示可以通过该选项卡中的复选框等来设置。

① 自动换行：控制输入的文本根据单元格的列宽自动换行。

② 缩小字体填充：减小单元格中的字符，使数据的宽度与单元格列宽相同。

③ 合并单元格：将多个单元格合并为一个单元格。它通常与“水平对齐”下拉列表中的“居中”选项结合使用，常用于设置标题的对齐方式。“开始”→“对齐方式”→“合并后居中”按钮 合并后居中 也可用于合并并居中显示单元格内容。

④ 文字方向：用来指定文字的阅读顺序和对齐方式。

⑤ 方向：用来改变单元格文本旋转的角度，角度范围是-90°～90°。

（3）“字体”选项卡

该选项卡用于设置字符格式。

（4）“边框”选项卡

该选项卡用于设置边框样式。

（5）“填充”选项卡

该选项卡用于设置单元格的填充背景，包括图案颜色和图案样式等。

（6）“保护”选项卡

该选项卡用于锁定单元格（不允许编辑）或隐藏公式。

例 4.6 对图 4-32 所示的工作表进行单元格格式化操作。

设置所有数值的小数位数为 2 位；将 A1～G1 单元格合并为一个单元格，将标题内容水平居中对齐；设置标题字体为黑体、16 号、加粗；设置工作表边框的外框为黑色粗线，内框为黑色细线；设置标题及字段名所在行（第 1 行和第 2 行）的底纹为深蓝色（颜色样式为：深蓝，文字 2，淡色 60%）。最终的效果如图 4-33 所示。

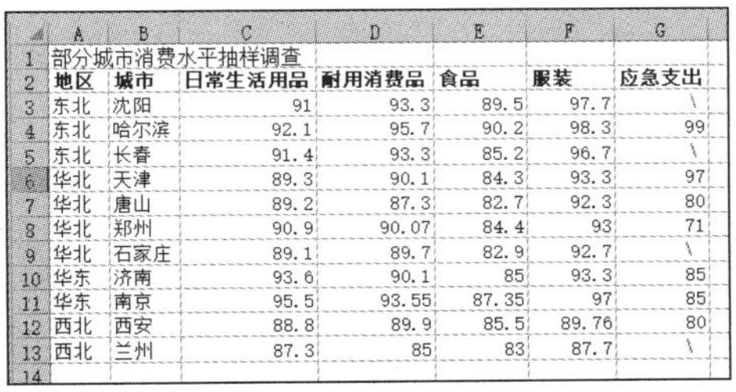

	A	B	C	D	E	F	G
1	部分城市消费水平抽样调查						
2	地区	城市	日常生活用品	耐用消费品	食品	服装	应急支出
3	东北	沈阳	91	93.3	89.5	97.7	\
4	东北	哈尔滨	92.1	95.7	90.2	98.3	99
5	东北	长春	91.4	93.3	85.2	96.7	\
6	华北	天津	89.3	90.1	84.3	93.3	97
7	华北	唐山	89.2	87.3	82.7	92.3	80
8	华北	郑州	90.9	90.07	84.4	93	71
9	华北	石家庄	89.1	89.7	82.9	92.7	\
10	华东	济南	93.6	90.1	85	93.3	85
11	华东	南京	95.5	93.55	87.35	97	85
12	西北	西安	88.8	89.9	85.5	89.76	80
13	西北	兰州	87.3	85	83	87.7	\
14							

图 4-32 单元格格式化前的效果

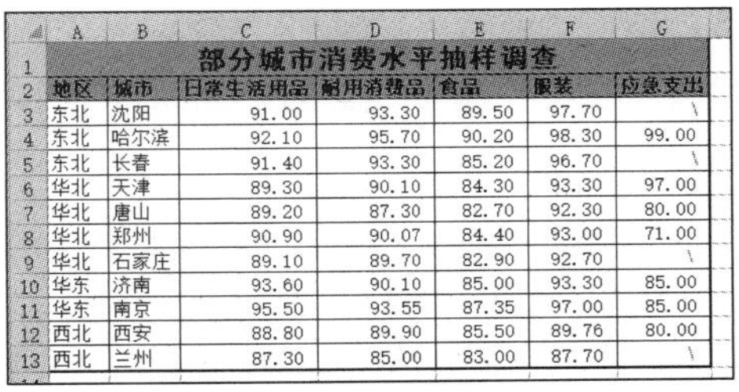

	A	B	C	D	E	F	G
1	部分城市消费水平抽样调查						
2	地区	城市	日常生活用品	耐用消费品	食品	服装	应急支出
3	东北	沈阳	91.00	93.30	89.50	97.70	\
4	东北	哈尔滨	92.10	95.70	90.20	98.30	99.00
5	东北	长春	91.40	93.30	85.20	96.70	\
6	华北	天津	89.30	90.10	84.30	93.30	97.00
7	华北	唐山	89.20	87.30	82.70	92.30	80.00
8	华北	郑州	90.90	90.07	84.40	93.00	71.00
9	华北	石家庄	89.10	89.70	82.90	92.70	\
10	华东	济南	93.60	90.10	85.00	93.30	85.00
11	华东	南京	95.50	93.55	87.35	97.00	85.00
12	西北	西安	88.80	89.90	85.50	89.76	80.00
13	西北	兰州	87.30	85.00	83.00	87.70	\

图 4-33 单元格格式化后的效果

具体的操作方法如下。

① 框选 C3：G13 区域，单击鼠标右键并在弹出的快捷菜单中选择“设置单元格格式”命令，打开“设置单元格格式”对话框，在“数字”选项卡中单击“数值”，在右侧设置“小数位数”为“2”，如图 4-34 所示，然后单击“确定”按钮。

图 4-34 设置单元格数值的小数位数

② 选择 A1～G1 区域，单击“开始”→“对齐方式”→“合并后居中”按钮 合并后居中，再设置合并后单元格的字体为“黑体”、字形为“加粗”、字号为“16”。

③ 选中整个表格（A1：G13），在“设置单元格格式”对话框的“边框”选项卡中设置线条颜色为“黑色”、样式为“粗线”，单击“外边框”按钮，完成工作表外框线的设置；选择线条样式

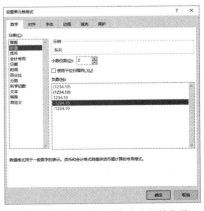

为"细线"，单击"内部"按钮，完成工作表内框线的设置，如图4-35所示，最后单击"确定"按钮（该操作也可以利用"开始"→"字体"→"边框"下拉列表完成）。

④ 选择标题及字段名所在行（A1：G2），如图4-36所示，在"开始"→"字体"→"填充颜色"下拉列表中选择颜色样式（该操作也可以在"设置单元格格式"对话框的"填充"选项卡中完成）。

2. 套用表格样式

利用 Excel 的"套用表格样式"功能，用户可以快速地对工作表进行格式化，使表格变得美观大方。Excel 2016 预定义了 60 种表格样式，套用表格样式的操作方法如下。

① 选中要设置格式的单元格区域。

② 打开"开始"→"样式"→"套用表格样式"下拉列表，如图4-37所示，在其中选择一种表格样式，将该样式应用于所选区域。

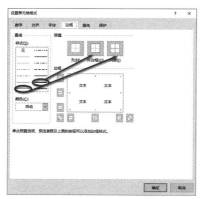

图4-35　设置工作表的外边框和内边框

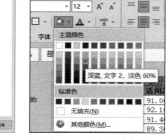

图4-36　选择颜色样式

图4-37　"套用表格样式"下拉列表

3. 条件格式

条件格式可以使数据在满足不同的条件时，显示不同的格式。如处理学生成绩时，可以将不及格、优秀等不同分数段的成绩以不同的格式显示。

例4.7　将图4-38所示的学生成绩单中不及格的成绩设置成"红色、加粗、倾斜、单下画线、黄色底纹"格式，效果如图4-39所示。

	A	B	C	D	E
1	姓名	语文	数学	英语	总分
2	陈志平	68	90	88	246
3	庄子墨	95	92	89	276
4	杨莹	87	45	70	202
5	吴小芳	64	78	86	228
6	张华坚	40	67	51	158
7	李习文	78	85	82	245

图4-38　学生成绩单

	A	B	C	D	E
1	姓名	语文	数学	英语	总分
2	陈志平	68	90	88	246
3	庄子墨	95	92	89	276
4	杨莹	87	*45*	70	202
5	吴小芳	64	78	86	228
6	张华坚	*40*	67	*51*	158
7	李习文	78	85	82	245

图4-39　条件格式的设置效果

操作方法如下。

① 选中成绩区域（B2:D7），单击"开始"→"样式"→"条件格式"按钮，如图4-40所示，打开"条件格式"下拉列表，单击"突出显示单元格规则"→"小于"，打开"小于"对话框，如图4-41所示。

② 在"为小于以下值……"文本框中输入"60"，在"设置为"下拉列表框中选择"自定义格式…"选项。

图 4-40　选择条件格式

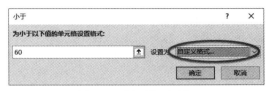

图 4-41　"小于"对话框

③ 如图 4-42 所示，在弹出的"设置单元格格式"对话框中将符合条件的单元格设置成"红色、加粗、倾斜、单下画线、黄色底纹"格式，单击"确定"按钮后，小于 60 分的成绩即会以设置的格式显示。

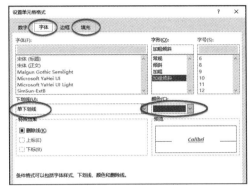

图 4-42　"设置单元格格式"对话框

4.2.6　公式的使用

Excel 工作表的核心是公式与函数。使用公式有助于用户分析工作表中的数据，公式可以用来执行运算操作，如加、减、乘、除等。当改变了工作表内与公式有关的数据时，Excel 会自动更新计算结果。

函数是预定义的内置公式。它使用被称为参数的特定数值，按照语法的特定顺序进行计算。一个函数包括两个部分：函数名称和函数参数。例如，SUM 是求和的函数，AVERAGE 是求平均值的函数，MAX 是求最大值的函数。函数的名称表明函数的功能，函数参数可以是数字、文本、逻辑值、数组等。

▶注意

输入公式或函数时要以等号"="开头。

1．单元格引用

单元格引用常用来表示单元格在工作表中所处位置的坐标值。例如，显示在第 B 列和第 3 行交叉处的单元格，其引用形式为"B3"。

通过引用，用户可以在公式中使用工作表不同单元格的数据或在多个公式中使用同一个单元格的数据。为了便于区别和应用，Excel 把单元格的引用分成了 3 种类型：相对引用、绝对引用和混合引用。

（1）相对引用

相对引用是指某公式所在单元格位置改变，引用的单元格也随之改变。当公式被复制到别处时，Excel能够根据移动的位置调节引用的单元格。例如，将 D7 这个单元格中的公式"=D3+D4+D5+D6"填充到（即将公式复制到）G7 单元格中，则其公式的内容也将自动转换为"=G3+G4+G5+G6"。

（2）绝对引用

绝对引用是指指向工作表中固定位置的单元格的引用方式，它的位置与包含公式的单元格无关。例如，在复制单元格时，如果不想使某些单元格的引用随着公式位置的改变而改变，则需要绝对引用。单元格绝对引用的方式是：在列号与行号前面均加上"$"符号。例如，把单元格 B3 的公式改为"=$B$1+$B$2"，然后将该公式复制到单元格 C3，公式仍然为"=$B$1+$B$2"。

（3）混合引用

混合引用包含一个相对引用和一个绝对引用。其结果就是可以使单元格引用的一部分固定不变，而另一部分自动改变。这种引用可以是行采用相对引用、列采用绝对引用，也可以是行采用绝对引用、列采用相对引用，如"Y$32"即为混合引用。

2．公式中的运算符

运算符用于对公式中的元素进行特定类型的运算。Excel 中包含 4 种类型的运算符：算术运算符、关系运算符、文本连接符和引用运算符。表 4-1 列出了公式中常见的各类运算符。

表 4-1　Excel 公式中的常见运算符

运算符名称	表示形式
算术运算符	"+"（加号）、"－"（减号）、"*"（乘号）、"/"（除号）、"%"（百分号）和"^"（乘幂）
关系运算符	"="（等号）、">"（大于号）、"<"（小于号）、">="（大于等于号）、"<="（小于等于号）和"<>"（不等于号）
文本连接符	"&"（字符串连接）
引用运算符	":"（冒号）、","（逗号）、" "（空格）

其中，引用运算符用于表示引用单元格的位置，冒号为区域运算符。例如，"A1:A15"是对单元格 A1至 A15 之间（包括 A1 和 A15）的所有单元格的引用。逗号为联合运算符，可以将多个引用合并为一个引用，如"SUM(A1:A15,B1)"是对 A1 至 A15 之间（包括 A1 和 A15）及 B1 的所有单元格求和。空格为交叉运算符，实现对同时属于两个引用的单元格的引用，例如，"SUM(A1:A15 A1:F1)"中，单元格 A1同时属于两个区域。

在 Excel 公式及函数的运用上，不正确的处理方法可能产生错误的值。表 4-2 列出了 Excel 公式及函数常返回的错误值和错误原因。

表 4-2　Excel 公式及函数常返回的错误值和错误原因

返回的错误值	错误原因
#####	计算结果数位较长，单元格列宽不够，或者使用了负的日期或负的时间
#DIV/0!	被除数为 0
#N/A	数值对函数或公式不可用
#NAME?	不能识别公式中的文本
#NULL!	使用了并不相交的两个区域的交叉引用
#NUM!	公式或函数中使用了无效数值
#REF!	无效的单元格引用
#VALUE!	使用了错误的参数或操作类型

例 4.8 根据图 4-43 所示的部分职工数据计算奖金。奖金的计算公式是工龄乘以 50 加上基本工资的 15%。

操作方法如下。

① 选择 E2 单元格，在编辑栏中输入 "=C2*50+D2*0.15"，按 Enter 键得到第一名职工的奖金，如图 4-43 所示。

② 单击 E2 单元格，向下拖曳填充柄至 E6 单元格，公式自动复制到 E3～E6 区域中，生成其他各职工的奖金，如图 4-44 所示。

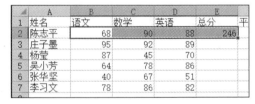

图 4-43　用公式计算第一名职工的奖金　　　　图 4-44　拖曳填充柄生成所有职工的奖金

3. 自动求和

求和是 Excel 经常用到的计算方式，为此 Excel 提供了一个强有力的工具——自动求和。

例 4.9 对图 4-45 所示学生的 3 门课程的成绩求总分。

操作方法如下。

① 如图 4-45 所示，选定区域 B2～E2，其中 E2 为空的单元格，用于存放求和结果。

② 单击 "开始" → "编辑" → "自动求和" 按钮 Σ 自动求和，在 E2 单元格中自动生成了前 3 个单元格中数据的总和，如图 4-46 所示。

图 4-45　求学生 3 门课程的总分　　　　　　图 4-46　自动求和结果

③ 如图 4-47 所示，单击 E2 单元格，向下拖曳填充柄至 E7 单元格，生成其他学生的总分。

4.2.7　函数的使用

1. 函数

Excel 提供了大量的函数，可以帮助用户进行数学、文本、逻辑等运算工作。使用函数可以加快数据的输入和计算速度。

函数的一般格式为：

函数名(参数 1, 参数 2, 参数 3, …)

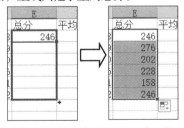

图 4-47　拖曳填充柄至 E7 单元格

在活动单元格中使用函数有以下 3 种方法。

① 以 "=" 开头，直接输入相应的函数，函数名的写法不区分字母大、小写。

② 通过 "开始" → "编辑" → "自动求和" 下拉列表选择要插入的函数（求和、平均值、计数、最大值、最小值函数可直接选取，其他函数可通过 "其他函数" 进行选择），如图 4-48 所示。

③ 在 "公式" → "函数车" 选项组中选择要插入的函数，如图 4-49 所示。用户可先了解对应函数

的格式与作用，再对所插入的函数进行参数设置。

图 4-48　"自动求和"下拉列表　　　　图 4-49　"函数库"选项组

例 4.10　使用 AVERAGE 函数计算例 4.9 中各学生 3 门课的平均分。

操作方法 1 如下。

① 选择单元格 F2，在其中输入"=AVERAGE(B2:D2)"，按 Enter 键得到第一个学生 3 门课的平均分。

② 单击 F2 单元格，向下拖曳填充柄至 F7 单元格，生成其他学生的平均分。

操作方法 2 如下。

① 选择单元格 F2，在"开始"→"编辑"→"自动求和"下拉列表中选择"平均值"，此时在单元格中插入 AVERAGE 函数，其中函数自变量处于待编辑状态。

② 框选 B2～D2 区域，此时自变量自动设置成"B2:D2"，如图 4-50 所示，按 Enter 键确定该设置，得到第一个学生 3 门课的平均分。

③ 单击单元格 F2 并向下拖曳填充柄至 F7 单元格，生成其他学生的平均分。

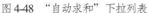

图 4-50　框选自变量数据区域

表 4-3 列出了常用的 Excel 函数及功能。

表 4-3　常用的 Excel 函数及功能

函数	功能
ABS	求出参数的绝对值
AND	"与"运算，返回逻辑值。所有参数的逻辑值为 TRUE 时返回 TRUE；只要有一个参数的逻辑值为 FALSE，则返回 FALSE
AVERAGE	求出所有参数的平均值
RANK.EQ	返回某数值在一列数值中相对其他数值的大小排名
COUNT	计算区域中包含数字的单元格个数
COUNTIF	统计某个单元格区域中符合指定条件的单元格个数
DCOUNT	返回数据库或列表的列中满足指定条件且包含数字的单元格个数
IF	根据对指定条件的逻辑判断的真假结果，返回相对应的条件触发的计算结果
INT	将数值向下取整为最接近的整数
LEFT	从一个文本字符串的第一个字符开始，截取指定数量的字符

函数	功能
LEN	统计文本字符串中字符的数量
MATCH	返回在指定方式下与指定数值匹配的数组中元素的相应位置
MAX	求出一组数中的最大值
MID	从一个文本字符串的指定位置开始，截取指定数量的字符
MIN	求出一组数中的最小值
MOD	求出两数相除的余数
MONTH	求出指定日期或引用单元格中的日期的月份
NOW	给出系统当前的日期和时间
OR	任意一个参数逻辑值为 TRUE 时返回 TRUE；所有参数的逻辑值都为 FALSE 时返回 FALSE
RIGHT	从一个文本字符串的最后一个字符开始，截取指定数量的字符
SUM	求出一组数值的和
SUMIF	计算符合指定条件的单元格区域内的数值和
TEXT	根据指定的数值格式将相应的数字转换为文本形式
TODAY	给出系统日期
VALUE	将一个代表数值的文本型字符串转换为数值型字符串
WEEKDAY	给出指定日期对应的星期数

2. 逻辑函数 IF

Excel 中的逻辑函数有很多，最常用的是 IF 函数。其语法格式为：

```
IF(logical_test,value_if_true,value_if_false)
```

IF 函数的作用是根据 logical_test 逻辑计算的真假值，返回不同的结果，logical_test 为真时返回第二个参数项 value_if_true 的值，否则返回第三个参数项 value_if_false 的值。其中，value_if_true 及 value_if_false 参数也可以是 IF 函数；Excel 支持多层的 IF 嵌套，故在此可构造复杂的检测条件。

例 4.11　在例 4.10 的 G1 单元格中增设 "是否及格" 项，使用 IF 函数判断各学生的平均分是否及格，并将结果显示于 G2～G7 中。

操作方法如下。

① 选择单元格 G2，在其中输入 "=IF(F2>=60,"是","否")"，按 Enter 键得到第一个学生平均分的判断结果。

② 单击单元格 G2，向下拖曳填充柄至 G7 单元格，生成其他学生平均分的判断结果，如图 4-51 所示。

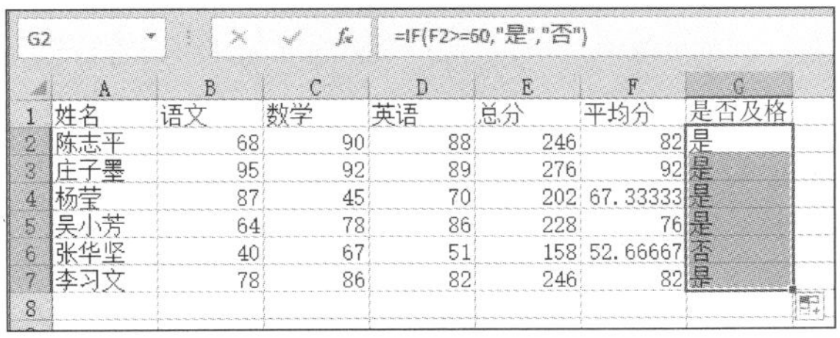

图 4-51　使用 IF 函数判断学生平均分是否及格

例 4.12　在例 4.11 的 H1 单元格中增设 "等级" 项，使用 IF 函数的嵌套形式判断各学生的平均分的等级，并将结果显示于 H2～H7 中，其中等级的划分规则如下。

平均分≥90：优。

80≤平均分<90：良。

60≤平均分<80：中。

平均分<60：差。

操作方法如下。

① 选择单元格 H2，在其中输入"=IF(F2>=90,"优",IF(F2>=80,"良",IF(F2>=60,"中","差")))"，按 Enter 键得到第一个学生的等级判断结果。

② 单击单元格 H2，向下拖曳填充柄至 H7 单元格，生成其他学生平均分的判断结果，如图 4-52 所示。

	A	B	C	D	E	F	G	H
1	姓名	语文	数学	英语	总分	平均分	是否及格	等级
2	陈志平	68	90	88	246	82	是	良
3	庄子墨	95	92	89	276	92	是	优
4	杨莹	87	45	70	202	67.33333	是	中
5	吴小芳	64	78	86	228	76	是	中
6	张华坚	40	67	51	158	52.66667	否	差
7	李习文	78	86	82	246	82	是	良
8								

H2 的公式为 =IF(F2>=90,"优",IF(F2>=80,"良",IF(F2>=60,"中","差")))

图 4-52　使用 IF 函数的嵌套形式判断学生平均分的等级

4.3　数据管理和分析

Excel 不仅具有计算与处理数据的能力，还具有数据库管理功能。使用 Excel 可方便、快捷地对数据进行排序、筛选、分类汇总以及创建数据透视表等统计分析工作。

4.3.1　数据清单

数据清单也称数据列表或数据表，它是一种二维表，是 Excel 工作表中由单元格构成的矩形区域。数据清单与前面介绍的工作表略有不同，其特点如下。

① 与数据库相对应，数据清单中的每一行称为"记录"，每一列称为"字段"。第 1 行为表头，由若干个字段名构成。

② 数据清单中不允许有空行或空列，否则会影响 Excel 检测和选定数据列表；不能有完全相同的两行记录；字段名必须唯一，每一字段的数据类型必须相同，如字段名是"学号"，则该列存放的必须都是学号数据。

4.3.2　数据排序

用户可以根据数据清单中的值对数据清单的行列数据进行排序。排序时，Excel 可利用指定的排序顺序重新排列行、列或各单元格，还可根据一列或多列的内容按升序（1～9，A～Z）或降序（9～1，Z～A）方式对数据清单进行排序。

1．按升序或降序方式排序

如果以前在同一工作表中对数据清单进行过排序操作，那么除非修改排序选项，否则 Excel 将按同样的排序选项进行排序。

① 在要排序的数据列中单击任意单元格。

② 如果要对清单进行从小到大的排序，则单击"数据"→"排序和筛选"→"升序"按钮 ↑ ；如果要对清单进行从大到小的排序，则单击"降序"按钮 ↓ 。

例 4.13　对图 4-52 所示的成绩表按总分由大到小进行排序。

操作方法如下。

在"总分"列中单击任意单元格，单击"降序"按钮 ↓ ，结果如图 4-53 所示。

	A	B	C	D	E	F	G	H
1	姓名	语文	数学	英语	总分	平均分	是否及格	等级
2	庄子墨	95	92	89	276	92	是	优
3	陈志平	68	90	88	246	82	是	良
4	李习文	78	86	82	246	82	是	良
5	吴小芳	64	78	86	228	76	是	中
6	杨莹	87	45	70	202	67.33333	是	中
7	张华坚	40	67	51	158	52.66667	否	差

图 4-53　对总分进行降序排列的结果

2．按关键字排序

按关键字排序可对 1 个以上的关键字进行排序。当参与排序的字段出现相同值时，可以按另一个关键字继续排序，这必须通过"数据"→"排序和筛选"→"排序"按钮 ▨ 实现。在上例按总分排序的结果中，出现了两个总分相同的记录，"陈志平"与"李习文"总分均为 246，如果希望总分相同时能以"语文"分为准降序排列，此时字段名"语文"就是"次要关键字"，具体操作如下。

① 在需要排序的数据清单中单击任意单元格。

② 单击"数据"→"排序和筛选"→"排序"按钮 ▨，打开"排序"对话框，首先设置"主要关键字"为"总分"，设置"次序"为"降序"。

③ 如图 4-54 所示，单击"添加条件"按钮增加"次要关键字"，设置"次要关键字"为"语文"，其"次序"为"降序"，单击"确定"按钮，排序结果如图 4-55 所示。此时"陈志平"的记录位于"李习文"的上方。

图 4-54　次要关键字的设置

	A	B	C	D	E	F	G	H
1	姓名	语文	数学	英语	总分	平均分	是否及格	等级
2	庄子墨	95	92	89	276	92	是	优
3	李习文	78	86	82	246	82	是	良
4	陈志平	68	90	88	246	82	是	良
5	吴小芳	64	78	86	228	76	是	中
6	杨莹	87	45	70	202	67.33333	是	中
7	张华坚	40	67	51	158	52.66667	否	差

图 4-55　设置次要关键字后的排序结果

在 Excel 中，对文本的默认排序方式是按字母顺序。如果想要改变排序方式，则可在图 4-54 的"排序"对话框中单击"选项"按钮，在弹出的"排序选项"对话框中选中"笔画排序"单选按钮，如图 4-56 所示。

图 4-56　"排序选项"对话框

4.3.3　合并计算

合并计算是数据清单中的一种常用操作，目的是将多个单独的工作表中的数据合并到一个工作表中进行汇总和报告。要合并的数据清单可以位于同一个工作表中，也可以位于不同的工作表中，还可以位于不同的工作簿中。

在 Excel 中，合并计算分为两种："按类别"合并计算和"按位置"合并计算。

1. "按类别"合并计算

例4.14 对分别存放在同一个工作簿的"Sheet1"和"Sheet2"两张工作表中的数据清单"上半年销售表"和"下半年销售表"（见图4-57和图4-58）进行合并计算，将计算结果存放在Sheet3工作表中。

▲	A	B	C	D
1	上半年销售表			
2	地区	数量	金额	
3	北京	80	4100	
4	上海	100	4900	
5	南京	50	3000	
6	广州	60	2800	
7				
8				

图4-57 上半年销售表

▲	A	B	C	D
1	下半年销售表			
2	地区	数量	金额	
3	上海	70	3700	
4	北京	100	5500	
5	广州	80	4000	
6	深圳	30	1800	
7				
8				

图4-58 下半年销售表

操作方法如下。

① 选择"Sheet3"，单击A2单元格，将其作为数据存放的起始位置。

② 单击"数据"→"数据工具"→"合并计算"按钮，将弹出"合并计算"对话框且光标默认位于"引用位置"文本框中，单击"Sheet1"工作表标签，在其工作表中框选A2:C6区域，使"引用位置"文本框中的内容为"Sheet1!\$A\$2:\$C\$6"，如图4-59所示。

③ 单击图4-59所示对话框右侧的"添加"按钮，单击"Sheet2"工作表标签，在其工作表中框选A2:C6区域，使"引用位置"文本框的内容为"Sheet2!\$A\$2:\$C\$6"，如图4-60所示。

④ 在图4-60对话框的下方"标签位置"区域勾选"首行"复选框和"最左列"复选框，单击"确定"按钮，此时"Sheet3"工作表中生成了所选两个数据清单（源数据）的合成数据表，如图4-61所示。

图4-59 确定第一个引用位置

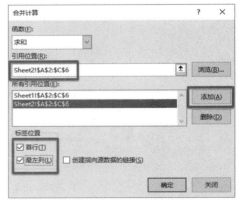

图4-60 确定第二个引用位置

在该案例中，第一个源数据中有4个地区，第二个源数据也有4个地区，但其排列及地区名不同于前一个源数据，故合并结果中有5个地区，且对两个源数据中的相同地区进行了"数量"和"金额"的求和合并。

2. "按位置"合并计算

该方法仅实现了对应位置的数据的合并，不考虑"首行标签""最左列标签"的情况，适用于使用相同的行、列标签的数据清单的合并。

例如，在例4.14的操作中，第③步如不勾选"首行"和"最左列"两个复选框则视为"按位置"合并计算，此时计算结果如图4-62所示。因为两个引用位置中都是4行2列的数据区，所以合并结果也只有4行2列的数据且不显示行、列标签。

	A	B	C	D
1	全年各地销售表			
2		数量	金额	
3	北京	180	9600	
4	上海	170	8600	
5	南京	50	3000	
6	广州	140	6800	
7	深圳	30	1800	
8				

图 4-61 "按类别"合并计算的结果

	A	B	C	D
1	全年各地销售表			
2				
3		150	7800	
4		200	10400	
5		130	7000	
6		90	4600	
7				
8				

图 4-62 "按位置"合并计算的结果

▶注意

① 合并计算的默认计算方式为求和，但也可以设置为计数等其他方式。

② 如果在"合并计算"对话框中勾选"创建指向源数据的链接"复选框，则当源数据的数值改变时，由源数据生成的数据表（合并结果）上的数据也会随之改变。

③ 如果某个引用位置是其他工作簿上的源数据，则可以通过"合并计算"对话框右侧的"浏览"按钮实现对外部 Excel 文件的选定。

4.3.4 数据筛选

数据筛选是指将不符合某些条件的记录暂时隐藏起来，在数据库中只显示符合条件的记录，以供用户使用和查询。Excel 提供了"自动筛选"和"高级筛选"两种工作方式。"自动筛选"是按简单条件进行查询，"高级筛选"是按多种条件组合进行查询。

1. 自动筛选

自动筛选可通过对指定的一种或几种字段设置简单条件来实现筛选。

例 4.15 在某 IT 公司某年人力资源情况表中筛选出学历为硕士、年龄小于 35 岁的人员。

操作方法如下。

① 单击数据清单中的任意单元格。

② 单击"数据"→"排序和筛选"→"筛选"按钮，在各个字段名的右边会出现筛选按钮，单击"学历"列的筛选按钮，如图 4-63 所示，在下拉列表中设置学历选项，即只选取"硕士"，单击"确定"按钮，完成"学历为硕士"条件的筛选。

③ 单击"年龄"列的筛选按钮，在下拉列表中选择"数字筛选"→"小于"，打开"自定义自动筛选方式"对话框，如图 4-64 所示，在"小于"右侧的文本框中输入"35"，单击"确定"按钮，完成"年龄小于 35 岁"条件的筛选。图 4-65 所示为自动筛选结果。

图 4-63 "学历为硕士"条件的筛选

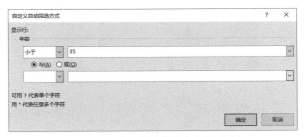

图 4-64 "自定义自动筛选方式"对话框

	A	B	C	D	E	F	G	H
1				某IT公司某年人力资源情况表				
2	编号 ▾	部门 ▾	组别 ▾	年龄 ▾	性别 ▾	学历 ▾	职称 ▾	工资 ▾
3	C001	工程部	E1	28	男	硕士	工程师	6650
4	C002	开发部	D1	26	女	硕士	工程师	6150
6	C004	销售部	S1	32	男	硕士	工程师	6150
26	C024	培训部	T2	32	男	硕士	工程师	6150
30	C028	开发部	D2	29	男	硕士	工程师	6150
31	C029	培训部	T1	28	男	硕士	工程师	6150
37	C035	工程部	E3	32	男	硕士	工程师	6650
40	C038	开发部	D2	28	男	硕士	工程师	6150
43								

图 4-65   自动筛选结果

在自动筛选中，Excel 会隐藏所有不满足指定筛选条件的记录，并突出显示那些设置了筛选条件的按钮。

2．高级筛选

高级筛选是指以用户设定条件的方式实现数据表的筛选，该方式可以筛选出同时满足两种或多种条件的数据。高级筛选操作分为 3 步：一是指定条件区域并设置筛选条件，二是指定受筛选的数据区，三是指定存放筛选结果的数据区。

其中，条件区域用于输入条件。条件区域应建立在数据表以外，至少有一个空行或一个空列分隔。输入筛选条件时，首行输入条件字段名，从第 2 行起输入筛选条件，输入在同一行上的条件为"逻辑与"，输入在不同行上的条件为"逻辑或"，然后单击"数据"→"排序和筛选"→"高级"按钮 高级，在弹出的对话框中进行列表区域和条件区域的选择，筛选的结果可在原数据表位置显示，也可在数据表以外的指定位置显示。

例 4.16   用高级筛选方法完成例 4.15 的筛选要求，即找出学历为硕士、年龄小于 35 岁的所有人员。要求条件区域为 J2:K3，在原有区域显示筛选结果。

操作方法如下。

① 建立条件区域。输入图 4-66 所示右上角框中的内容，表示筛选条件为"年龄<35 且学历为硕士"。

② 选择数据清单中的任意单元格，然后单击"数据"→"排序和筛选"→"高级"按钮 高级，打开"高级筛选"对话框，如图 4-66 所示，此时列表区域已自动显示为$A$2:$H$42（列表区域如果不正确，则删除该文本框中的内容并重新框选正确的数据区域）。

图 4-66   设置"高级筛选"对话框中的内容

③ 单击"条件区域"文本框，在数据清单中框选 J2:K3 区域，即填入条件区域；最后单击"确定"按钮，则在原数据位置上生成筛选结果，如图 4-67 所示。

	A	B	C	D	E	F	G	H
1				某IT公司某年人力资源情况表				
2	编号	部门	组别	年龄	性别	学历	职称	工资
3	C001	工程部	E1	28	男	硕士	工程师	6650
4	C002	开发部	D1	26	女	硕士	工程师	6150
6	C004	销售部	S1	32	男	硕士	工程师	6150
26	C024	培训部	T2	32	男	硕士	工程师	6150
30	C028	开发部	D2	29	男	硕士	工程师	6150
31	C029	培训部	T1	28	男	硕士	工程师	6150
37	C035	工程部	E3	32	男	硕士	工程师	6650
40	C038	开发部	D2	28	男	硕士	工程师	6150
43								

图 4-67　高级筛选结果

▶**注意**

① 条件区域的编辑是高级筛选的重点。条件区域中第1行是需筛选的字段名，其他行是各字段条件。如果多个条件之间是"并且"的关系，则需将这些条件置于相同行上；如果是"或"的关系，则需置于不同行。

② 在原有区域显示筛选结果会覆盖原数据清单的数据，当需要复原数据时，用户可单击"数据"→"排序和筛选"→"清除"按钮　清除　。

③ 在"高级筛选"对话框中，若选择"方式"为"将筛选结果复制到其他位置"，则不会覆盖原有数据，但需要在"复制到"文本框中指定复制的位置。

在上述案例中，若筛选条件改为"小于35岁的硕士或小于40岁的高工"，条件区域为"J2:L4"，筛选结果位于J6起始的位置，操作方法及操作结果如图4-68所示。

图 4-68　"或"关系的高级筛选

4.3.5　分类汇总

分类汇总就是对数据清单按某个字段进行分类，将字段值相同的连续记录作为一类，进行求和、求平均、计数等汇总运算。针对同一个分类字段，可进行多种方式的汇总。

"分类汇总"按钮的调用方式是单击"数据"→"分级显示"→"分类汇总"按钮　。在分类汇总前，必须对分类字段进行排序，否则无法得到正确的分类汇总结果；在分类汇总时要清楚对哪个字段分类、对哪些字段汇总以及汇总的方式，这些都需要在"分类汇总"对话框中进行设置。

例4.17　对图4-69所示数据清单进行分类汇总，求出教授、副教授、讲师、助教发表论文的最多篇数。汇总结果如图4-70所示。

			教师发表论文基本情况		
编号	姓名	性别	年龄	职称	篇数
10322	郑含因	女	57	教授	46
10341	李海儿	男	36	副教授	12
10283	陈静	女	33	讲师	25
10123	王克南	男	38	讲师	8
10222	钟尔慧	男	36	讲师	6
10146	卢植茵	女	34	讲师	11
10241	林寻	男	51	副教授	42
10163	李禄	男	54	副教授	31
10140	吴心	女	35	讲师	16
10291	李伯仁	男	53	副教授	21
10375	陈醉	男	40	讲师	36
10238	马甫仁	男	34	讲师	8
10117	夏雪	女	36	助教	6
10162	钟成梦	女	45	讲师	10
10309	王晓宁	男	45	副教授	41
10312	魏文鼎	男	29	教授	55
10271	宋成城	男	39	讲师	14
10282	李文如	女	44	副教授	64
10159	伍宁	女	30	副教授	5
10398	古琴	女	37	助教	2

图 4-69　分类汇总前的数据

图 4-70　分类汇总结果

操作方法如下。

① 单击数据清单中"职称"列的任意单元格，单击"数据"→"排序和筛选"→"升序"按钮或"降序"按钮，将相同职称的教师记录放在一起。

② 单击"数据"→"分级显示"→"分类汇总"按钮，打开"分类汇总"对话框，如图 4-71 所示。选择"分类字段"为"职称"，选择"汇总方式"为"最大值"，选择"选定汇总项"为"篇数"，然后单击"确定"按钮，得到图 4-70 所示的分类汇总结果。

图 4-71　"分类汇总"对话框

在图 4-71 所示对话框中，"替换当前分类汇总"的含义是用此次分类汇总的结果替换已存在的分类汇总结果。若要取消分类汇总，单击"全部删除"按钮即可。

图 4-70 所示界面的左上角有 1 2 3 3 个小按钮，通过这 3 个小按钮可以分类显示所有记录的总计结果、分类汇总结果和所有记录的详细数据，按钮数字越小，表示汇总层级越高。用户也可以通过"展开"按钮+和"折叠"按钮-调整数据的显示范围。

4.3.6　数据透视表

数据透视表可用于对复杂的数据表进行汇总和分析，其功能强大，是集排序、筛选、分类汇总及合并计算等为一体的综合性数据分析工具，也是一种交互式的、有选择的 Excel 报表生成方式。

例 4.18　图 4-72 所示为某商场第四季度日用电器销售表。运用数据透视表统计该季度各月份各类电器（产品类型）的销售数量，并提供对具体某种产品（产品代号）的销售数量报表筛选，即列标签为"月份"、行标签为"产品类型"、汇总方式为"求和"、求和项为"数量"、报表筛选为"产品代号"。

操作方法如下。

① 选择数据清单中的任意单元格，单击"插入"→"表格"→"数据透视表"按钮，将弹出图 4-73 所示的对话框，此时其"表/区域"中已自动显示为 Sheet1!\$A\$2:\$G\$20（"表/区域"如果不正确，则删除该文本框中的内容并重新框选正确的数据区域）。

某商场第四季度日用电器销售表						
销售编号	月份	产品代号	产品类型	数量	单价	金额
A20130101	10月	￥900_A	洗衣机	1	1600	1600
A20130102	10月	T2042_C	电视机	1	2500	2500
A20130103	10月	￥830_C	洗衣机	2	1300	2600
A20130104	10月	I3301_B	冰箱	1	1800	1800
A20130201	11月	I5202_B	冰箱	1	3300	3300
A20130202	11月	￥900_A	洗衣机	8	1600	12800
A20130203	11月	￥830_C	洗衣机	2	1300	2600
A20130204	11月	T2052_C	电视机	1	3900	3900
A20130205	11月	￥830_C	洗衣机	1	1300	1300
A20130206	11月	T2042_C	电视机	1	2500	2500
A20130201	12月	I5202_B	冰箱	2	3300	6600
A20130202	12月	T2042_C	电视机	1	2500	2500
A20130203	12月	T2052_C	电视机	1	3900	3900
A20130204	12月	￥830_C	洗衣机	1	1300	1300
A20130205	12月	￥900_A	洗衣机	3	1600	4800
A20130206	12月	I3301_B	冰箱	1	1800	1800
A20130207	12月	￥830_C	洗衣机	1	1300	1300
A20130208	12月	T2042_C	电视机	2	2500	5000

图 4-72　某商场第四季度日用电器销售表

② 选择放置数据透视表的位置为"现有工作表"，设置数据透视表的起始位置为 A23。单击"确定"按钮，在 A23 处生成图 4-74 所示的空设数据透视表，并显示"数据透视表字段"窗格，如图 4-75 所示。

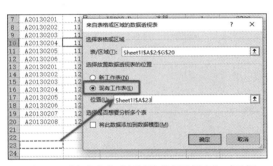

图 4-73　"来自表格或区域的数据透视表"对话框

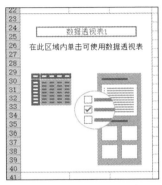

图 4-74　空设数据透视表

③ 在"数据透视表字段"窗格中，拖曳"月份"字段名至"列"下方的框内，拖曳"产品类型"字段名至"行"下方的框内，拖曳"数量"字段名至"值"下方的框内，此时空设数据透视表处会生成图 4-76 所示的数据透视表。

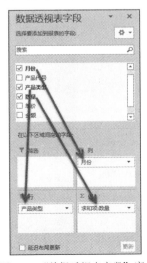

图 4-75　"数据透视表字段"窗格

求和项:数量	列标签			
行标签	10月	11月	12月	总计
冰箱		1	1	3	5
电视机	1	2	4	7
洗衣机	3	11	5	19
总计	5	14	12	31

图 4-76　生成的数据透视表

④ 在该基础上，拖曳"数据透视表字段"窗格中的"产品代号"字段名至"筛选"下方的框内，如图 4-77 所示。为数据透视表添加筛选功能，在 A21 单元格处生成"产品代号"筛选项，如图 4-78 所示。单击其筛选按钮，在其下拉列表中选择一种产品代号，如"W830_C"，将生成图 4-79 所示的筛选结果。如果要筛选多种产品代号，则需先勾选下方的"选择多项"复选框。

图 4-77　报表筛选设置

图 4-78　选择筛选对象

图 4-79　数据透视表筛选结果

▶ **注意**

① Excel 数据透视表默认的数据汇总方式是"求和"，当用户需要用其他汇总方式（如"平均值"）统计数据时，可在"数据透视表字段"窗格的"值"中打开"求和项：数量"下拉列表，选择"值字段设置"，如图 4-80 所示。在弹出的"值字段设置"对话框的"值字段汇总方式"下拉列表中选择其他的计算类型，如图 4-81 所示。

② Excel 还可以插入数据透视图，单击"插入"→"图表"→"数据透视图"按钮，其他操作过程与例 4.18 的操作类似，操作完成后，在生成数据透视表的基础上还会生成一个关于该数据透视表的图表，如图 4-82 所示。

图 4-80　选择"值字段设置"

图 4-81　"值字段设置"对话框

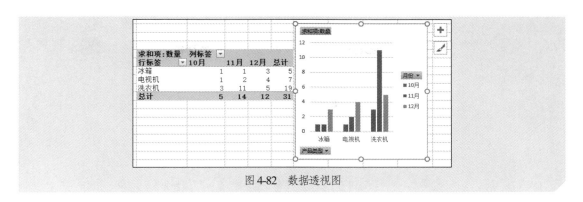

图 4-82　数据透视图

4.3.7　数据趋势预测分析

Excel 2016 新增了数据预测功能，通过它就可以根据现有数据预测未来数据，并能生成趋势图表，使用户可以更直观地掌握未来数据的可能发展状况。该功能会自动创建新工作表以存放生成的预测数据及趋势图表。使用该功能时，要求数据点之间的时间间隔是相同的。

例 4.19　某生态保护区每年春夏季均有大量白鹭飞来栖息，图 4-83 所示的表单是 2001—2021 年统计的白鹭数量，请在该数据基础上预测往后 10 年的白鹭数量趋势，并创建预测工作表。该案例生成的工作表如图 4-84 所示。

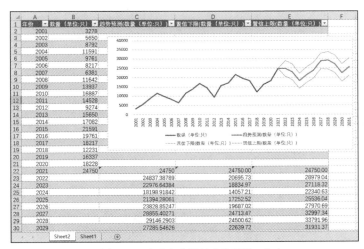

图 4-83　已有数据　　　　　图 4-84　由已有数据创建的预测工作表

操作方法如下。

① 框选表单的 A3:B23 区域，单击"数据"→"预测"→"预测工作表"按钮，如图 4-85 所示。在弹出的"创建预测工作表"对话框中设置"预测结束"为 2031，如图 4-86 所示。该对话框默认显示折线图（单击对话框右上角"创建柱形图"按钮可切换成柱形图），其中深色折线反映原有数据，浅色折线反映预测数据。浅色折线共有 3 条，中间的反映基准预测，上、下的分别是置信上限和下限。

② 单击"创建"按钮，生成新工作表"Sheet2"，如图 4-84 所示，该图的右下方就是系统自动生成的趋势预测、置信下限和置信上限 3 类数据。

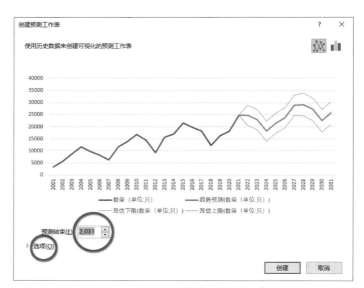

图 4-85　单击"预测工作表"按钮　　　　　图 4-86　由已有数据创建的预测工作表

在本案例中，Excel 能根据已有数据通过计算生成预测数据，用户如果需要进一步设置预测参数，则单击"创建预测工作表"对话框左下角的"选项"，将弹出更多设置选项，如图 4-87 所示。其中"置信区间"反映数据的估计区间，其值为 0%～99%，值越大，置信上限与下限差别越大，即图表中上、下两条浅色预测线的间隔越大。"季节性"中默认选中"自动检测"。本案例中"手动设置"值是 6，表示系统自动检测到原有数据存在 6 年一周期的规律，如果用户对该周期存在异议，则可选中"手动设置"重新指定预测数据的周期性，此时趋势图表上的折线效果会随之发生变化。

图 4-87　"预测工作表"的更多设置

4.4 制作图表

图表以图形的方式来显示工作表中的数据，是 Excel 最常用的功能之一。使用图表不仅能够直观地表现出数据值，还能够形象地反映出数据的对比关系。在 Excel 2016 中，用户只需选择图表类型、图表布局和图表样式，便可轻松地创建具有专业外观的图表。

图表的类型有很多种，主要的类型有柱形图、折线图、饼图、条形图、面积图、XY 散点图、股价图、曲面图、雷达图、树状图、旭日图、直方图、箱形图、瀑布图和组合图等。Excel 2016 的默认图表类型为柱形图。

4.4.1 图表的创建

Excel 2016 的图表功能见功能区的"插入"→"图表"选项组，如图 4-88 所示。用户可以打开某类图表的下拉列表进行子类型的选择。单击"图表"选项组右下角的 按钮可弹出"插入图表"对话框，其中还提供了更多的图表类型供用户选择，如图 4-89 所示。

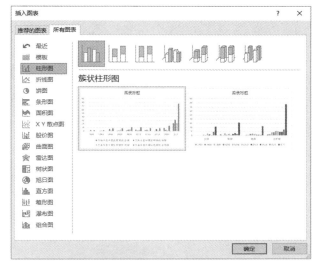

图 4-88 "图表"选项组　　　　　　　　图 4-89 "插入图表"对话框

用户通常可按以下 5 个步骤来创建图表。

① 框选与制作图表相关的数据区域。

② 选择图表类型及其子类型。

③ 选定图表布局：设置图表上的说明性文字及图例，以便直观地反映数据情况。

④ 选定图表样式与显示方式：选择图表颜色方案、样式与是否切换行/列。

⑤ 选定图表插入位置：有嵌入式（与数据源在同一工作表）和新工作表两种。

当选择了图表类型后，Excel 操作界面中会自动增加一个"图表工具"选项卡组，它包含"图表设计"和"格式"两个选项卡，其中"图表设计"选项卡为默认的选项卡，如图 4-90 所示。"图表设计"选项卡中包括"图表布局""图表样式""数据""类型""位置"5 个选项组，这 5 个选项组中的功能可用来进行上述创建图表各步骤的设置。

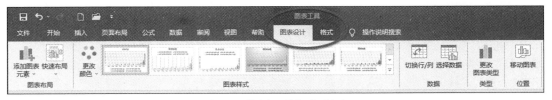

图 4-90 "图表工具"选项卡组

4.4.2 图表的编辑

例 4.20 在 2022 年北京冬季奥林匹克运动会中，我国运动员获得了 15 枚奖牌，其中包括 9 枚金牌，名列金牌榜第三名，创造了我国冬奥会历史的成绩新高，也反映了我国体育事业更强、更全面的发展趋势。图 4-91 所示表单是我国所参与的各届冬奥会的获奖情况，请在该表单的基础上，制作出各届金牌数与总奖牌数的对比图表。具体图表类型为"簇状柱形图"，以"金牌"和"奖牌"为图例，设计方案为"单色调色板 2""样式 4"，最终图表效果如图 4-92 所示。

	A	B	C	D	E
1		历届冬奥会中国队奖牌榜			
2		金牌	银牌	铜牌	奖牌
3	1992年	0	3	0	3
4	1994年	0	1	2	3
5	1998年	0	6	2	8
6	2002年	2	2	4	8
7	2006年	2	4	5	11
8	2010年	5	2	4	11
9	2014年	3	4	2	9
10	2018年	1	6	2	9
11	2022年	9	4	2	15
12	总计	22	32	23	77

图 4-91　图表数据源

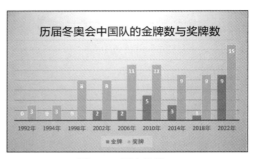

图 4-92　图表效果

操作方法如下。

① 如图 4-93 所示，框选 A2:B11 区域，该区域反映各届年份及各届金牌数，按住 Ctrl 键，再框选 E2:E11 区域。此时 A2:B11 及 E2:E11 均为图表的数据区域。

	A	B	C	D	E
1		历届冬奥会中国队奖牌榜			
2		金牌	银牌	铜牌	奖牌
3	1992年	0	3	0	3
4	1994年	0	1	2	3
5	1998年	0	6	2	8
6	2002年	2	2	4	8
7	2006年	2	4	5	11
8	2010年	5	2	4	11
9	2014年	3	4	2	9
10	2018年	1	6	2	9
11	2022年	9	4	2	15
12	总计	22	32	23	77

图 4-93　历届冬奥会中国队奖牌榜

② 如图 4-94 所示，在"插入"→"图表"选项组中选择"插入柱形图或条形图"下拉列表中的"簇状柱形图"，在当前工作表中插入一个"簇状柱形图"初始图表，如图 4-95 所示。

图 4-94　选择"簇状柱形图"

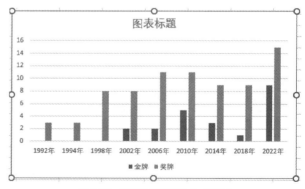

图 4-95　"簇状柱形图"初始图表

③ 选中插入的初始图表，选择"图表设计"→"图表样式"→"更改颜色"→"单色调色板 2"，如图 4-96 所示。在"图表样式"选项组中选择"样式 4"，如图 4-97 所示。此时图表效果如图 4-98 所示。

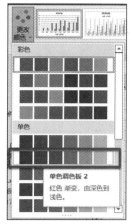

图4-96 选择"单色调色板2"

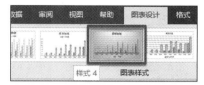

图4-97 选择"样式4"

④ 双击图 4-98 所示的图表标题文本，使之处于编辑状态，输入标题"历届冬奥会中国队的金牌数与奖牌数"，图表最终效果如图 4-92 所示，该图表反映了历届冬奥会我国所赢得的金牌数和奖牌数的比对情况。

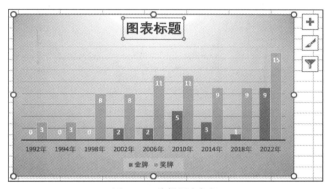

图4-98 编辑图表标题

在上例中，所生成图表下方附带了图例，其中使用两种颜色的小方块分别代表"金牌"和"奖牌"，即图例由所选数据源的第 1 行产生。

对于图表的编辑，除上述所用功能外，Excel 2016 还提供一些常用设置功能，如图 4-99 所示，编辑图表时右上角有"图表元素""图表样式""图表筛选器"3 个选项，分别用于快速增删图表元素、更换图表样式或颜色、筛选图表中的显示内容等。如图 4-100 所示，"图表设计"选项卡左侧的"添加图表元素"按钮用于添加坐标轴、坐标轴标题等各种图表元素。图 4-101 所示的"快速布局"按钮则用于更改图表的整体布局，快速指定所要显示的元素及各元素的位置。

此外，图 4-102 所示的功能按钮也很常用，其中"切换行/列"按钮可通过切换显示角度来更改图表效果，"选择数据"按钮用于更换图表的数据源，"更改图表类型"按钮用于在相同源数据的基础上更换其他类型的图表，"移动图表"按钮用于选择是在当前工作表中放置生成的图表还是在新工作表中显示生成的图表。Excel 默认的放置位置为当前工作表。

在上例最终效果图（见图 4-92）的基础上，单击"切换行/列"按钮，将生成图 4-103 所示图表，此时下方图例显示为各届年份，即图例由所选数据源的第 1 列产生。该图表分两组反映金牌数和奖牌数逐年的获得情况。

图4-99 图表元素等设置功能

图4-100 添加图表元素

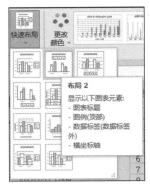

图4-101 快速布局

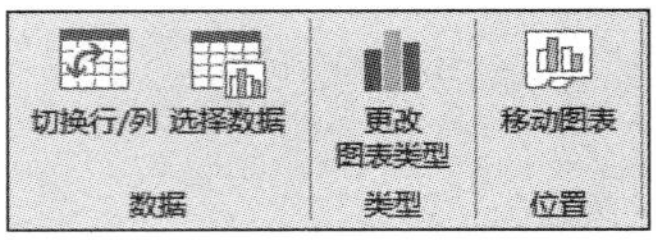

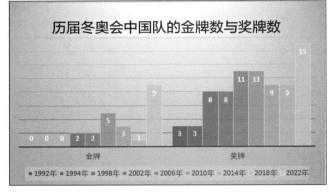

图4-103 "切换行/列"后的显示效果

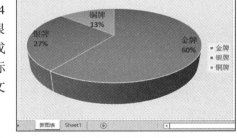

图4-102 图表功能区其他常用功能

例4.21 为图4-91所示"历届冬奥会中国队奖牌榜"中2022年的各种奖牌数据制作一个三维饼图,效果如图4-104所示。其中数据源为A2:D2,A11:D11,图例按"金牌""银牌""铜牌"显示,设计方案为"布局1""样式6",生成图表在新工作表中显示,新工作表名为"新图表",图表标题为"2022年奖牌占比",图表标题、数据标签及饼图中文本的字号分别设置为32、28及24。

操作方法如下。

① 框选工作表中的A2:D2区域,按住Ctrl键的同时框选

图4-104 例4.21效果图

A11:D11区域,如图4-105所示,在"插入"→"图表"→"插入饼图或圆环图"下拉列表中选择"三维饼图",即可在当前工作表中生成一个初始图表。

② 双击生成的图表使之处于编辑状态,在"图表设计"→"快速布局"下拉列表中选择"布局1",在"图表样式"选项组中选择"样式6"。单击"位置"→"移动图表"按钮,在弹出的对话框中选中"新工作表"单选按钮,如图4-106所示,并将其后文本框中的工作表名"Chart1"更改为"新图表"。单击"确定"按钮,在"Sheet1"工作表前生成名为"新图表"的新工作表,其内容是一整个大图表,如图4-107所示。

③ 上述生成的图表中的文本较小需要修改,用户可分别选择图表标题、数据标签和图例,使用"开始"→"字体"→"字号"功能设置字号为32、28、24,另外修改图表标题为"2022年奖牌占比",最终获得图4-104所示的编辑效果。

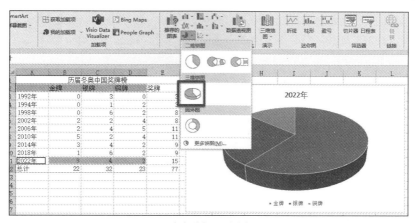

图 4-105　确定数据源并选择图表类型

图 4-106　选择图表放置位置为"新工作表"

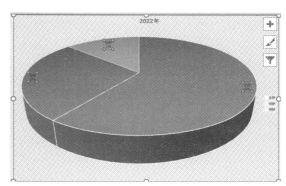

图 4-107　图表效果

4.4.3　迷你图的创建

Excel 2016 的"迷你图"功能可实现在一个单元格中绘制出简洁、漂亮的小图表，从而清晰地显示局部数据的变化趋势。

例 4.22　某小学 301 班 10 名学生第一学期的数学成绩如图 4-108 所示，现要为每个学生的成绩情况生成一个趋势图，趋势图用"迷你图"选项组中的"折线"按钮创建，并标出每个学生 5 次单元考中最高分及最低分的位置。

操作方法如下。

① 框选第一个学生的分数区域 C3:G3，单击"插入"→"迷你图"→"折线"按钮，如图 4-109 所示。

编号	姓名	第一单元	第二单元	第三单元	第四单元	第五单元	趋势图
1	陈术辉	85	78	86	84	91	
2	李红	90	89	91	95	100	
3	张一园	87	90	97	93	95	
4	赵艳	75	78	83	80	82	
5	周萌萌	89	88	89	91	90	
6	朱卫桦	86	81	90	85	92	
7	王明乐	84	57	78	63	80	
8	李群数	77	78	75	81	86	
9	苏美叶	98	100	97	100	95	
10	钱小明	85	83	89	90	82	

某小学301班第一学期数学成绩

图 4-108　某小学 301 班 10 名学生第一学期的数学成绩

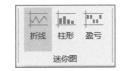

图 4-109　单击"折线"按钮

② 将弹出图 4-110 所示的"创建迷你图"对话框，其中"数据范围"已设置成所选区域 C3:G3，在工作表中单击单元格 H3，以确定其为迷你图的放置位置，单击"确定"按钮。

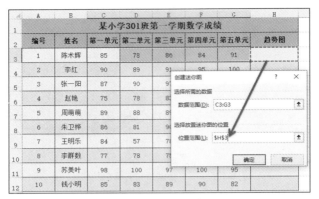

图 4-110 "创建迷你图"对话框

③ 此时可以看到单元格 H3 处生成了一个折线迷你图，且 Excel 界面中自动出现了"迷你图"选项卡，在"显示"选项组中勾选"高点"复选框和"低点"复选框，则可以显示折线的最高点及最低点的位置，如图 4-111 所示。

④ 单击 H3 单元格，向下拖曳填充柄至 H12，为 2 号至 10 号学生快速生成趋势图，效果如图 4-112 所示。

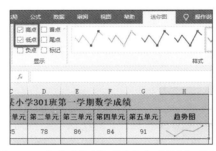

图 4-111 勾选"高点"复选框和"低点"复选框

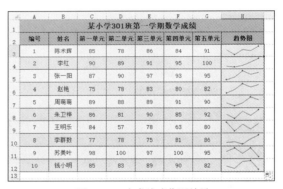

图 4-112 生成的迷你图效果

4.5 打印工作表

在打印工作表前，用户可以通过"页面布局"选项卡中的各项命令对页面布局进行快速设置，如图 4-113 所示。

图 4-113 "页面布局"选项卡

单击"页面布局"→"页面设置"选项组右下角的 按钮，将弹出"页面设置"对话框，在该对话框中可对"页面""页边距""页眉/页脚""工作表"进行更详细的设置，如图4-114所示。

选择"文件"→"打印"，打开打印预览窗口，如图4-115所示，其中显示了当前打印内容的打印预览效果及与打印相关的设置。用户可以在其中的"份数"文本框内设置打印的份数，在"打印机"下拉列表框中选择打印机的类型，在"设置"区域可设置以下打印功能。

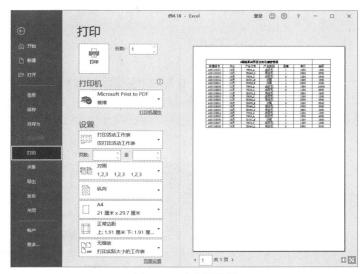

图4-114 "页面设置"对话框   图4-115 打印预览窗口

① 选择打印范围（活动工作表、整个工作簿或选定区域）。

② 调整打印页码的范围及顺序。

③ 选择页面纵向或横向打印。

④ 选择打印纸张。

⑤ 调整页面边距。

⑥ 调整页面缩放效果。

当结束打印设置想返回数据编辑界面时，单击打印预览窗口左上角"返回"按钮 ⬅ 即可。

Excel支持3种打印方式：活动工作表、整个工作簿或选定区域。其中，活动工作表为默认打印方式。用户如果想对工作表中的局部数据区域进行打印，则在该数据区域被选定的前提下，选择"打印选定区域"即可，如图4-116所示。

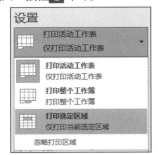

另外，单击打印预览窗口下方的"页面设置"超链接也可打开"页面设置"对话框。

单击打印预览窗口上方的"打印"按钮即可实现工作表的打印。打印工作表时要注意以下几点。

图4-116 打印选定区域

① 打印前先进行打印预览以查看确切的打印效果，以便节约纸张及时间。

② 如果一次要同时打印多张工作表，需要在打印前选定这些工作表的标签。

③ 如果打印的数据是一个固定区域，则可以先在工作表中框选打印区域，再选择"文件"→"打印"，在"设置"区域的"打印活动工作表"下拉列表中选择"打印选定区域"。

4.6 实验案例

【实验一】 Excel 工作簿的创建、数据输入及格式编辑

实验内容：按照实验要求完成工作簿的创建和保存，工作表的重命名，数据的输入、自动填充，条件格式的设置，自定义序列等操作。

实验要求如下。

（1）创建一个 Excel 工作簿，保存为"实验案例/第 4 章/Excel 实验一.xlsx"文件。

（2）将"Sheet 1"工作表重命名为"数据输入"，在 B2 单元格中输入"2022 年 10 月 1 日"；在 C2 单元格中输入"2/9"；在 D2 单元格中输入"1234.567%"；在 C3:H3 区域中自动填充"星期二""星期三"……"星期日"，如图 4-117 所示。

图 4-117 "Sheet1"工作表效果

（3）创建"Sheet2"工作表，并重命名为"学生成绩表"，在该工作表中输入图 4-118 所示的学生成绩表数据，运用"条件格式"功能，使用"绿色填充，深绿色文本"格式突出显示 70~85（包含 70 和 85）的分数。

（4）将 A1 单元格中的标题"学生成绩表"在"A1:D1"区域居中显示；再将该数据表设置成外边框粗线、内边框细线的效果，如图 4-118 所示。

（5）创建在"Sheet3"工作表，在其 C 列的连续单元格中，输入不大于 100 的等差序列"5,10,15,20,…"；自定义序列"语文,数学,英语,物理,化学,生物,历史,地理"，并在"D1:D10"区域运用填充柄自动生成序列。

学生成绩表			
姓名	英语	数学	计算机
王一平	91	77	56
李娜	74	54	87
张小芳	86	67	65
李明达	38	85	90
吴利华	89	83	45
王子函	86	91	62

图 4-118 学生成绩表设置后的效果

（6）保存实验结果。

【实验二】 公式及函数的应用

实验内容：在图 4-119 所示的"3 月份员工工资表"中使用公式或函数，计算各员工工资表中的"应发工资"和"实发工资"（应发工资由基本工资、级别工资、工作津贴、房屋补贴、生活补助及奖金 6 项构成，实发工资由应发工资减去住房基金和所得税得到），并在 B14 和 B15 中分别算出所有员工的平均应发工资和平均实发工资，计算结果如图 4-120 所示。

实验要求如下。

（1）打开"实验案例/第 4 章/Excel 实验二.xlsx"文件，计算各员工的应发工资：应发工资=基本工资+级别工资+工作津贴+房屋补贴+生活补助+奖金。

（2）计算各员工的实发工资：实发工资=应发工资-住房基金-所得税。

（3）在 B14 中计算出所有员工的平均应发工资，在 B15 中计算出所有员工的平均实发工资。

（4）保存实验结果。

3月份员工工资表

工号	基本工资	级别工资	工作津贴	房屋补贴	生活补助	奖金	应发工资	住房基金	所得税	实发工资
A1201	5500	750	700	350	150	300		1050	256.6	
A1202	4000	300	400	200	100	500		600	146	
A1203	4500	150	500	250	125	300		750	190	
A1204	4000	450	400	200	100	100		600	231	
A1205	4500	300	500	250	125	300		750	170	
A1206	3500	150	300	150	75	200		450	120.5	
A1207	3500	120	300	150	95	300		450	102	
A1208	3500	120	300	150	75	400		450	142	
A1209	3200	180	240	120	60	400		360	81.6	
A1210	3200	180	240	120	90	300		360	25	
平均应发工资：										
平均实发工资：										

图 4-119　员工工资表

3月份员工工资表

工号	基本工资	级别工资	工作津贴	房屋补贴	生活补助	奖金	应发工资	住房基金	所得税	实发工资
A1201	5500	750	700	350	150	300	7750	1050	256.6	6443.4
A1202	4000	300	400	200	100	500	5500	600	146	4754
A1203	4500	150	500	250	125	300	5825	750	190	4885
A1204	4000	450	400	200	100	100	5250	600	231	4419
A1205	4500	300	500	250	125	300	5975	750	170	5055
A1206	3500	150	300	150	75	200	4375	450	120.5	3804.5
A1207	3500	120	300	150	95	300	4465	450	102	3913
A1208	3500	120	300	150	75	400	4545	450	142	3953
A1209	3200	180	240	120	60	400	4200	360	81.6	3758.4
A1210	3200	180	240	120	90	300	4130	360	25	3745
平均应发工资：	5201.5									
平均实发工资：	4473.03									

图 4-120　员工工资表的计算结果

【实验三】 IF 等函数的应用

实验内容：在图 4-121 所示的数据表中，运用 IF 函数计算该表中的销售奖金，运用 SUM 函数计算奖金总额，计算结果如图 4-122 所示。

姓名	性别	销售量(件)	销售奖金(元)	其他奖金(元)	奖金总额(元)
李明	男	10		480	
张萌芳	女	8		460	
陈珊珊	女	6		420	
庄南	男	4		460	
朱明尼	男	5		420	
卢冰宜	女	21		450	
陈寻	男	8		480	
李绿兴	男	7		420	
赵心可	女	9		400	
吴天天	男	12		460	
陈百仁	男	6		420	
杨甫越	男	7		420	

图 4-121　计算销售奖金与奖金总额

姓名	性别	销售量(件)	销售奖金(元)	其他奖金(元)	奖金总额(元)
李明	男	10	600	480	1080
张萌芳	女	8	480	460	940
陈珊珊	女	6	360	420	780
庄南	男	4	200	460	660
朱明尼	男	5	250	420	670
卢冰宜	女	21	1680	450	2130
陈寻	男	8	480	480	960
李绿兴	男	7	420	420	840
赵心可	女	9	540	400	940
吴天天	男	12	840	460	1300
陈百仁	男	6	360	420	780
杨甫越	男	7	420	420	840

图 4-122　销售奖金与奖金总额的计算结果

实验要求如下。

（1）打开“实验案例/第 4 章/Excel 实验三.xlsx”文件，根据各销售人员的销售量来计算奖金。计算标准：若销售量小于等于 5 件，每件奖 50 元；若销售量为 6～10 件，每件奖 60 元；若销售量为 11～15 件，每件奖 70 元；若销售量大于等于 16 件，每件奖 80 元。

（2）计算每个人的奖金总额：奖金总额=销售奖金+其他奖金。

（3）保存实验结果。

【实验四】 Excel 合并计算功能的应用

实验内容：将“实验案例/第 4 章/Excel 实验四.xlsx”中的“北京”“上海”“广州”3 张工作表中的销售清单（见图 4-123）进行合并计算并将结果放于“汇总表”中，合并计算的结果如图 4-124 所示。

图 4-123　3 个分部的销售清单

	高钙片	洋参含片	维C咀嚼片	维E胶囊	蜂胶口服液	蛋白粉冲剂
"常天绿"保健公司北上广三地2018销售总汇（单位：件）						
一月	930	800	500	330	1500	
二月	1100	300	500	250	800	
三月	960	560	500	400	900	
四月	690	500	500	350	700	
五月	860	200	600	200		
六月	1080	250	1380	120		600
七月	1700	400	600	720	380	
八月	1320	500	900	500	1100	200
九月	800		1150	430	1200	
十月	1200		600	620	1100	180
十一月	1000		710	500	800	300
十二月	800	530	800	700	720	400

图 4-124　合并计算结果

实验要求如下。

（1）打开"实验案例/第 4 章/Excel 实验四.xlsx"文件。

（2）选取第 4 张工作表"汇总表"的 A2 单元格为合并计算的起始位置。

（3）对前 3 张工作表中的数据清单进行"求和"方式的合并计算，"标签位置"选择"首行"复选框和"最左列"复选框。

（4）保存实验结果。

【实验五】 Excel 自动筛选功能的应用

实验内容：在图 4-125 所示的学生成绩数据表中运用"自动筛选"功能筛选出计算机成绩大于等于 80 分的所有女同学的记录，筛选结果如图 4-126 所示。

姓名	性别	数学	英语	哲学	计算机
李伯仁	女	82	84	78	72
王南	女	80	88	71	91
陈醉成	男	74	85	77	85
伍宁	男	92	77	56	71
古琴	女	87	51	79	76
陈宁	女	50	88	70	45
陈植	男	79	82	61	71
胡广华	女	88	44	72	79
陈新洪	男	80	93	71	86
孙卫国	男	74	85	77	85
王小林	男	88	77	56	71
吴建军	男	87	51	79	76
李平	男	82	84	78	72
王明	男	88	44	72	79
刘小敏	女	80	95	71	86
刘飞来	男	50	88	70	45
张望哲	男	79	82	61	71

图 4-125　学生成绩数据表

▲	A	B	C	D	E	F	G	H
1	学号 ▼	姓名 ▼	性别 ▼	数学 ▼	英语 ▼	哲学 ▼	计算机 ▼	
3	0002010	王南	女	80	88	71	91	
16	0002057	刘小敏	女	80	95	71	86	

图 4-126　自动筛选结果

实验要求如下。

（1）打开"实验案例/第4章/Excel实验五.xlsx"文件。

（2）使用"自动筛选"方法筛选出计算机成绩大于等于80分的所有女同学的记录，并将筛选结果在原有区域上显示。

（3）保存实验结果。

【实验六】　Excel 高级筛选功能的应用

实验内容：在图4-127所示的数据清单中运用"高级筛选"功能筛选出性别为"男"、职业为"教师"、年龄在35岁以上（不包括35岁）的记录，筛选结果如图4-128所示。

图 4-127　设置"高级筛选"条件

	性别	年龄	职业	得分
18				
19	男	38	教师	75
20	男	41	教师	82
21				

图 4-128　高级筛选结果

实验要求如下。

（1）打开"实验案例/第4章/Excel实验六.xlsx"文件。

（2）指定F4:H5区域为条件区域，在其上设置筛选条件"性别为男、职业为教师、年龄在35岁以上（不包括35岁）"。

（3）运用"高级筛选"方法筛选出的符合条件的记录，并将筛选结果在原有区域上显示。

（4）保存实验结果。

【实验七】　Excel 排序与分类汇总功能的应用

实验内容：在图4-129所示的"学生成绩表"数据清单中按要求完成排序及分类汇总处理，实验结果如图4-130所示。

实验要求如下。

（1）打开"实验案例/第4章/Excel实验七.xlsx"文件。

（2）按"一班，二班，三班"进行排序（提示：按笔画排序），同一班级按"总分"由高到低排序。

（3）用分类汇总方法求出各班物理成绩的平均分，汇总结果显示在数据下方。

（4）保存实验结果。

	A	B	C	D	E
1	班级	姓名	化学	物理	总分
2	一班	王学成	68	95	163
3	二班	李 磊	56	63	119
4	三班	卢林玲	58	96	154
5	一班	王国民	67	80	147
6	三班	林国强	69	67	136
7	二班	张静贺	71	72	143
8	一班	陆海空	79	78	157
9	二班	章少耕	91	70	161
10	三班	张小华	90	91	181
11	一班	甘 甜	63	93	156
12	二班	王海明	89	95	184
13	三班	李月玫	59	93	152
14	一班	张 伟	65	51	116
15	三班	杨 青	79	63	142
16	一班	陈康君	51	42	93
17					

图 4-129　"学生成绩表"数据清单

	A	B	C	D	E
1	班级	姓名	化学	物理	总分
2	一班	王学成	68	95	163
3	一班	陆海空	79	78	157
4	一班	甘 甜	63	93	156
5	一班	卢林玲	58	96	154
6	一班	王国民	67	80	147
7	一班	张 伟	65	51	116
8	一班	陈康君	51	42	93
9	一班 平均值			76.42857	
10	二班	王海明	89	95	184
11	二班	章少耕	91	70	161
12	二班	张静贺	71	72	143
13	二班	李 磊	56	63	119
14	二班 平均值			75	
15	三班	张小华	90	91	181
16	三班	李月玫	59	93	152
17	三班	杨 青	79	63	142
18	三班	林国强	69	67	136
19	三班 平均值			78.5	
20	总计平均值			76.6	

图 4-130　分类汇总结果

【实验八】 Excel 数据透视表功能的应用

实验内容：在图 4-131 所示的数据清单中，运用数据透视表统计出两个球队在各季度的开销总和，数据透视表的效果如图 4-132 所示。

	A	B	C	D	E
1	球队类别	球队组号	季度	开销	
2	羽毛球	Y001	第一季	¥8,015	
3	羽毛球	Y002	第一季	¥6,205	
4	乒乓球	P001	第一季	¥4,518	
5	乒乓球	P002	第一季	¥7,326	
6	羽毛球	Y003	第一季	¥6,236	
7	乒乓球	P003	第一季	¥7,810	
8	羽毛球	Y001	第二季	¥10,620	
9	乒乓球	P003	第二季	¥6,521	
10	羽毛球	Y003	第二季	¥5,671	
11	羽毛球	Y002	第二季	¥8,428	
12	乒乓球	P001	第二季	¥3,512	
13	乒乓球	P002	第二季	¥7,538	
14					

图 4-131　球队季度开销数据清单

图 4-132　数据透视表的效果

实验要求如下。

（1）打开"实验案例/第 4 章/Excel 实验八.xlsx"文件。

（2）为数据表创建数据透视表，透视表分析的数据区域为 A1:D13，透视表位于"新工作表"中。

（3）生成的透视表用来统计两个球队在第一季度和第二季度的开销总和，并以"球队类别"作为行标签，以"季度"作为列标签。

（4）保存实验结果。

【实验九】 Excel 图表功能的应用

实验内容：为图 4-133 所示的"硬件部销售表"创建三维簇状柱形图，设置图表格式，使图表的最终效果如图 4-134 所示。

	A	B	C	D	E	F
1	硬件部销售表					
2	类别	第一季	第二季	第三季	第四季	总计
3	便携机	515500	82500	340000	479500	1417500
4	工控机	68000	100000	68000	140000	376000
5	网络服务器	75000	144000	85500	37500	342000
6	微机	151500	126600	144900	91500	514500
7	合计	810000	453100	638400	748500	2650000
8						

图 4-133　硬件部销售表

硬件销售额合计图
600000
500000
400000
300000
200000
100000
0
便携机
工控机
网络服务器
微机
第一季
第二季
第三季
第四季

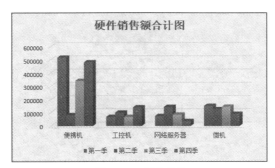

图 4-134　图表效果

实验要求如下。

（1）打开“实验案例/第 4 章/Excel 实验九.xlsx”文件。

（2）为“硬件部销售表”创建三维簇状柱形图，图表的数据区域为 A2:E6 区域，按“季度”产生系列。

（3）设置图表样式为“样式 5”，图表标题为“硬件销售额合计图”。

（4）设置图表背景底纹为“羊皮纸”（提示：双击图表背景区，在编辑窗口右侧弹出的“格式”窗格中进行“纹理”设置）。

（5）将图表嵌入当前工作表中。

（6）保存实验结果。

【实验十】 Excel 函数的拓展应用

实验内容：运用 Excel 函数，对学生信息数据表实现身份证号码中出生年份的截取并计算学生年龄，实现学生成绩排名、条件计数等操作。

实验要求如下。

（1）打开“实验案例/第 4 章/Excel 实验十.xlsx”文件。

（2）运用恰当函数，从 C 列“身份证号码”中截取出生年份并计算学生年龄（提示：可运用 MID 和 YEAR、NOW 函数，具体的操作方法参考图 4-135）。

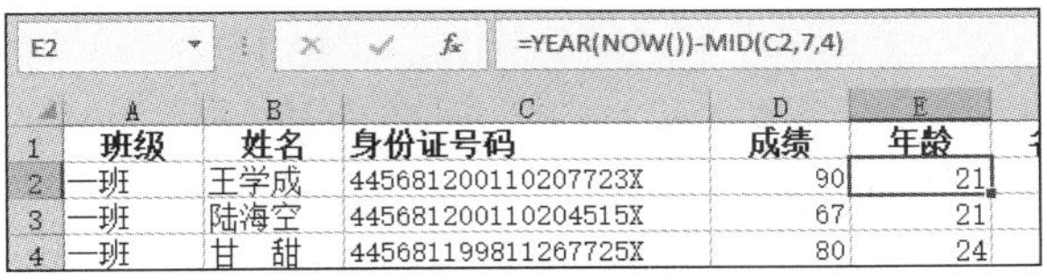

E2
=YEAR(NOW())-MID(C2,7,4)
A B C D E
1 班级 姓名 身份证号码 成绩 年龄
2 一班 王学成 445681200110207723X 90 21
3 一班 陆海空 445681200110204515X 67 21
4 一班 甘 甜 445681199811267725X 80 24

图 4-135　由身份证号码计算年龄的方法

（3）运用恰当的公式和函数，在 F 列“名次”中依据 D 列“成绩”的情况，生成“第×名”样式的排名效果（提示：可运用 RANK.EQ 函数和文本连接符“&”，具体的操作方法参考图 4-136）。

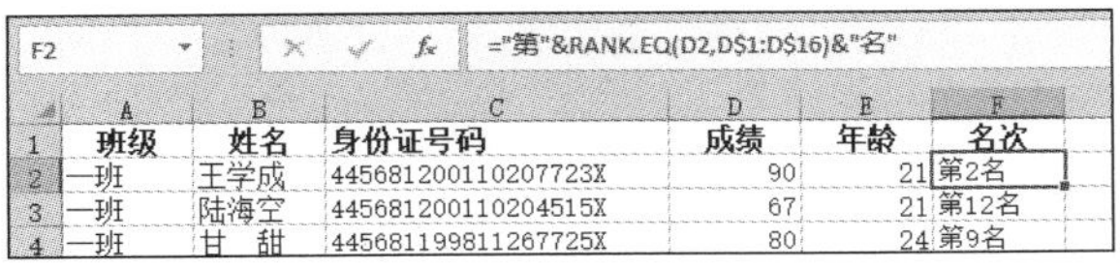

F2
="第"&RANK.EQ(D2,D$1:D$16)&"名"
A B C D E F
1 班级 姓名 身份证号码 成绩 年龄 名次
2 一班 王学成 445681200110207723X 90 21 第2名
3 一班 陆海空 445681200110204515X 67 21 第12名
4 一班 甘 甜 445681199811267725X 80 24 第9名

图 4-136　名次排列方法

（4）运用恰当函数，在 D18 单元格中生成成绩大于等于 90 分的人数（提示：可运用 COUNTIF 函数，具体的操作方法参考图 4-137）。

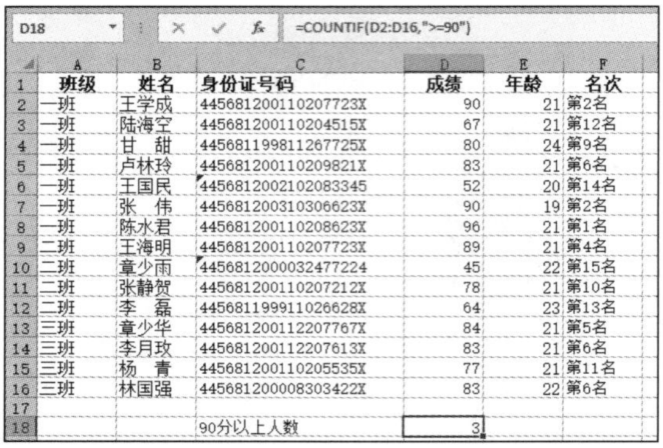

图 4-137 "＞=90"的计数方法

（5）保存实验结果。

小结

本章从 Excel 2016 电子表格的功能和概念入手，详细讲解了 Excel 2016 的基本操作，包括工作簿、工作表及单元格的编辑方法，数据的管理和分析方法，图表的创建及编辑方法；重点介绍了公式与函数的使用，数据筛选、汇总及数据透视表的操作方法。Excel 2016 把数据管理、图形显示及数据分析等功能都集成在了一起，只要掌握好 Excel 2016 的操作技能，用户不需要更换软件就可以解决日常生活中各种数据的运算和分析问题。

习题

一、选择题

1. 工作表的列标号可以表示为（　　），行标号可以表示为（　　）。

　　A. 1、2、3　　　　　B. A、B、C　　　　　C. 甲、乙、丙　　　　D. Ⅰ、Ⅱ、Ⅲ

2. 在 Excel 2016 中，公式的定义必须以（　　）开头。

　　A. ＝　　　　　　　B. "　　　　　　　　C. ：　　　　　　　　D. *

3. 在 Excel 2016 中指定 A2 至 A6 单元格区域的表示形式是（　　）。

　　A. A2,A6　　　　　B. A2&A6　　　　　C. A2;A6　　　　　　D. A2:A6

4. 在 Excel 2016 中，若单元格引用随公式所在单元格位置的变化而改变，则称之为（　　）。

　　A. 相对引用　　　　B. 绝对引用　　　　C. 混合引用　　　　D. 直接引用

5. D1 单元格中有公式"=A1+$C1"，将 D1 中的计算结果复制到 E4 单元格中，E4 单元格中的公式为（　　）。

　　A. =A4+$C4　　　　B. =B4+$D4　　　　C. =B4+$C4　　　　D. =A4+C4

二、问答题

1. 什么是单元格、工作表、工作簿？简述它们之间的关系。

2. 如何进行单元格的移动和复制？

3. 简述图表的建立过程。

4. 单元格的引用有几种方式？

第**5**章 # PowerPoint 演示文稿

学习目标

- 了解 PowerPoint 的基本概念及主要功能。
- 熟练掌握演示文稿的创建及编辑方法。
- 熟练掌握幻灯片的格式化方法及动画效果的设置方法。
- 掌握放映及打印演示文稿的方法。

5.1 PowerPoint 2016 概述

PowerPoint 演示文稿是办公自动化的工具之一，它被广泛应用于会议报告、课程教学、广告宣传、产品演示等方面。PowerPoint 2016 是一款集文字、图形、动画、声音等功能于一体的专门制作演示文稿的多媒体软件。

PowerPoint 2016 是 Office 2016 的重要组件，它主要用来制作丰富多彩的 PowerPoint 演示文稿，以便在计算机屏幕或投影板上播放，以及用打印机打印出幻灯片或透明胶片。

5.1.1 PowerPoint 2016 的概念及功能

1．PowerPoint 2016 的基本概念

（1）演示文稿

使用 PowerPoint 2016 创建的文件叫作演示文稿，演示文稿名就是文件名，其扩展名为.pptx（PowerPoint 2003 及以前版本的文件扩展名为.ppt）。一个演示文稿包含若干张幻灯片，每一张幻灯片都是由多个对象及其版式组成的。演示文稿可以通过普通视图、幻灯片浏览视图、幻灯片放映视图等来显示。关于这几种视图，后面会进行详细介绍。

（2）对象

对象是幻灯片的重要组成元素。当向幻灯片中插入文字、图表、结构图、图形、表格以及其他元素时，这些元素就是对象。用户可以选择对象、修改对象的属性，还可以对对象进行移动、复制、删除等操作。

2．PowerPoint 2016 的主要功能

（1）创建演示文稿

演示文稿常用的创建方式有通过空白演示文稿创建、通过样本模板创建、通过主题模板创建、通过最近打开的模板创建等。

（2）编辑演示文稿

编辑演示文稿具体包括：在幻灯片中添加对象，如图片、声音、视频、表格等；对对象进行编辑与处理；为动作按钮添加超链接；幻灯片的移动、复制和删除；幻灯片的格式化；利用母版、模板设置幻

灯片外观等。

（3）放映演示文稿

放映演示文稿前的准备工作具体包括设计动画，设置放映方式，演示文稿的打包、打印等。

PowerPoint 2016 相比之前的版本，功能有了进一步的增强，主要体现为：PowerPoint 2016 提供了"TellMe"助手，能快速执行指定的操作功能；新增了很多精彩的主题模板和幻灯片切换效果，支持更专业、更个性化的设计；提供屏幕录制功能，可录制计算机屏幕中的任何内容，还可对录制视频进行剪辑及导出；支持墨迹公式，可通过手写方式来插入各种复杂公式。

5.1.2 PowerPoint 2016 的工作界面

PowerPoint 2016 可通过双击桌面上的 图标启动，或者通过选择"开始"→"PowerPoint"命令启动，其工作界面如图 5-1 所示。

图 5-1 PowerPoint 2016 的工作界面

5.1.3 视图类型

PowerPoint 2016 根据用户编辑、浏览、放映幻灯片的需要，为用户提供了 4 种视图模式：普通视图、幻灯片浏览视图、阅读视图和幻灯片放映视图。在不同视图中，演示文稿的显示方式是不同的，其编辑处理方式也不尽相同。用户可通过工作界面右下角的 按钮切换视图，也可通过"视图"选项卡中的视图模式命令切换视图。

1. 普通视图

普通视图是 PowerPoint 2016 默认的工作模式，也是最常用的工作模式。在此视图模式下可以编辑或设计演示文稿，也可以同时显示幻灯片、大纲和备注内容，如图 5-1 所示。

普通视图中有 3 个工作区域，即幻灯片浏览窗格、演示文稿编辑窗格和备注窗格，用户可以通过拖动窗格的边框来调整各窗格的大小。

2. 幻灯片浏览视图

幻灯片浏览视图常用来进行演示文稿的宏观设置。在此模式下可同时显示多张幻灯片的效果，但不能对单张幻灯片的内容进行编辑，此视图只支持幻灯片的移动、复制、删除等操作。

3. 阅读视图

阅读视图可以将演示文稿作为适应窗口大小的幻灯片来进行查看，用户在页面上单击即可翻到下一页。

4．幻灯片放映视图

放映幻灯片是制作演示文稿的最终目的，幻灯片放映视图可以以全屏的方式显示演示文稿中的幻灯片。播放时，PowerPoint 的窗口、菜单、工具栏等都会消失，所有的动画、声音、影片等效果都会出现。放映幻灯片时，按 Space 键、Enter 键或单击都可显示下一张幻灯片，按 Esc 键可中断放映幻灯片。

5.2 演示文稿的基本操作

启动 PowerPoint 2016 后，系统会弹出"开始"界面，用户可以在此创建空白演示文稿、打开已有的演示文稿，也可以通过选择主题模板的方法创建新演示文稿。

5.2.1 演示文稿的创建

1．创建空白演示文稿

图 5-2 所示的"新建"组的第一个模板就是"空白演示文稿"。由其创建的空白演示文稿不含任何内容，也没有幻灯片背景效果。

图 5-2 新建演示文稿

2．使用主题模板创建演示文稿

在图 5-2 中，选择左侧的"新建"或右侧的"更多主题"，会显示图 5-3 所示的界面，此时支持使用各种 PowerPoint 2016 自带的主题模板来创建演示文稿。默认界面并没有显示 PowerPoint 提供的所有模板，用户可以通过在文本框中输入想要的主题来检索模板。

图 5-3 "新建"界面

PowerPoint 2016 在之前版本的基础上，新增了不少精彩和富有创意的模板，为用户提供了更佳的体验和更便捷的设计方式。图 5-4 所示为部分新增模板，图 5-5 所示为"技术设计"模板中提供的幻灯片效果。此外，PowerPoint 提供的部分模板在第一次使用时需连网下载，下载后的模板将存放于本地系统中，用户下次再使用时就可以直接创建了。

图 5-4 PowerPoint 2016 部分新增模板

图 5-5 "技术设计"模板中的幻灯片效果

除了可以在"新建"界面中选择模板外，演示文稿在编辑状态下也可以通过"设计"→"主题"选项组实现模板的选择或更换，如图 5-6 所示。

图 5-6 "主题"选项组

5.2.2 演示文稿的编辑

演示文稿的编辑主要包括新建幻灯片，应用版式，幻灯片大小设置，幻灯片的复制、移动、删除和分节等操作。

1．新建幻灯片

在普通视图或者幻灯片浏览视图中均可插入空白幻灯片。以下 4 种方法可以实现该操作。

① 单击"开始"→"幻灯片"→"新建幻灯片"按钮。

② 在幻灯片浏览窗格中选中一张幻灯片，按 Enter 键。

③ 按 Ctrl+M 组合键。

④ 在幻灯片浏览窗格中单击鼠标右键，在弹出的快捷菜单中选择"新建幻灯片"命令。

2．应用版式

版式就是对象的布局，它设定了某些幻灯片中占位符的位置、文本的格式、插图的规格等。占位符是一种带有虚线或阴影线的边框。在这些边框内可以放置标题、正文、图表、表格、图片等对象。

创建新的幻灯片时，可以根据该幻灯片的用途及排版布局选择一种版式，这样可以提高演示文稿的制作效率。应用版式的方法是单击"开始"→"幻灯片"→"版式"按钮，在打开的下拉列表中选择一种版式，如图 5-7 所示。

3．幻灯片大小设置

PowerPoint 2016 新建幻灯片默认的宽高比是 16∶9，即宽屏显示。用户也可以根据需要切换成 4∶3（标准比例），还可以自己设置幻灯片的具体宽高，其操作方法是单击"设计"→"自定义"→"幻灯片大小"按钮，如图 5-8 所示，选择"自定义幻灯片大小"。

图 5-7　选择幻灯片的版式

图 5-8　设置幻灯片大小

4．幻灯片的复制、移动和删除

用户可以在幻灯片浏览视图（见图 5-9）或幻灯片浏览窗格中进行相应的操作。这时需要先选中目标幻灯片，然后通过鼠标或编辑命令来实现，具体操作如下。

① 选择一张幻灯片，按 Delete 键即可将该幻灯片删除。

② 选择一张幻灯片，拖动它至目标位置（在某张幻灯片之前）后松开鼠标，即可实现幻灯片的移动。

③ 在移动幻灯片的同时按住 Ctrl 键，即可实现幻灯片的复制。

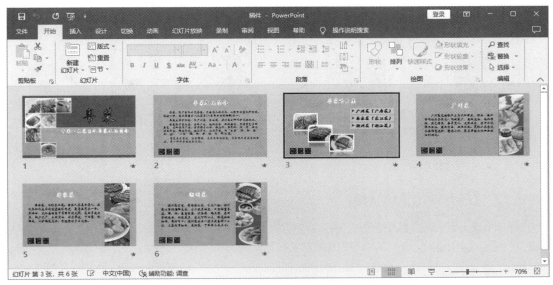

图 5-9　幻灯片浏览视图

在幻灯片浏览视图或幻灯片浏览窗格中，对幻灯片的选择操作与对 Windows 中文件图标的选择操作相似。操作者可以通过鼠标框选实现对连续的多张幻灯片的选定，也可以通过按住 Ctrl 键并单击幻灯片实现对不连续的多张幻灯片的选定，还可以通过 Ctrl+C、Ctrl+X 和 Ctrl+V 组合键实现幻灯片的复制及移动。

▶注意

　　PowerPoint 可以实现不同演示文稿间幻灯片的复制或移动，当用 Ctrl+C、Ctrl+X 和 Ctrl+V 组合键实现复制或移动操作时，系统默认采用"使用目标主题"方式，即被粘贴的幻灯片会被自动更换成目标演示文稿的主题风格。用户如果想保留这些幻灯片原有的主题风格，可在执行"粘贴"操作时，在目标位置单击鼠标右键，在弹出的快捷菜单中单击"粘贴选项"→"保留源格式"按钮。

5. 幻灯片的分节

一个演示文稿中可能包含大量的幻灯片，PowerPoint 可以通过分节来按一定的逻辑关系管理幻灯片。这类似于用文件夹存放和管理文件，对不同的节可以设置不同的主题、动画和切换效果。

（1）新增节

在幻灯片浏览视图或幻灯片浏览窗格中，将光标定位到需要新增节的位置（某张幻灯片之前），单击"开始"→"幻灯片"→"节"按钮，在其下拉列表中选择"新增节"，如图 5-10 所示。或者在光标位置单击鼠标右键，在弹出的快捷菜单中选择"新增节"命令，此时会生成一个"无标题节"。

（2）节的基本操作

除新增节外，节的基本操作还包括以下几个。

① 重命名节：如图 5-11 所示，在节的名称上单击鼠标右键，在弹出的快捷菜单中选择"重命名节"命令，在打开的"重命名节"对话框中输入节的名称即可。

② 选择节：单击节的名称即可选中该节包含的所有幻灯片。

③ 删除节（包括删除节中的幻灯片和删除所有节）、移动节（包括向上移动节和向下移动节）、展开/折叠节：这些操作都可通过在节名上单击鼠标右键所弹出的快捷菜单来实现。

图 5-10　新增节

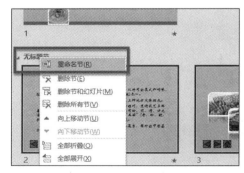

图 5-11　重命名节

5.2.3　在幻灯片上添加对象

PowerPoint 上展示的内容都是通过各种多媒体对象来呈现的，添加各种对象可以使演示文稿的内容更加丰富，表现形式更加多样。幻灯片中可添加的对象有文本、图形、图片、艺术字、表格、声音、影片等。PowerPoint 还支持创建相册，即通过一组图片的添加自动创建一个演示文稿，每张图片占用一张幻灯片。

1. 添加文本对象

在幻灯片中添加文本的方法有很多，最简单的方法是直接将文本输入幻灯片的占位符和文本框中。

（1）在占位符中输入文本

当用户创建一个空白演示文稿时，系统会自动插入一张"标题幻灯片"版式的幻灯片。在该幻灯片中有两个虚线框，这两个虚线框就是占位符，占位符中显示"单击此处添加标题"和"单击此处添加副标题"的字样，如图 5-12 所示。将鼠标指针移至占位符中，单击即可输入文本。

（2）使用文本框输入文本

如果要在占位符之外的其他位置输入文本，用户可以在幻灯片中插入文本框。

单击"插入"选项卡，单击其中的"文本框"按钮 ，在幻灯片的适当位置单击即会出现一个文本框，

图 5-12　在占位符中输入文本

此时就可以在文本框中输入文本了。插入文本框时系统默认的是"横排文本框"，如果需要插入"竖排文本框"，则可以单击"文本框"的下拉按钮，然后进行选择。

将鼠标指针指向文本框的边框，待鼠标指针变为四向箭头时，按住鼠标左键就可以移动文本框到任意位置。

▶**注意**

在 PowerPoint 2016 中，对文本框中文字的复制、粘贴、删除、移动操作，对文字字体、字号、颜色的设置，以及对段落格式的设置等操作，均与 Word 2016 中的相关操作类似，在此就不详细叙述了。

2．插入图片、剪贴画、图形（形状）、SmartArt 图形和艺术字

在 PowerPoint 2016 中插入图片、剪贴画、图形（形状）、SmartArt 图形和艺术字的方法与 Word 2016 的相同，这些对象的编辑、格式设置方法也与 Word 2016 的相同，这里不赘述。

3．插入音频和视频

制作多媒体演示文稿时，适当地插入音频或视频素材可以营造良好的氛围，获得更好的演示效果。

（1）插入音频

单击"插入"→"媒体"→"音频"按钮，如图 5-13 所示，在其下拉列表中选择插入音频的方式。PowerPoint 2016 提供了两种音频插入方式。

① PC 上的音频。该方式用于插入外部的音频文件（由制作者自备，文件类型可以为.mp3、.au、.mid、.wav 等）。当插入一个音频文件后，当前幻灯片上会出现一个喇叭图标，将鼠标指针移近喇叭图标时会出现图 5-14 所示的音频工具栏。

图 5-13　单击"音频"按钮

图 5-14　音频工具栏

② 录制音频。录制音频的前提条件是计算机已安装了音频输入装置，如话筒。选择该选项将打开"录音"对话框，进行声音的录制，录制结束后该段音频将插入当前幻灯片中。

插入音频后，PowerPoint 2016 将自动增设"音频工具"选项卡组，其中，"播放"选项卡用于设置播放效果。

默认状态下，当放映演示文稿时，所插入的音频并不是自动播放的，用户需单击喇叭图标才能播放相应音频。在"播放"选项卡的"开始"下拉列表框中可将音频设置成"自动"播放方式，如图 5-15 所示，

这样当演示文稿放映至该幻灯片时就会自动播放设定的音频。

图 5-15　设置音频自动播放

在"播放"选项卡中，还可以设置喇叭图标在"放映时隐藏"，音频"跨幻灯片播放""循环播放直到停止""播放完毕返回开头"。此外，该选项卡还支持音频的音量设置，裁剪，渐强、渐弱等设置。

图 5-16　单击"视频"按钮

（2）插入视频

单击"插入"→"媒体"→"视频"按钮，如图 5-16 所示，在其下拉列表中选择插入视频的方式。PowerPoint 2016 提供了"此设备"和"联机视频"两种视频插入方式。

其中，"此设备"的操作方法与"PC 上的音频"相似，PowerPoint 2016 支持的视频文件类型包括.mp4、.mpeg、.wmv、.avi、.asf 等。

对于所插入的视频，PowerPoint 2016 在"视频格式"和"播放"选项卡中提供了大量的编辑功能和播放设置功能。

若要插入来自其他网站的视频，则选择"联机视频"，打开相应的对话框，将其他网站视频的 URL 输入或复制到对话框的文本框中。

（3）屏幕录制

"屏幕录制"功能支持录制计算机屏幕画面和同步声音，并将录制的视频插入幻灯片中，也支持将录制的视频保存成外部文件。

单击"插入"→"媒体"→"屏幕录制"按钮，Windows 桌面上方将弹出"屏幕录制"控制面板，首先单击"选择区域"按钮，在屏幕上框选录制的范围，该区域外框显示为红色加粗虚线，如图 5-17 所示。若框选范围不准确，则可再次单击"选择区域"按钮进行重新选定。注意"屏幕录制"功能不仅能录制 PowerPoint 幻灯片的内容，还可以录制显示器屏幕上的任何内容。

若录制内容需包括声音（如附加同步解说等），则单击控制面板上的"音频"按钮；若需要将鼠标指针的同步动向也输入视频，则单击"录制指针"按钮。

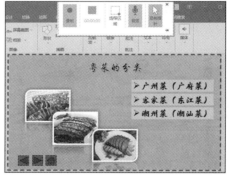

图 5-17　框选录制区域

单击"录制"按钮开始录制。录制时"屏幕录制"控制面板会自动隐藏，将鼠标指针移至 Windows 桌面上边缘处时控制面板恢复显示。

录制时若需暂停录制，则单击控制面板中的"暂停"按钮，要继续录制可再次单击"录制"按钮。

当录制完毕时，单击"停止"按钮结束本次录制（该功能也可通过 Win+Shift+Q 组合键实现），如图 5-18 所示。此时会在当前幻灯片中自动插入本次录制的视频，如图 5-19 所示。

在该视频上单击鼠标右键，弹出的快捷菜单中提供剪裁、另存视频等命令，如图 5-20 所示。选择"将媒体另存为"命令，可以将该视频另存为外部文件，默认为.mp4 格式。

对于所录制的视频，PowerPoint 2016 同样在"视频格式"选项卡和"播放"选项卡中提供了大量的编辑功能和播放设置功能。

图 5-18 单击"停止"按钮

图 5-19 录制的视频

图 5-20 另存录制视频

4．插入超链接

插入超链接可以实现在同一文档的不同幻灯片之间跳转，或者跳转到其他的演示文稿、Word 文档、网页或电子邮件地址等。

设置超链接的方法如下。

（1）设置对象（如文本或图片）的超链接

单击"插入"→"链接"→"超链接"按钮，打开"编辑超链接"对话框，如图 5-21 所示。

其中有以下几种链接方式。

① 现有文件或网页：链接到其他文档、应用程序或由网站地址决定的网页。

② 本文档中的位置：链接到本文档的其他幻灯片（图 5-21 所示的方式）。

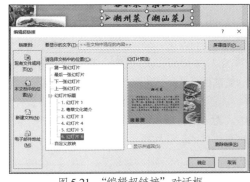

图 5-21 "编辑超链接"对话框

③ 新建文档：链接到一个新文档。

④ 电子邮件地址：链接到指定的电子邮件地址。

（2）设置"动作按钮"的超链接

单击"插入"→"插图"→"形状"按钮，在其下拉列表的最下方找到"动作按钮"组，如图 5-22 所示。选择一种动作按钮样式，在幻灯片上绘制出按钮对象，然后在弹出的"操作设置"对话框中进行设置，以实现超链接的动作功能，如图 5-23 所示。

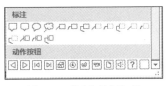

图 5-22 "动作按钮"组

图 5-23 "操作设置"对话框

5.2.4 创建相册

PowerPoint 的"相册"功能可方便用户将各种图片制作成有专业水准的电子相册。创建电子相册的方法如下。

① 单击"插入"→"图像"→"相册"按钮 。

② 在弹出的"相册"对话框中设置"相册内容"。单击"文件/磁盘"按钮，如图5-24所示，在打开的"插入新图片"对话框中框选要加入相册的图片，这里选择"春.jpg""夏.jpg""秋.jpg""冬.jpg"4张图片。"相册"对话框中将会显示所选图片，在"相册中的图片"列表中勾选某图片名左侧的复选框后，可以调整该图片的显示位置，此外还可以翻转图片、调整图片的对比度和亮度等。

③ 在"相册"对话框中设置"相册版式"，包括图片版式、相框形状和主题的设置，这里设置图片版式为"2张图片"（见图5-24），单击"创建"按钮，PowerPoint 将自动生成相册文档。幻灯片首页为封面，其他幻灯片每页均显示2张图片，幻灯片默认背景为黑色，相册效果如图5-25所示。

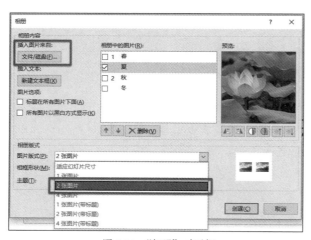

图 5-24 "相册"对话框

图 5-25 相册效果

5.2.5 幻灯片对象的编辑与美化

对于 PowerPoint 2016 幻灯片中的各种对象，用户还可以根据实际需要对其进行编辑和美化，使之更具艺术效果，从而提高演示文稿整体的表现力和吸引力。

对象位置、缩放、旋转、格式的设置方法与第3章和第4章中对象的常规操作相同，这里不赘述。以下介绍几种幻灯片中对象的编辑、美化方法。

1. 替换字体

"替换字体"功能可实现对整个演示文稿中某种字体的快速更换，其操作方法如下。

单击"开始"→"编辑"→"替换"按钮，在其下拉列表中选择"替换字体"，在弹出的"替换字体"对话框中可指定被替换的字体和目标字体，如图 5-26 所示。如设置被替换字体为"黑体"、目标字体为"宋体"，当单击"替换"按钮时，则整个演示文稿中的"黑体"字体都将被替换成"宋体"字体。

2. 文本转换成 SmartArt 图形

"文本转换成 SmartArt 图形"功能可以方便用户快速获得与文本相关的 SmartArt 图形，这种方法比插入 SmartArt 图形再编辑要高效得多。其操作方法如下。

① 选择要转换成 SmartArt 图形的文本内容或文本框，单击"开始"→"段落"→"转换为 SmartArt"按钮，如图 5-27 所示。该操作也可通过在文本上单击鼠标右键，在弹出的快捷菜单中选择"转换为 SmartArt"命令来实现。

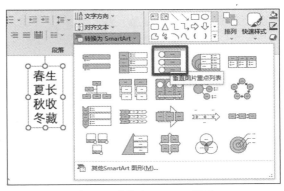

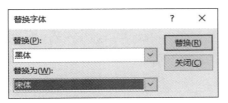

图 5-26 "替换字体"对话框

图 5-27 转换为 SmartArt 图形

② 在"转换为 SmartArt"下拉列表中选择 SmartArt 图形样式，如图 5-27 所示，这里选择"垂直图片重点列表"，生成该样式的 SmartArt 图形。

③ 调整生成的 SmartArt 图形的大小及文字格式等，还可以通过"SmartArt 设计"选项卡中的"SmartArt 样式"组对生成的图形进行"更改颜色"或"更改样式"设置。这里将生成图形的颜色更改为"彩色范围-个性色 4 至 5"，如图 5-28 所示。

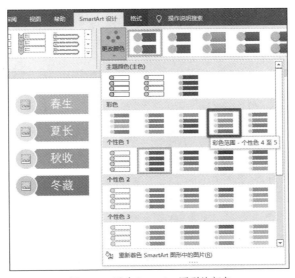

图 5-28 更改 SmartArt 图形的颜色

④ 如有带插图的 SmartArt 图形，单击其插图图标，如图 5-29 所示，在弹出的"插入图片"对话框中可实现插图的添加，效果如图 5-30 所示。

图 5-29　为 SmartArt 图形添加插图

图 5-30　添加插图后的效果

3．对象的排列

整齐有序的对象能让幻灯片显得更加美观。对象的排列方法如下。

① 选择要排列的多个对象，这些对象可以是图形、图像、文本等不同类型的对象。

② 单击"格式"→"排列"→"对齐"按钮，在其下拉列表中选择对齐方式。这里分别选择"垂直居中"和"横向分布"，如图 5-31 所示，则各对象实现了水平对齐和横向等距对齐。

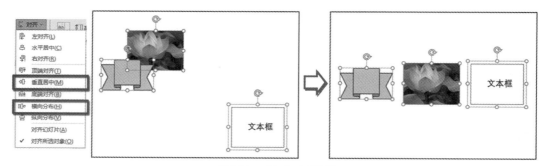
图 5-31　对象的对齐设置

4．图片编辑

PowerPoint 中的图片编辑功能主要体现在"图片格式"选项卡中，除了套用"图片样式"为图片设置外框效果外，我们通常还可以使用以下工具编辑和美化图片。

① ：裁剪工具，可裁去图片的多余区域，只保留原图中的一个局部矩形区域。

② ：可为图片添加艺术效果，使其转换成"油画""素描"等风格效果。如在"艺术效果"下拉列表中选择"玻璃"，图片的艺术效果如图 5-32 所示。

③ ：调整图片的饱和度、色调或对图片进行重新着色。在"颜色"下拉列表中，还可以选择"设置透明色"工具 去除图片中的某一种颜色，被去除的颜色区域会变为透明区域。

④ ：调整图片的"锐化/柔化"及"亮度/对比度"。如果"校正"下拉列表中没有用户满意的样式，则可以单击下拉列表下方的"图片校正选项"。

此外，若需要综合调整图片的颜色或亮度、对比度等效果，则可在图片对象上单击鼠标右键，在弹出的快捷菜单中选择"设置图片格式"命令，在窗口右侧弹出的"设置图片格式"窗格的"图片校正"

和"图片颜色"中进行各种精细设置，如图 5-33 所示。

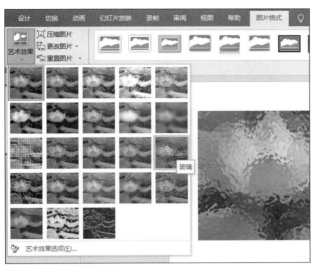

图 5-32 "玻璃"艺术效果

图 5-33 "设置图片格式"对话框

5.2.6 幻灯片的格式化

演示文稿的最大优点之一就是可以快速地设计格式统一且有特色的外观。除设置主题模板外，PowerPoint 还可以通过设置母版、幻灯片背景等方法实现幻灯片的格式化。

1. 母版

PowerPoint 2016 提供了 3 种母版：幻灯片母版、讲义母版和备注母版，利用它们可以分别控制演示文稿的每一个主要部分的外观和格式。母版的编辑可以通过"视图"→"母版视图"选项组中的按钮来实现，如图 5-34 所示。

图 5-34 "母版视图"选项组

（1）幻灯片母版

幻灯片母版是一种包含格式占位符的母版，这些占位符是为标题、主要文本和所有幻灯片中出现的背景项目而设置的。用户可以在幻灯片母版上为所有幻灯片设置默认版式和格式。换句话说，如果更改幻灯片母版，会影响所有基于幻灯片母版的幻灯片。在幻灯片母版视图下，可以设置每张幻灯片上都要出现的文字或图案，如公司的名称、徽标等。

通常一个完整的母版设计既要设置标题幻灯片页（首页）的母版，如背景、插图、字体格式等，又要设置普通幻灯片页（非首页）的母版。因此，幻灯片母版的设置常按以下步骤进行。

① 单击"视图"→"母版视图"→"幻灯片母版"按钮，在左侧窗格中选择第一张幻灯片缩略图，编辑区会显示幻灯片母版样式，该步骤用于设置普通幻灯片页的母版，如图 5-35 所示。在该母版编辑区中绘制 3 个矩形并分别填充为不同的蓝色，然后分别置于幻灯片上、下边缘处；再插入两张帆船图片，缩小并放置于幻灯片右下角。该母版将应用于演示文稿的所有内容页面，设计时不必添加过大或过多的元素，应尽量保留较多的区域以支持具体页面内容的展示。

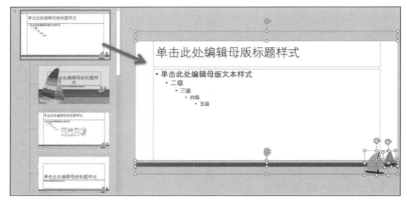

图 5-35　设置普通幻灯片页的母版

②　在左侧窗格中选择第二张幻灯片缩略图，编辑区会显示幻灯片母版标题样式，该步骤用于设置标题幻灯片页的母版（该母版对应于首页幻灯片效果）。如图 5-36 所示，在该母版编辑区，绘制 4 个矩形并填充为不同的蓝色，由上至下平铺整张幻灯片，分别代表天空和大海背景；插入 3 张帆船图片并分别置于幻灯片左、右两端；全选 4 个矩形和 3 张帆船图，单击鼠标右键，在弹出的快捷菜单中选择"置于底层"命令。该母版效果将应用于演示文稿的标题幻灯片上，即封面页，在设计上可以选择较明显的色块和较生动的图案，以突出封面效果。此外注意该母版的设计风格也应尽量与内容页面匹配。

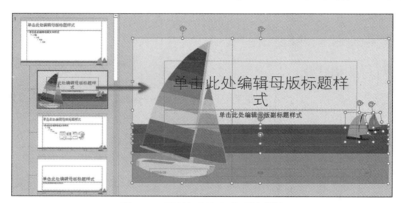

图 5-36　设置标题幻灯片页的母版

③　修改完母版后，单击"幻灯片母版"选项卡中的"关闭母版视图"按钮 ，切换回普通视图，新建多张幻灯片并分别在各占位符中输入文本，母版所设置的样式已应用到标题幻灯片及普通幻灯片中，如图 5-37 所示。

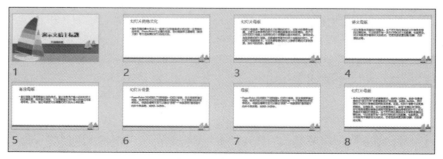

图 5-37　修改幻灯片母版后的应用效果

（2）讲义母版

讲义是演示文稿的打印版本。为了在打印出来的讲义中留出足够的注释空间，用户可以设置在每一页中打印幻灯片的数量。也就是说，讲义母版用于编排讲义的格式，它还包括设置页眉/页脚、占位符格式等。

（3）备注母版

备注母版主要用于控制备注页的格式。备注是用户输入的对幻灯片的注释内容。利用备注母版，可以控制备注页中输入的备注内容与外观。另外，通过备注母版还可以调整幻灯片的大小和位置。

2. 幻灯片背景

更换或设置幻灯片背景，可通过"设计"→"自定义"→"设置背景格式"按钮实现，也可直接在幻灯片上单击鼠标右键，在弹出的快捷菜单中选择"设置背景格式"命令实现。弹出的"设置背景格式"窗格（见图5-38），支持"纯色填充""渐变填充""图片或纹理填充""图案填充""隐藏背景图形"等多种设置，选择某一类设置，窗格下方会自动提供相应的功能选项。注意，完成设置后，所设置的背景效果只应用到当前幻灯片上，如果不满意该效果，则可单击窗格下方"重置背景"按钮恢复原来的背景；如果想将该背景效果应用到演示文稿的所有幻灯片中，则单击"应用到全部"按钮。

图 5-38 "设置背景格式"窗格

5.2.7 幻灯片的切换及动画效果的设置

幻灯片切换效果与动画效果为幻灯片放映提供了动态演示效果，使幻灯片的放映显得动感十足，既可增强趣味性又可突出重点，有效地吸引观众的眼球。

1. 设置幻灯片切换效果

幻灯片的切换效果是指幻灯片放映时新幻灯片切入展现的动态效果，它可使新页面的呈现更生动、更有吸引力。PowerPoint 2016 提供了大量动感十足的幻灯片切换效果，适当地运用该功能可极大提升幻灯片的视觉品质。图5-39 所示分别是"帘式""飞机""涡流""碎片"切换效果。

图 5-39 幻灯片切换效果

幻灯片切换效果的设置方法如下。

① 打开图5-40 所示的"切换"选项卡，在"切换到此幻灯片"选项组中为当前幻灯片选择切换方式。PowerPoint 2016 的所有幻灯片切换方式如图5-41 所示。

② 设置了当前幻灯片的切换效果后，用户可以单击"切换"选项卡中的"效果选项"按钮，以设置动画方案、同步声音效果及换片方式等，还可以进行切换效果的预览。

图 5-40 "切换"选项卡

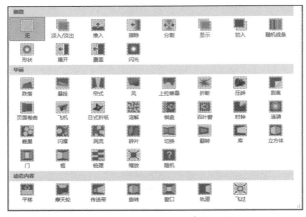

图 5-41　幻灯片的所有切换方式

▶**注意**

　　当要将多张幻灯片设置成同一切换效果时，可以先切换至幻灯片浏览视图（单击工作窗口左下角的▦按钮），在该视图模式下同时选择多张幻灯片再进行切换效果的设置。

2. 设置动画效果

　　在 PowerPoint 2016 中，用户可以创建包括进入、强调、退出及动作路径等不同类型的动画效果。其操作方法如下。

　　① 选中要添加自定义动画的一个或多个对象，打开"动画"选项卡，从"动画"选项组中可以直接选择动画类型，如图 5-42 所示。此外，也可单击"高级动画"→"添加动画"按钮，在其下拉列表中选择动画，如图 5-43 所示。将下拉列表拖至最下方，还可以设置"退出"或"动作路径"动画，如图 5-44 所示。

图 5-42　"动画"选项卡

图 5-43　"添加动画"下拉列表

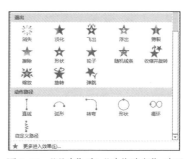

图 5-44　"退出"和"动作路径"动画

② 添加了动画效果后，用户可单击"动画"→"动画"→"效果选项"按钮，在其下拉列表中设置动画方案；通过"高级动画"选项组设置动画的触发对象；通过"计时"选项组设置动画的开始条件、持续时间和延迟时间，也可设置各对象的动画播放顺序等。

③ 单击"动画"→"预览"→"预览"按钮，即可在编辑窗口中预览动画效果。

▶注意

① 幻灯片动画有以下4种类型。

- 进入：设置对象在当前幻灯片上的进场动画，即对象出现方式。
- 强调：设置幻灯片上已显现对象的动画效果，用于突出该对象，引起观众的注意。
- 退出：设置对象在当前幻灯片上的退场动画，即对象以指定动画方式消失。
- 动作路径：设置对象在当前幻灯片上的运动路径。

② 对一个对象可以设置多个动画效果，单击"高级动画"→"添加动画"按钮进行设置即可。

③ 为幻灯片对象添加了动画效果后，该对象的旁边会出现一个带有数字的灰色矩形，用于显示各对象动画的播放顺序。

④ 单击"高级动画"→"动画窗格"按钮，打开"动画"窗格，在其中可以进行动画播放设置，还可以进行动画效果的预览。

⑤ 设置"动作路径"动画后可编辑动画的动作路径，如图 5-45 所示。

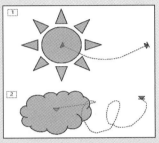

图 5-45　编辑动作路径

5.3　演示文稿的放映及打印

5.3.1　幻灯片的放映

1．直接全屏放映

单击窗口右下角的"幻灯片放映"按钮，可实现从当前幻灯片开始的直接全屏放映。

用户也可以在"幻灯片放映"选项卡的"开始放映幻灯片"选项组中选择"从头开始"或"从当前幻灯片开始"放映方式。

2．幻灯片的放映设置

在幻灯片放映前，用户可以根据不同的需要设置不同的放映方式。单击"幻灯片放映"→"设置"→"设置幻灯片放映"按钮，在"设置放映方式"对话框中进行设置即可，如图 5-46 所示。

幻灯片的放映方式有以下 3 种。

（1）演讲者放映（全屏幕）

这种放映方式将以全屏幕形式显示幻灯片，是最常用的演示方式。演讲者可以控制放映的进程，还可以用绘图笔进行勾画。这种放映方式适用于有大屏幕投影的会议、授课等。

（2）观众自行浏览（窗口）

这种放映方式将以窗口界面的形式显示幻灯片，用户可以边浏览边编辑幻灯片。

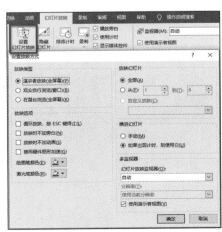

图 5-46　设置放映方式

（3）在展台浏览（全屏幕）

这种放映方式将以全屏形式在展台上演示幻灯片，幻灯片会按照事先预定的效果放映。用户可单击"幻灯片放映"→"设置"→"排练计时"按钮设置放映的时间和次序，但不允许现场控制放映的进程。

5.3.2 幻灯片的放映控制

放映幻灯片时，可通过以下方法实现播放控制及播放标注。

1．鼠标控制播放

常用的鼠标控制方式如下。

① 以全屏形式放映演示文稿时，单击（非超链接区域及动作按钮）可跳转至下一页。

② 通过向前或向后滚动鼠标滚轮实现幻灯片向前播放或向后播放。

2．键盘控制播放

常用的控制放映的按键如下。

① →键、↓键、Space键、Enter键、Page Down键：跳转至下一页幻灯片。

② ←键、↑键、BackSpace键、Page Up键：回退至上一页幻灯片。

③ Esc键：退出放映。

3．隐形控制按钮

全屏放映时，将鼠标指针移动到屏幕左下角，幻灯片上会出现 ◁ ▷ ✎ ▣ ◎ ⋯ 等隐形按钮，用于实现"跳转上一页""跳转下一页""指针选项""视图切换""放大"（实现局部放大放映，按Esc键或鼠标右键恢复正常大小）和"演示控制"等，这些按钮的功能与右键快捷菜单提供的功能相似。

4．幻灯片的播放标注

在放映幻灯片的过程中，可以用鼠标指针在幻灯片上画图或写字，实现对幻灯片的临时标注。用户在右键快捷菜单中打开"指针选项"子菜单，标注效果如图5-47所示。选择"笔"或"荧光笔"就可实现在放映屏幕上进行标注，其笔触颜色可通过下方的"墨迹颜色"进行更改，如图5-48所示。

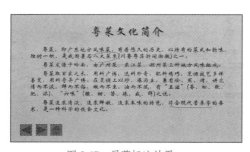

图 5-47　屏幕标注效果

图 5-48　全屏放映时的右键快捷菜单

此外，还有"激光笔""橡皮擦""探险幻灯片上的所有墨迹"等功能。其中"激光笔"可将鼠标指针显示成激光红点，"橡皮擦"则可擦除任何"笔"或"荧光笔"绘制的线段。当添加了墨迹的演示文稿结束放映时，系统会弹出提示框询问用户"是否保留墨迹注释？"，如图5-49所示，单击"保留"按钮可保留用户本次绘制的墨迹图案。

图 5-49　是否保留墨迹注释提示框

5.3.3 演示文稿的打印

选择"文件"→"打印",将出现图 5-50 所示的界面,在其中可以设置打印份数、幻灯片范围、颜色等。单击"整页幻灯片",会弹出"打印版式"下拉列表,可以对每张幻灯片的打印内容及打印版式做更详细的设置。图 5-51 所示为"6 张水平放置的幻灯片"打印版式的打印预览效果。

图 5-50 演示文稿的打印设置

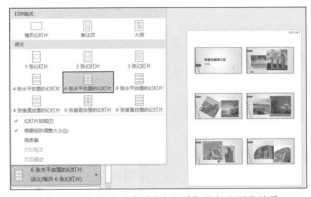

图 5-51 "6 张水平放置的幻灯片"的打印预览效果

5.4 PowerPoint 2016 实例制作

5.4.1 实例的创建

当需要运用 PowerPoint 制作一个特定演示文稿时,如果想让作品更加出色、让设计和编辑工作更顺利地展开,我们需要做好一些准备工作。

首先,明确 3 点:该演示文稿的用途(如课件、述职报告或是产品展示等);作品的观看者是谁(如学生、客户或是游客等);作品想达到的视听宣传效果(如引起认同感或产生认知效果)。做好了这 3 个分析,设计者也就具备了整体规划的初步方向。

其次,确定作品风格(如清新、古典、可爱、简练、酷炫等)及主色系,设计者也可通过套用已有的风格模板来提高制作效率。

最后,准备好各种所需的内容素材,如文本、图像、音频或视频等。

本小节将通过一个主题为"粤菜"（见图 5-52）的演示文稿制作过程，概述在 PowerPoint 2016 中制作演示文稿的常规步骤。

图 5-52 "粤菜"演示文稿幻灯片效果

1．素材准备

对制作演示文稿所要用到的图片等素材进行收集及前期处理，本例有 8 张相关图片（p0.jpg～p7.jpg），如图 5-53 所示，先将它们存放在同一个文件夹中。

图 5-53 相关素材图片

2．创建文档并设置背景图

① 单击"文件"→"新建"→"空白演示文稿"，创建一个宽屏的空白文稿（幻灯片默认宽高比为 16：9）。

② 在编辑区上单击鼠标右键，选择弹出快捷菜单中的"设置背景格式"命令，在弹出的"设置背景格式"窗格中选中"图片或纹理填充"单选按钮，单击图片源下的"插入"按钮，在弹出的"插入图片"对话框中选择"从文件"，再从打开的浏览窗口中选择图片"p0.jpg"，令该图片成为幻灯片背景。

③ 单击"设置背景格式"窗格下方的"应用到全部"按钮，如图 5-54 所示，这样后面新添加的幻灯片均会自动默认使用该背景。

④ 在"开始"→"幻灯片"→"版式"下拉列表中选择"空白"，如图 5-55 所示。

图 5-54 使用外部图像作为幻灯片背景

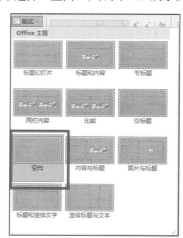

图 5-55 选择"空白"版式

3. 演示文稿首页设计

① 选择"插入"→"插图"→"形状"→"矩形"，为该幻灯片添加一大一小两个矩形并分别放置于幻灯片上、下两边，两矩形宽度与幻灯片宽度相同，上方矩形的高度约为幻灯片高度的一半。

② 选中两个矩形，选择"形状格式"→"形状填充"→"其他填充颜色"，打开"颜色"对话框，将两个矩形填充为暗红色（有两种方法，一是设置红、绿、蓝色值分别为 162、74 和 72，二是直接设置十六进制颜色值为#A24A48），如图 5-56 所示。选择"形状格式"→"形状轮廓"→"无轮廓"，去除这两个矩形的轮廓线，如图 5-57 所示。

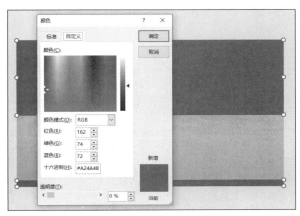

图 5-56　插入矩形并填充颜色

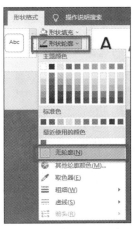

图 5-57　去除矩形的轮廓线

③ 单击"插入"→"图像"→"图片"→"此设备"按钮，插入"p1.jpg"，调整图片大小并将图片移至幻灯片左侧，然后使用"图片格式"→"调整"→"颜色"→"设置透明色"工具（见图 5-58）单击插图中的黑色区域，使之变透明。图片效果如图 5-59 所示。

图 5-58　选择"设置透明色"

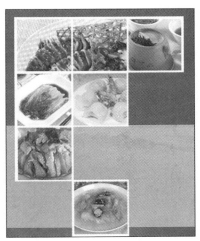

图 5-59　图片效果

④ 设计演示文稿主标题。单击"插入"→"文本"→"文本框"按钮，在幻灯片中插入一个文本框，输入"粤菜"，在"开始"→"字体"功能组中设置该文本字体为"华文行楷"、字号为"150"、加粗显示及"文字阴影"。单击"形状格式"→"艺术字样式"→"文本填充"按钮将文本填充为"橙色"，

再将"文本轮廓"设置为 0.75 磅的黑色单线；最后选择"文本效果"→"阴影"→"阴影选项"为标题增加白色阴影，在弹出的"设置形状格式"窗格的"阴影"区域设置颜色为"白色"、透明度为"30%"、大小为"100%"、模糊为"4 磅"、角度为"90°"、距离为"3 磅"，如图 5-60 所示。将设置好格式的标题文本移到幻灯片中部偏右位置。

⑤ 设计副标题。在"插入"→"艺术字"下拉列表中选择第 3 行第 1 种样式，单击幻灯片输入文本"中国八大菜系之粤菜文化简介"，如图 5-61 所示，然后在"开始"→"字体"选项组中设置字体为"华文行楷"、字号为"45"，并将副标题移至主标题下方。至此完成演示文稿首页的设计。

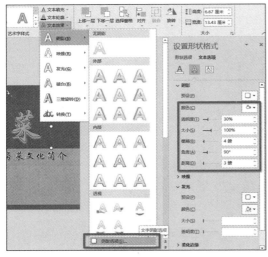

图 5-60　设置主标题文本的效果

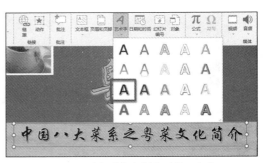

图 5-61　选择艺术字样式并输入文本

4. 插入及编辑第 2 张幻灯片

单击"开始"→"幻灯片"→"新建幻灯片"按钮，插入一张版式为"标题和内容"的新幻灯片，如图 5-62 所示。输入标题及内容文本，设置标题占位符中文本的艺术字样式与演示文稿首页副标题的相同，并设置字体为"华文新魏"、字号为"50"，新幻灯片编辑效果如图 5-63 所示。

图 5-62　新建第 2 张幻灯片

图 5-63　新幻灯片编辑效果

5. "分类"幻灯片页的设计

① 插入新幻灯片，将上一页的艺术字标题复制至此页，修改文本为"粤菜的分类"，插入 3 个文本框并输入 3 类地方菜文本，如图 5-64 所示，设置文本框背景色为"橙色，个性色 2，淡色 60%"，设置文本字体为"华文新魏"、字号为"32"，添加"箭头"项目符号。

② 依次插入"p2.jpg""p3.jpg""p4.jpg"图片，在"图片格式"选项卡中设置图片样式为"圆形对角，白色"，如图 5-65 所示。参考图 5-66 设置图片效果为"紧密映像：接触"。插图编辑效果如图 5-67 所示。

图 5-64　地方菜文本框编辑效果

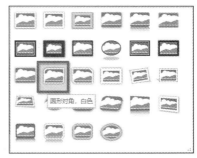

图 5-65　设置图片样式为"圆形对角，白色"

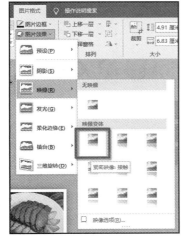

图 5-66　设置图片效果为"紧密映像：接触"

图 5-67　插图编辑效果

6．"内容"幻灯片页的设计

新建"广州菜"幻灯片，用与第 2 张幻灯片相同的方法制作标题文本及内容文本，调整文本框的宽度，并在幻灯片右侧插入"p5.jpg"图片。制作时，可先复制文本框至新幻灯片中，再修改其中的文本，以提高工作效率。用相同的方法制作"客家菜"及"潮州菜"幻灯片，效果如图 5-68 所示。完成幻灯片内容的插入后，保存文件为"粤菜.pptx"。

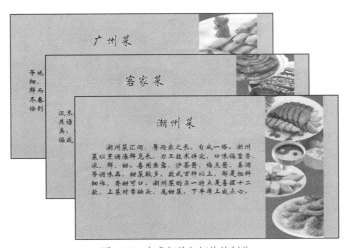

图 5-68　完成相关幻灯片的制作

5.4.2 实例的功能实现

1. 设置超链接

用 5.2.3 小节中介绍的插入超链接的方法为"粤菜的分类"页中的 3 种地方菜文本框设置超链接，如图 5-69 所示，使它们分别链接至第 4 张、第 5 张、第 6 张幻灯片。

2. 插入动作按钮

用 5.2.3 小节中介绍的插入动作按钮的方法在第 2 张幻灯片左下角插入"后退""前进""转到主页" 3 个动作按钮，框选这 3 个按钮，选择"形状格式"→"形状样式"→"形状填充"→"最近使用的颜色"中的"红色"（该颜色是首页的两个矩形的填充颜色，使用相同颜色更能突出整个演示文稿的主色调），如图 5-70 所示。最后，将这 3 个按钮复制到后面的 4 张幻灯片中，这样，除首页幻灯片外，所有幻灯片在相同位置都具有相同的动作按钮，如图 5-52 所示。

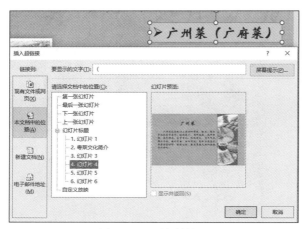

图 5-69　设置超链接

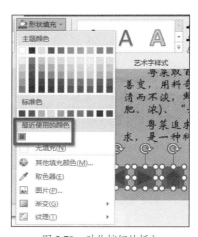

图 5-70　动作按钮的插入

3. 幻灯片切换及对象动画设计

① 切换至幻灯片浏览视图，如图 5-71 所示，用 5.2.7 小节介绍的设置幻灯片切换效果的方法分别为各幻灯片设置不同的切换效果。

图 5-71　设置幻灯片切换效果

② 在第 3 张幻灯片（"粤菜的分类"）中选择 3 幅插图，在"动画"选项卡中为其添加"飞入"动画，效果选项设置为"自左侧"，"计时"选项组的"开始"设置为"上一动画之后"，如图 5-72 所示。在第 4 张幻灯片（"广州菜"）中选择插图，在"动画"选项卡中为其添加"擦除"动画，效果选项设置为"自顶部"，"开始"设置为"上一动画之后"，如图 5-73 所示。第 5 张、第 6 张幻灯片插图的动画设计与第 4 张幻灯片相同。

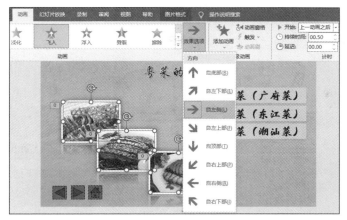
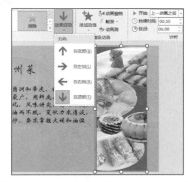

图 5-72 为幻灯片插图设置"飞入"动画　　　　图 5-73 为幻灯片插图设置"擦除"动画

4. 最终调整

完成以上操作后，在"幻灯片放映"选项卡中单击"从头开始"按钮 播放幻灯片，调整各对象的效果至满意状态后保存文档。

5.5 实验案例

【实验一】 演示文稿的基本操作

实验内容：创建一个空白演示文稿，按要求添加幻灯片、设置版式、插入并编辑各幻灯片对象，使之达到图 5-74 所示的排版效果。

图 5-74 实验一：幻灯片排版效果

实验要求如下。

（1）新建一个空白演示文稿，在幻灯片主标题文本框中输入"U 盘的简介"，并设置字体为黑体、字号为 70、加粗显示、颜色为蓝色；在副标题文本框中输入"USB flash disk，全称 USB 闪存盘"，并设置副标题字体为仿宋、字号为 40、颜色为深蓝。

（2）新建第 2 张幻灯片，设置其版式为"两栏内容"，在标题文本框中输入"U 盘的特点"，并设置加粗、居中对齐。在下方左侧内容区域输入 3 段文本，在右侧内容区域插入一张 U 盘图片并调整其大小，设置该图片的动画为"随机线条"。

（3）新建第 3 张幻灯片，设置其版式为"标题和内容"，在标题文本框中输入"U 盘常用格式"，并设置黑体、居中，设置文本艺术字样式为"图案填充：蓝-灰，深色上对角线；清晰阴影"（即第 4 行第 5 列的样式）；在内容区域插入图 5-75 所示的表格，设置表格宽度为 28 厘米、高度为 10 厘米，并设置所有单元格文本"水平居中"、字体为宋体、字号为 24、表格样式为"中度样式 2-强调 1"。

格式	U盘最大容量	单个最大文件
FAT16	2GB	2GB
FAT32	2TB	4GB
NTFS	256TB	2TB
exFAT	16EB	16EB

图 5-75　实验一：插入的表格

（4）将第 1 张幻灯片的背景设置为"羊皮纸"纹理，将第 2 张、第 3 张幻灯片的背景设置为"新闻纸"纹理，设置全部幻灯片的切换效果为"揭开"、效果选项为"自左侧"。

（5）将该演示文稿保存到"实验案例/第 5 章/实验一"文件夹中，文件名为"U 盘.pptx"。

【实验二】　幻灯片的综合排版编辑

实验内容：按要求编辑演示文稿"奋进十年的中国高铁.pptx"，实现外部主题模板的应用，并实现幻灯片、艺术字、图表、SmartArt 图形等对象的添加及编辑，使之达到图 5-76 所示的排版效果。

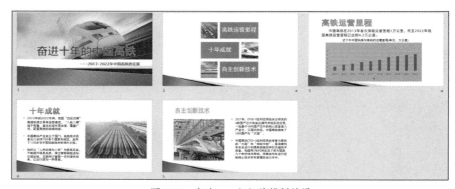

图 5-76　实验二：幻灯片排版效果

实验要求如下。

（1）打开"实验案例/第 5 章/实验二"文件夹中的"奋进十年的中国高铁.pptx"演示文稿，删除第 2 张幻灯片，使第 3 张幻灯片成为第 2 张幻灯片。使用外部模板文件"模板_聚合.potx"定制当前演示文稿的主题（外部模板文件通过"设计"→"主题"→"浏览主题"选择）。

（2）删除演示文稿中每张幻灯片的备注文字信息（提示：在普通视图模式下，备注文字信息位于每张幻灯片的下方，如图 5-77 所示）。

图 5-77　备注文字信息

（3）在第 3 张幻灯片中添加艺术字，内容为"高铁运营里程"，艺术字样式为"填充：红色，主题色 2；边框：红色，主题色 2"，黑体，字号为 50，设置其与幻灯片左上角的水平距离为 2.4 厘米、垂直距离为 1 厘米。

（4）在第 3 张幻灯片中根据所给数据信息插入一个簇状柱形图，其数据信息如图 5-78 所示。图表不设置标题，背景色为"青绿，个性色 1，淡色 80%"，为该柱形图设置"擦除"进入动画效果，效果选项为"自底部"，按照"系列"逐次单击显示"铁路运营里程""高速铁路运营里程"的使用趋势（提示：柱形图动画效果的设置可参考图 5-79）。删除该幻灯片中的表格。

图 5-78　簇状柱形图的数据信息

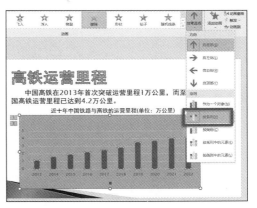

图 5-79　柱形图动画效果设置

（5）将第 2 张幻灯片的"高铁运营里程""十年成就""自主创新技术"3 行文字转换成样式为"交替图片块"的 SmartArt 图形，并将 photo1.jpg、photo2.jpg 和 photo3.jpg 定义为该 SmartArt 对象的显示图片，为 SmartArt 图形添加自左至右的"飞入"进入动画效果，并设置在幻灯片放映时该 SmartArt 图形的组成元素可以逐个显示（提示：SmartArt 图形动画效果的设置可参考图 5-80）。

（6）在 SmartArt 图形的组成元素中添加幻灯片跳转链接，使单击"高铁运营里程""十年成就""自主创新技术"标注形状可分别跳转到第 3 张、第 4 张和第 5 张幻灯片。

（7）设置幻灯片放映方式为"在展台浏览（全屏幕）"（提示：放映方式的设置可参考图 5-81）。

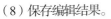

图 5-80　SmartArt 图形动画效果设置

图 5-81　设置放映方式

（8）保存编辑结果。

【实验三】 相册的创建与自动播放

实验内容：按要求创建一个相册，编辑母版幻灯片，并实现全部幻灯片的自动切换和背景音乐的自动播放，相册排版效果如图 5-82 所示。

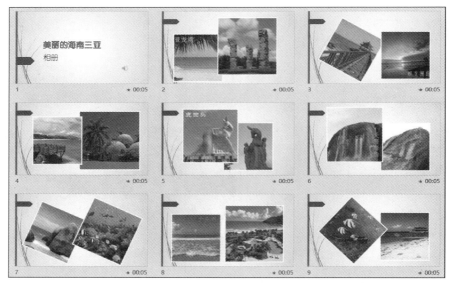

图 5-82 "三亚之旅相册"排版效果

实验要求如下。

（1）使用 PowerPoint 的"新建相册"功能创建一个相册，其中包含 pic1.jpg～picg.jpg 共 16 张图片。每张幻灯片中包含两张图片，并为每张图片添加"简单框架，白色"相框形状。

（2）在首页幻灯片上添加艺术字"美丽的海南三亚"，样式自定，字号为 60，置于"相册"标题上方，删除原首页的副标题文本框。

（3）自主调整第 2 张～第 9 张幻灯片中图片的大小、位置及旋转角度，使其具有更自由、活泼的排版效果。

（4）设置相册主题为"丝状"。

（5）设置所有幻灯片的切换方式为"库"，自动换片时间为 5s。

（6）将"实验案例/第 5 章/实验三"文件夹中的"bg_music.wav"声音文件作为该相册的背景音乐，并实现背景音乐的自动播放。

（7）设置相册的放映方式为"循环放映，按 Esc 键终止"。

（8）将演示文稿保存为"三亚之旅相册.pptx"，保存位置为"实验案例/第 5 章/实验三"文件夹。

小结

本章从 PowerPoint 2016 的概念和功能入手，主要介绍了 PowerPoint 2016 常用的操作，包括演示文稿的创建及编辑、幻灯片的格式化以及演示文稿的放映方法等，重点是幻灯片的模板和版式设置、超链接和动画设计等。最后通过实例概述了制作演示文稿的常规步骤和操作方法。PowerPoint 演示文稿广泛应用于演讲、教学、学术报告、产品介绍等方面，掌握好演示文稿的制作方法能进一步提高用户的计算机应用能力。

习题

一、选择题

1. "幻灯片放映"视图按钮 <img> 的功能是（　　　）。
   A. 从当前演示文稿的第 1 张幻灯片起进行全屏放映
   B. 从当前正在编辑的幻灯片起进行全屏放映
   C. 从下一张幻灯片起进行全屏放映
   D. 从前一张幻灯片起进行全屏放映

2. 演示文稿中每张幻灯片都是基于某种（　　　）创建的，它预定义了新建幻灯片的各种占位符的布局情况。
   A. 视图　　　　　　　B. 版式　　　　　　　C. 母版　　　　　　　D. 模板

3. "动作设置"对话框中的"鼠标悬停"表示（　　　）执行动作的方式。
   A. 所设置的对象采用单击　　　　　　　B. 所设置的对象采用双击
   C. 所设置的对象采用自动　　　　　　　D. 所设置的对象采用鼠标指针移过

4. 为幻灯片对象设置动画时，说法错误的是（　　　）。
   A. 同一对象只能设置一次动画效果　　　B. 不同对象可以设置相同的动画效果
   C. 可以设置不同对象的动画出现顺序　　D. 可以设置对象动画的自动播放

5. 以下（　　　）操作不会改变幻灯片的背景。
   A. 更改主题模板　　　B. 更改背景样式　　　C. 设置背景格式　　　D. 更换版式

二、问答题

1. 简述幻灯片母版的作用，以及母版和模板有何区别。
2. 简述动作按钮与超链接的作用。
3. 怎样实现超链接？是否只有文本才能实现超链接？已设置的超链接如何取消？
4. 简述使演示文稿自动播放，且 5s 切换一张幻灯片的操作方法。

第6章 计算机网络与移动互联网

学习目标

- 掌握计算机网络的基本概念。
- 了解计算机网络的发展历程及发展方向。
- 了解 Internet 的发展历史、地址标识、域名系统，以及 IP 地址的设置和连接 Internet 测试。
- 学会使用网络搜索引擎、Edge 浏览器的基本操作、网盘的操作。
- 掌握 Internet 环境下不同终端文件的传送方法。
- 了解移动互联网及其应用。

6.1 计算机网络概述

计算机网络技术的发展不仅使信息领域发生了日新月异的变化，还改变了人们的生产、生活和社会活动的方式。特别是以 Internet 为代表的计算机网络技术的迅猛发展更是使人类进入了一个前所未有的全球信息化时代，而由此形成的网络经济已经成为推动各国经济发展的重要力量。人类已经进入了一个新的时代——以计算机网络为核心的信息时代。计算机网络的发展已成为引导社会发展的重要因素。目前计算机网络已广泛应用于全社会，包括政府、学校、企业、军事以及科学研究等机构或领域，充分达成了相互通信、资源共享和协同工作的目的。

计算机网络是现代通信技术与计算机技术相结合的产物，它出现的历史虽然不长，发展却非常迅速。计算机网络目前已经成为计算机应用的一个重要领域，它推动了信息产业的发展，对当今社会经济的发展起着非常重要的作用。计算机网络技术的发展速度与应用的广泛程度可谓人类科技发展史上的奇迹。

6.1.1 计算机网络发展的 4 个阶段

计算机网络的发展大致可划分为以下 4 个阶段。

第一阶段，计算机网络诞生阶段：20 世纪 60 年代中期之前的第一代计算机网络是以单个计算机为中心的远程联机系统。其典型应用是由一台计算机和全美国范围内 2000 多个终端组成的飞机订票系统。终端是一台计算机的外部设备，包括显示器和键盘，但不包括 CPU 和内存。为了提高通信线路的利用率，多个终端共享通信线路，但是在主机上需要增加相应的硬件和软件，以处理终端与主机的通信问题，这样加重了主机的负担。为了减轻主机的负担，人们将通信任务交给专门的机器（前置处理机或通信处理机）处理，在终端集中的地方设置集中器。当时，人们把计算机网络定义为"以传输信息为目的而连接起来，实现远程信息处理或进一步实现资源共享的系统"。这样的通信系统已具备了现代网络的雏形。这一时期计算机网络的特点是以批处理为运行特征的主机系统和远程终端之间的数据通信。

第二阶段，计算机网络形成阶段：20 世纪 60 年代中期至 70 年代的第二代计算机网络是以多个主机通过通信线路互连起来，为用户提供服务的网络。这种网络兴起于 20 世纪 60 年代后期，其典型代表是美国国防部高级研究计划署（Advanced Research Projects Agency，ARPA）协助开发的 ARPANET。这种网络的特征是，主机之间不是直接用线路相连，而是由接口消息处理器（Interface Message Processor，IMP）转接后互连的。IMP 和它们之间互连的通信线路一起负责主机间的通信任务，构成了通信子网。与通信子网互连的主机负责运行程序，提供资源共享，组成了资源子网。这个时期，网络的概念为"以能够相互共享资源为目的互连起来的，具有独立功能的计算机之集合体"，由此形成了计算机网络的基本概念。

第三阶段，互连互通阶段：20 世纪 70 年代末至 90 年代的第三代计算机网络是具有统一的网络体系结构并遵循国际标准的开放式和标准化的网络。ARPANET 兴起后，计算机网络发展迅猛，各大计算机公司相继推出了自己的网络体系结构以及实现这些结构的软、硬件产品。由于没有统一的标准，不同厂商的产品之间互连很困难，人们迫切需要一种开放的标准化实用网络环境，由此出现了两种国际通用的体系结构，即 TCP/IP 网络体系结构和国际标准化组织（ISO）的开放系统互连（Open System Interconnection，OSI）体系结构。

第四阶段，高速网络技术阶段：20 世纪 90 年代末至今的第四代计算机网络，由于局域网技术发展成熟，且又出现了光纤及高速网络技术、多媒体网络、智能网络，因此整个网络就像一个对用户透明的大的计算机系统，并发展为以 Internet 为代表的互联网。

未来计算机网络的发展方向，从计算机网络的应用来看，网络应用系统将向更宽和更广的方向发展。Internet 信息服务将会得到更大的发展。网上信息浏览、信息交换、资源共享等技术将进一步提高速度、容量及信息安全性。远程会议、远程教学、远程医疗、远程购物等应用将越来越多地融入人们的生活。

6.1.2　计算机网络的定义和功能

计算机网络就是利用通信设备和线路将地理位置不同的、功能独立的多个计算机系统互连起来，以功能完善的网络软件（即网络通信协议、信息交换方式及网络操作系统等）实现网络中资源共享（Resource Sharing）、信息交换和协作的系统。把计算机连接起来的物理路径称为传输介质。如果一台计算机没有与网络连接，这台计算机就称为独立（Stand-Alone）系统，也称为"信息孤岛"，无法发挥出计算机的全部功能。

计算机网络的功能主要包括以下几个方面。

（1）资源共享

这里所说的"资源"是指计算机系统的软、硬件资源。硬件资源有网络交换设备、路由设备、网络存储设备、网络打印机、网络服务器等，软件资源包括软件、数据、多媒体信息等。资源共享是指网络用户能分享网内的全部或部分资源，使网络中各地区的资源取长补短、分工协作，从而极大提高系统资源的利用率。例如，在少数地点设置的数据库可为全网络服务；某些地方设计的专用软件可供其他用户调用；一些具有特殊功能的计算机和网络设备可以面向网络用户，对用户送来的数据进行处理，然后将结果返回给用户。

（2）数据通信

数据通信是指文本、数字、图像、语音、视频等信息通过电子邮件、电子数据交换、电子公告牌、远程登录和信息浏览等方式，进行的传输、收集与处理。数据在发送之前，必须转换为适合在传输介质中传播的电信号、光信号或者无线电波，在接收端又会把这些传播信号转换为数据。数据通信是计算机网络最基本的功能。

（3）分布式处理

分布式系统是将不同地点的、具有不同功能的、拥有不同数据的多台计算机用通信网络连接起来，在控制系统的统一管理控制下，协调地完成信息处理任务的计算机系统。分布式系统是计算机网络在功能上的延伸，多台计算机除了能相互通信和共享资源外，还能协同工作，各自承担同一工作任务的不同部分，同时运行。过去用一台计算机需要几年才能计算出结果的问题，如今采用几百台计算机进行分布式计算，几天甚至几秒就能得到结果，这在密码破译等领域非常有用，也给现代密码体制乃至整个信息领域的安全提出了挑战。计算任务被均衡地分配给网络上的各台计算机。网络控制中心负责分配和检测，当某台计算机负载过重时，系统会自动转移部分计算任务到负载较轻的计算机中处理。这样，利用计算机网络分担计算任务，使多台计算机有机结合起来，也就提高了计算机的协同性与可靠性。

6.1.3 计算机网络的组成

1. 从逻辑功能分类

从逻辑功能的角度，我们可以将计算机网络分为通信子网和资源子网，如图 6-1 所示。

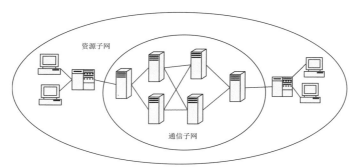

图 6-1 通信子网和资源子网

① 通信子网是由通信设备和通信线路组成的独立的数据通信系统。它承担全网的数据传输、转接、加工和变换等通信处理工作，将一台计算机的输出信息传送给另一台计算机，是网络系统的中心。

② 资源子网也称为用户子网，处于网络的外围，由主机、终端、外部设备、各种软件资源和信息资源组成。它负责网络外围的数据处理，是用户获取网络资源的接口，也是用户向其他用户提供各种网络资源和网络服务的接口。它能通过通信线路连接到通信子网。

2. 计算机网络的基本组成

一般来说，计算机网络由硬件系统、软件系统和网络信息组成。

（1）硬件系统

硬件系统是计算机网络的基础，其由网络服务器、客户机、网络接口卡、通信线路和通信设备等组成。

① 网络服务器（Server）。在计算机网络中，其核心的组成部分是网络服务器。服务器是计算机网络中为其他计算机或网络设备提供服务的计算机。按提供的服务的不同，它被冠以不同的名称，如文件服务器、打印服务器、数据库服务器、邮件服务器等。影响服务器性能的主要因素包括处理器的类型和速度、内存容量的大小、内存通道的访问速度和缓冲能力、磁盘的存储容量等。大型网络中采用大型机、中型机和小型机作为网络服务器，可以保证网络的可靠性。对于网点不多、网络通信量不大、对数据的安全可靠性要求不高的网络，可以选用高档微机作为网络服务器。

② 客户机（Client）。客户机也称为工作站，是通过网卡连接到网络的个人计算机。它仍保持原有计算机的功能，作为独立的个人计算机为用户服务，同时它又可以按照一定的权限访问服务器。客户机之间可以互相通信，也可以共享网络中的其他资源。客户机与服务器是相对的概念，在计算机网络中享受其他计算机提供的服务的计算机就称为客户机，而客户机和服务器的角色有时候可以互换。

③ 网络接口卡（Network Interface Card）。网络接口卡又称为网络适配器，简称为网卡，是安装在计

算机主板上的电路板插卡。网卡的作用是将计算机与通信设备相连接，负责传输或者接收数字信息。网卡目前是计算机连接网络的主要接口。为计算机主板插上网卡、安装好网卡驱动程序、配置好网络参数后，该计算机就具备了上网的条件。

④ 通信线路。通信线路是指传输介质及其连接部件，如光缆、双绞线、无线电波等。通信线路是计算机网络最基本的组成部分，任何信息的传输都离不开它。在当今的世界上有许许多多的物理材料，各种材料都有其独特的物理特性，我们可以利用其中的一些特性来传递信息。通常用带宽来描述传输介质的传输速率，用每秒传输的二进制位数（bit/s）来衡量。在高速传输的情况下，也可以用兆比特/秒（Mbit/s）作为度量单位，带宽越高，数据传输率就越高，通信能力就越强。高速的介质可以采用多路复用技术实现多路同时发送数据。网络常用的传输介质分为有线介质和无线介质两类。有线介质包括双绞线、同轴电缆、光缆（光纤）等。

● 双绞线。双绞线采用一对绝缘的金属导线互相绞合而成。之所以要绞合，主要是因为传输电信号的金属导线平行时，互相的电磁干扰最大，双方的夹角越接近直角（双绞线扭在一起是为了产生夹角），干扰越小。"双绞线"的名字也由此而来。实际使用时，双绞线由多对双绞线一起包裹在一个绝缘电缆套管里。典型的双绞线有4对共8根线，称为双绞线电缆。

双绞线因其性价比高而在局域网中应用普遍。但双绞线衰减较大，其单段传输一般只能在100m内，超过100m一般必须用中继设备放大信号。因此组网时，到桌面的电缆常选用双绞线，网络主干常选用光缆。

● 同轴电缆。同轴电缆以一根铜线为芯，外裹一层绝缘材料，绝缘体外环绕一层铝或铜做的网状导体以屏蔽外界的电磁干扰，网外再包裹一层绝缘材料。传统有线电视网络通常采用的就是同轴电缆。同轴电缆分为粗缆和细缆两种，一般用于总线型拓扑结构。该结构故障的诊断和修复都很麻烦，因此，同轴电缆正逐步被非屏蔽双绞线或光缆所取代。

● 光缆。光缆由一捆光纤组成，它是目前数据传输方面比较有效率的一种传输介质。光纤是一种用石英以特别的工艺拉成的细丝，其直径比头发丝还要小，但它可以在很短的时间内传递巨大数量的信息。光纤应用光学原理，由光发送机产生光束，将电信号变为光信号，再把光信号导入光纤；在另一端由光接收机接收光纤上传来的光信号，并把它变为电信号，经解码后再进行处理。与其他传输介质相比，光纤的电磁绝缘性能好、信号衰减小、频带宽、传输速率快、传输距离长。根据工艺的不同，光纤分成两大类：单模光纤和多模光纤。单模光纤的纤芯直径很小，在给定的工作波长只能以单一模式传输，传输频带宽，传输容量大。多模光纤是在给定的工作波长上能以多个模式同时传输的光纤。与单模光纤相比，多模光纤的传输性能较差。单模光纤使用"纯净"的单一光谱的光源（一般用激光）作为载波，传输距离较长。而多模光纤则用混合光谱的光源（一般使用发光二极管），光线在传递过程中损耗较大，所以传递距离较短。光缆主要用于实现传输距离较长、布线条件特殊的主干网连接。

● 无线介质。无线传输采用无线频段、红外线和激光等进行数据传输。无线传输不受固定位置的限制，可以全方位实现三维通信和移动通信。不过，目前无线传输还有一些缺陷，主要表现在以下几个方面：无线传输速率较低；安全性不高，拥有无线接收设备的人可以窃取他人的通信数据；无线传输容易受到天气变化的干扰和电磁干扰。常见的蓝牙技术就是一种无线数据与语音通信的开放性全球规范，它以低成本的近距离无线连接为基础，为固定设备与移动设备通信建立一个特别连接能满足一般的移动设备的需要。

⑤ 通信设备。通信设备指的是网络互连设备，如集线器、交换机、路由器等。通信设备负责控制数据的发送、接收或转发，需要进行信号转换、路由选择、信号编码与解码、差错校验、通信控制、网络管理等工作，以完成信息传输和交换。

● 集线器（Hub）。集线器常用于局域网内部多个工作站之间的连接，它提供了多个连接计算机的端口。在工作站集中的地方使用集线器便于网络布线，也便于故障的定位与排除。通过集线器组成的网络，在物理结构上是星形拓扑结构，但实际上集线器内部是以总线的形式连接各端口的，它的所有端口都共享带宽，在同一时刻只能有一个端口发送数据，其他端口则不能发送数据，但都能接收到数据，要不要收下相应数据由连接在该端口的计算机决定。所以它的传输性能低、保密性差，但因价格低廉，曾经在小型网络中广泛使用。用集线器互连的网络中计算机的数量不能太多，一般是几十台。

- 交换机（Switch）。交换机也叫交换式集线器，是一种工作在 OSI 第二层即数据链路层上的、基于 MAC（Medium Access Control，介质访问控制）地址识别、能完成封装转发数据包功能的网络设备。它通过对信息进行重新生成，并经过内部处理后转发至指定端口，具备自动寻址能力和交换作用。交换机不"懂得"IP 地址，但它可以"学习"MAC 地址，并把其存放在内部的端口对照表中，通过在数据帧的始发者和目标接收者之间建立临时的交换路径，使数据帧直接由源地址到达目的地址。

交换机是一种网桥设备，其端口数量较多，所以也称为多端口网桥。用交换机互连的网络中主机的数量也不能太多，一般不要超过 300 台。

- 路由器（Router）。路由器可以连接多个网络端口，包括局域网与广域网的网络端口。它具有判断网络地址和选择路径、数据转发和数据过滤的功能。通过路由表的路径信息，路由器会自动按照数据的目的地址发送到相应的端口。路由表可以由管理员手动配置，在较大的网络中也可以由路由器自动生成并动态维护。用路由器可以极大扩展网络，整个 Internet 就是用路由器实现网络互连的。

（2）软件系统

软件系统包括网络操作系统（Network Operating System，NOS）、网络通信协议（Protocol）和网络应用软件等。网络中的资源共享、用户通信、访问控制等功能都需要由网络操作系统进行全面管理。网络通信协议是通信双方的通信规则，能保证网络中收发双方正确地传递数据。网络应用软件是为某个应用目的而开发的网络软件，常用的网络应用软件有浏览器、即时通信软件、下载软件等。

（3）网络信息

网络上存储、传输的信息称为网络信息。网络信息是计算机网络中最重要的资源，它存储在服务器上，由网络系统软件对其进行管理和维护。

6.1.4　计算机网络的分类

根据不同的分类标准可对计算机网络进行不同的分类，下面简要介绍按地理范围和传输介质的划分情况。

1．按地理范围划分

按照地理范围划分，计算机网络可分为局域网、城域网和广域网。

（1）局域网

局域网（Local Area Network，LAN）在地理上有一个有限的范围，一般是在一个房间、一栋楼内或一个工厂、一个单位内部。局域网的覆盖范围可在十几千米以内，其结构简单，布线容易。因为距离短，一般用同轴电缆、双绞线等传输介质连接而成。局域网发展非常迅速，根据所采用的技术、应用的范围和协议标准的不同，业界产生了多种局域网，目前比较流行的是以太网。以太网分为标准以太网（10Mbit/s）、快速以太网（100Mbit/s）和高速以太网（1000Mbit/s）。局域网又可分为局域地区网、高速局域网等。

（2）城域网

城域网（Metropolitan Area Network，MAN）与局域网相比要大一些，可以说是一种大型的局域网，其实现技术与局域网相似，其覆盖的范围介于局域网和广域网之间，通常覆盖一个地区或一个城市，范围可从几十千米到上百千米。它借助一些专用的网络互连设备连接到一起，即使没有连入某局域网的计算机也可以直接接入城域网，从而访问网络中的资源。

（3）广域网

广域网（Wide Area Network，WAN）又称为远程网，其覆盖范围极广，一般为几十千米以上的计算机网络。早期的广域网常借用传统的公共通信网（如电话网）来实现。随着计算机网络在社会经济生活中的重要性日益提高，以及卫星通信、光纤通信技术的发展，电信公司专门为计算机互联网开设信道，为广域网的建设提供了更好的硬件条件。Internet 就是目前应用得最广泛的一个广域网，它利用行政辖区的专用通信线路将无数个城域网互连在一起。广域网的组成已非个人或团体的行为，而是一种跨地区、跨部门、跨行业、跨国的社会行为。

2．按传输介质划分

按传输介质划分，计算机网络可以分为有线网和无线网。

（1）有线网

有线网是采用同轴电缆、双绞线或光纤等连接的计算机网络。同轴电缆网是一种常见的连网方式，它比较实惠，安装较为便利，传输速率和抗干扰能力一般，传输距离较短。双绞线网是目前最常见的性价比较好的连网方式，它价格便宜，安装方便，但易受干扰，传输速率较低，传输距离比同轴电缆短。光纤网也属于有线网的一种，它采用光导纤维作为传输介质。光纤传输距离长，传输速率高，可达数吉比特/秒，抗干扰性强，是高安全性网络的理想选择。

（2）无线网

无线网使用电磁波作为载体来传输数据。Wi-Fi 和蜂窝技术就是两大成功的无线网技术，目前已经得到广泛的应用。

> ▶注意
>
>   局域网通常采用单一的传输介质，而城域网和广域网通常采用多种传输介质。

6.2 Internet 概述

Internet 又称因特网，是一个由各种类型和规模且独立运行和管理的计算机网络组成的全球范围的计算机网络。它以 TCP/IP 进行数据通信，通过普通电话线、高速率专用线路、无线电波、光缆等通信介质，把不同国家的大学、公司、科研机构和政府等组织的网络连接起来，进行信息交换和资源共享。简言之，Internet 是一种以 TCP/IP 为基础的、国际性的计算机互连网络，是世界上规模最大的计算机网络。

Internet 是全世界最大的"图书馆"，它为人们提供了巨大的，并且还在不断增长的信息资源和服务工具宝库，用户可以利用 Internet 提供的各种工具去获取 Internet 提供的巨大信息资源。在理论上，任何一个地方的任意一个 Internet 用户都可以从 Internet 上获得任何方面的信息，如自然、社会、政治、历史、科技、教育、卫生、娱乐、金融、商业和天气预报等。

6.2.1 Internet 的发展历史

1969 年,美国国防部高级研究计划署资助建立了世界上第一个分组交换试验网 ARPANET。ARPANET 将位于美国不同地方的几个军事及研究机构的计算机主机连接了起来，它的建成和不断发展标志着计算机网络发展的新纪元。ARPANET 是研究人员最初在 4 所大学之间组建起来的一个实验性网络。随后深入的研究促使了 TCP/IP 的出现与发展。1983 年年初，美国军方正式将其所有军事基地的各个网络都连到了ARPANET 上，并全部采用 TCP/IP，这标志着 Internet 的正式诞生。ARPANET 实际上是一个网际网，被当时的研究人员简称为 Internet。同时，开发人员用 Internet 这一称呼来特指为研究建立的网络原型，这一称呼一直被沿用至今。

作为 Internet 的第一代主干网，ARPANET 虽然已经"退役"，但它对网络技术的发展产生了重要的影响。

20 世纪 80 年代，美国国家科学基金会（National Science Foundation，NSF）认识到计算机网络对科学研究的重要性，于是游说美国国会，获得资金组建了一个从开始就使用 TCP/IP 的网络 NSFNET。NSFNET 取代 ARPANET，于 20 世纪 80 年代末正式成为 Internet 的主干网。NSFNET 采取的是一种层次结构，分为主干网、地区网与校园网。各主机连入校园网，校园网连入地区网，地区网连入主干网。NSFNET 扩大了网络的容量，入网者主要是大学和科研机构。它同 ARPANET 一样，都是由政府出资的，不允许商业机构介入。

20 世纪 90 年代，商业机构开始介入 Internet，带来了 Internet 的第二次飞跃。自 Internet 问世后，每年加入 Internet 的计算机都呈指数式增长。不久 NSFNET 就出现了网络负荷过重的问题，NSF 意识到政府无力承担组建一个新的、更大容量的网络的全部费用，于是鼓励 MERIT、MCI 与 IBM 这 3 家公司接管了 NSFNET。这 3 家公司共同组建了一个非营利性的公司 ANS，并于 1990 年接管了 NSFNET。到 1991 年年底，NSFNET 的主干网与 ANS 提供的新主干网连通构成了 ANSNET。与此同时，很多商业机构也开始运行它们的商业网络并连接到主干网上。NSFNET 最终向全社会开放，成为现代 Internet 的主干网。Internet 服务和内容的日益丰富，也使 Internet 得到了长足的发展。1995 年以来，Internet 用户的数量呈指数式增长，平均每半年翻一番。今天，Internet 的影响已经深入人们社会生活的各个方面，从网上聊天、网上购物到网上办公以及信息传递等，人们无时无处不受 Internet 的影响，Internet 已成为人们与世界沟通的一个重要窗口。

6.2.2　Internet 在我国的发展

Internet 在我国起步较晚。1986 年，中国科学院等一些科研单位通过国际长途电话线拨号到欧洲一些国家，进行国际联机数据库信息检索，开始初步接触 Internet。1990 年，中国科学院高能所、北京计算机应用研究所、电子部华北计算所、石家庄 54 所等单位先后通过 X.25 网接入欧洲一些国家，实现了我国用户与 Internet 之间的电子邮件通信。1993 年，中国科学院高能所实现了与美国斯坦福线性加速中心的国际数据专用信道互连。经过几十年的发展，现在我国的 Internet 无论是在基础设施的建设还是在 Internet 的应用方面，都走到了世界的前列。截至 2022 年 12 月，我国网民规模已达 10.67 亿。

6.2.3　TCP/IP 体系

传输控制协议/互联网协议（Transmission Control Protocol/Internet Protocol，TCP/IP）是 Internet 采用的协议簇，是目前流行的商业化网络协议。尽管它不是某一标准化组织提出的正式标准，但它已被公认为目前的工业标准、事实标准。Internet 之所以能发展迅速，就是因为 TCP/IP 能够适应和满足世界范围内数据通信的需要。TCP 和 IP 是 TCP/IP 体系下两个最为重要的协议。

1．TCP/IP 体系结构的层次

TCP/IP 体系结构将网络划分为 4 层，分别是网络接口层（Network Interface Layer）、网际层（Internet Layer）、传输层（Transport Layer）和应用层（Application Layer）。

2．TCP/IP 各层的基本功能

（1）网络接口层

在 TCP/IP 分层体系结构中，最底层的网络接口层又称主机接口层，负责接收 IP 数据报并通过网络发送出去，或者从网络上接收物理帧，抽取数据报交给网际层。TCP/IP 体系结构并未对网络接口层使用的协议做出硬性的规定，它允许主机连入网络时使用多种现成的和流行的协议，如局域网协议或其他一些协议。

（2）网际层

网际层又称互连层，是 TCP/IP 体系结构的第二层。网际层负责将源主机的报文分组发送到目的主机，源主机与目的主机可以在一个网上，也可以在不同的网上。

（3）传输层

传输层位于网际层之上，它的主要功能是负责应用进程之间的端到端通信。在 TCP/IP 体系结构中，设计传输层的主要目的是在网际层中的源主机与目的主机的对等实体之间建立用于会话的端到端连接。

（4）应用层

应用层是最高层，用于提供网络服务，例如文件传输、远程登录、电子邮件、域名服务和简单网络管理等。

TCP/IP 使不同厂家、不同规格的计算机系统可以在 Internet 上正确地传递信息，可向 Internet 上的其他主机发送 IP 数据报。TCP 和 IP 是 TCP/IP 体系中保证数据完整传输的两个基本的重要协议；除了这两个协议，TCP/IP 还包括上百个各种功能的协议，如远程登录协议、文件传输协议、电子邮件协议、动态路由协议、地址转换协议等。图 6-2 所示为 TCP/IP 协议栈。

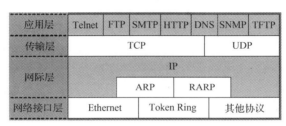

图 6-2　TCP/IP 协议栈

6.2.4　Internet 中的地址标识

在 Internet 中，标识计算机要用到 3 个层次的地址：主机名（域名）、IP 地址和网卡地址。这 3 个地址使用的环境不同，但都表示唯一的计算机或者设备。主机名是一些有意义的字符串，便于人们记忆和使用。IP 地址的表示方式是 4 字节或 16 字节的有一定结构的数字，必须经过专门机构的分配，适合于管理和网间寻址。网卡地址是固化在网卡上的一个网卡编号，出厂时就确定了，在分布上没有规律，网卡能够自动识别，适合于网内寻址。这 3 个地址的关系有些类似移动电话中的地址簿、电话号码和号码卡编号。地址簿是为了方便电话使用者而引入的，用户拨号时只需指明对方姓名，由系统自动转换成电话号码，根据电话号码在移动电话网络中寻址，到达该卡（手机）的接入点，最后由接入点指定该卡的号码卡编号（号码卡编号是固化在卡上的编号，手机在收发信息时是以该编号为依据的），把信息发出去，手机就可以收到信息了。

1．网卡地址

每块网卡在生产时，都会由厂商指定一个 6 字节的编号，并固化在网卡上面，网卡在收发数据时是按照该编号进行的。该编号也称为物理地址或者 MAC 地址。网卡编号在地理分配上没有规律，在主机数量不多的局域网内部，作为寻址依据。但在整个 Internet 中，数据必须穿越多个网络才能到达目的主机所在的网络。对于这种穿越网络的网间寻址，必须引入可以配置、可以管理的逻辑地址——IP 地址。

2．IP 地址

IP 地址是 Internet 使用的网络地址，符合 TCP/IP 规定的地址方案，这种地址方案与日常生活中涉及的通信地址和电话号码相似，涉及 Internet 服务的每一个环节。IP 要求所有参加 Internet 的网络节点有一个统一格式的地址，简称 IP 地址。这个 IP 地址在整个 Internet 网络中是唯一的。

（1）IP 地址的格式

IP 地址可用二进制数和十进制数来表示。二进制的 IPv4 地址为 32 位，分为 4 个 8 位二进制数，如 11010010.00100110.00000011.00000100。为了便于用户识别和使用，IP 地址可以用 4 组十进制数表示。每 8 位二进制数用一个十进制数表示，并以小数点分隔。例如，上例用十进制表示为 210.38.3.4。注意，用点分记法的 IP 地址需用 3 个点隔开 4 个十进制数字，每个数字的取值范围是 0～255，如 1.2.3.258、1.2.3、1.2.3.4.5 都是错误的。

（2）IP 地址的分类

IP 地址由网络号和主机号两部分组成，根据网络号的范围可分为 A 类、B 类、C 类、D 类和 E 类。

A 类 IP 地址采用 1 字节共 8 位表示网络号（最高位为 0，余下的 7 位可表示不同的网络号），3 字节共 24 位表示主机号，可使用 $2^{8-1}-2=126$ 个不同的大型网络，每个网络拥有 $2^{24}-2=16774214$ 台主机，其 IP 地址的范围为 1.0.0.0～126.255.255.255。

B 类 IP 地址采用 2 字节共 16 位表示网络号（最高两位为固定的"10"），2 字节共 16 位表示主机号，可使用 $2^{16-2}-2=16384$ 个不同的中型网络，每个网络拥有 $2^{16}-2=65534$ 台主机，其 IP 地址的范围为 128.0.0.0～191.255.255.255。

C 类 IP 地址采用 3 字节共 24 位表示网络号（最高 3 位为固定的"110"），1 字节共 8 位表示主机号，一般用于规模较小的本地网络，如校园网等。C 类 IP 地址可使用 $2^{24-3}-2=2097152$ 个不同的网络，每个网络可拥有 $2^8-2=254$ 台主机，其 IP 地址的范围为 192.0.0.0～223.255.255.255。

D 类和 E 类 IP 地址用于特殊目的。D 类 IP 地址的范围为 224.0.0.0～239.255.255.255，称为组播地址。E 类 IP 地址的范围为 240.0.0.0～255.255.255.255，是一个用于实验的地址范围，并不用于实际的网络。

为了确保 IP 地址在 Internet 上的唯一性，IP 地址统一由各级网络信息中心（Network Information Center，NIC）分配。NIC 面向服务和用户（包括不可见的用户软件），在其管辖范围内设置各类服务器。国际级的 NIC 中的 RIPENIC 负责欧洲地区的 IP 地址分配，APNIC 负责亚太地区的 IP 地址分配，INTERNIC 负责美国及其他地区的 IP 地址分配。

（3）网络掩码

网络掩码的作用是识别网络号，判别主机属于哪一类网络。它可以用一个 32 位的二进制数表示，也可采用点分十进制记法。

设置子网掩码的规则：凡 IP 地址中表示网络地址部分的那些位，在网络掩码的对应位上置 1，表示主机地址部分的那些位设置为 0。A、B、C 类 IP 地址的网络掩码分别为 255.0.0.0、255.255.0.0、255.255.255.0。例如，IP 地址 210.38.208.168，其第 1 字节 210 转换为二进制为 11010010，高 3 位为"110"，因此该 IP 地址属于 C 类地址，其子网码为 255.255.255.0。

从以上描述可以看出 IP 地址的数量是有限的。理论上可以使用的 IP 地址为 2^{32}，约 43 亿个，但实际上最多可以被使用的 IP 地址约 37 亿个。由于 Internet 的快速发展，接入的计算机数量飞速增长，IP 地址面临枯竭的危险。为了解决这个问题，1994 年，因特网工程任务组（Internet Engineering Task Force，IETF）开始开发新的 IP 版本 IPv6，把 IP 地址的位数增加到了 128 位。2012 年，全球 IPv6 网络正式启动并迅速得到推广应用，IPv6 正逐步取代现有的 IPv4。据国家 IPv6 发展监测平台统计数据，2023 年 2 月，中国移动网络 IPv6 占比达到 50.08%，首次实现移动网络 IPv6 流量超过 IPv4 流量的历史性突破。

3. 域名系统

IP 地址用数字表示不便于用户记忆，另外从 IP 地址上也看不出拥有该地址的组织的名称或性质，同时也不能根据公司及组织名称（或组织类型）来猜测其 IP 地址，于是就产生了域名系统。域名系统用字符来表示一台主机的通信地址，如 cn 代表中国的计算机网络，cn 就是一个域。域下面按领域又分子域，子域下面又有子域。在表示域名时，自右到左结构越来越小，域间用圆点"."分隔。例如，moe.gov.cn 是一个域名，cn 是表示中国的顶级域名，gov 表示网络域 cn 下的一个子域，moe 则是 gov 的一个子域。同样，对一台计算机也可以进行命名，称为主机名。在表示一台计算机时把主机名放在其所属域名之前，用圆点分隔开，由此形成主机地址，便可以在全球范围内区分不同的计算机了。例如，ftp.moe.gov.cn 表示 moe.gov.cn 域内名为 ftp 的计算机。国家和地区的域名常使用两个字母表示。域名地址在 Internet 实际运行时由专用的服务器转换为 IP 地址，这种转换工作称为 DNS（Domain Name System，域名系统）服务。

在 DNS 中，域名采用分层结构。整个域名空间呈一个倒立的分层树状结构，每个节点上都有一个名字，每个主机域名序列的节点间用圆点"."分隔。典型的结构为：计算机主机名.机构名.网络名.顶级域名。

为保证域名系统的通用性，Internet 规定了一些正式的通用标准，从顶层至最下层，分别称为顶级域名、二级域名、三级域名等。顶级域名代表某个国家、地区或大型机构的节点；二级域名代表部门系统或隶属一级区域的下级机构；三级及其以下的域名是本系统、单位的名称；最前面的计算机主机名是计算机的名称。较长的域名表示是为了唯一地标识一个主机，并说明需要经过更多的节点层次，与日常通信地址的国家、省、市、区的行政结构很相似。根据各级域名所代表含义的不同，域名可以分为地理性域名和机构性域名。掌握它们的命名规律，可以方便地判断一个域名和地址名称的含义及该用户所属网络的层次。表 6-1 列出了机构性质域名的标准。

表6-1　机构性质域名的标准

域名	含义	域名	含义
com	商业机构	mil	军事机构
edu	教育机构	net	网络服务提供者
gov	政府机构	org	非营利组织
int	国际机构	—	—

我们通常见到的许多域名地址从右往左数的第二部分才是表 6-1 中给出的部分。这时，域名地址右边的第一部分是域名的国家或地区代码。如教育部 WWW 服务器的域名是 www.moe.gov.cn，其中 www 指主机名，moe 代表教育部（Ministry of Education），gov 表示政府机构，cn 代表中国。表 6-2 列出了部分地理性域名的标准。

除美国以外的大多数域名地址中都有地理性域名，美国的机构则直接使用顶级域名。

表6-2　部分地理性域名的标准

域名	国家或地区	域名	国家或地区	域名	国家或地区
au	澳大利亚	fl	芬兰	nl	荷兰
be	比利时	fr	法国	no	挪威
ca	加拿大	ie	爱尔兰	nz	新西兰
ch	瑞士	in	印度	ru	俄罗斯
cn	中国	it	意大利	se	瑞典
de	德国	jp	日本	uk	英国
dk	丹麦	kp	韩国	us	美国

6.2.5　Internet 连接和测试

Internet 服务商又称因特网服务提供方（Internet Service Provider，ISP）。例如，美国最大的 ISP 是美国在线，我国最大的 ISP 是中国四大骨干网。

要接入 Internet，必须向提供接入服务的 ISP 提出申请，也就是说要找一个信息高速公路的入口。一且与 ISP 连通，要浏览什么网站、使用什么服务都由用户自己决定。

1．Internet 的连接

从终端用户计算机接入 Internet 的方式有多种，包括通过局域网接入、综合业务数字网（Integrated Service Digital Network，ISDN）接入、非对称数字用户线（Asymmetric Digital Subscriber Line，ADSL）接入、数字数据网（Digital Data Network，DDN）专线接入（即专线入网）、光纤接入、Cable-Modem 接入等。这里仅介绍两种接入方式，其他内容可扫描二维码查看。

（1）局域网接入方式

如果本地的计算机较多且有很多人同时需要使用 Internet，此时可以考虑把这些计算机连成一个局域网（LAN），再向 ISP 租用一条专门的线路上网。作为局域网的每个用户的计算机需配置一块网卡，并通过一根电缆连至本地局域网，便可进入 Internet。目前 LAN 接入技术已比较成熟，上网速度快，但传输距离短，投资成本较高。

（2）光纤接入方式

光纤接入是指 ISP 端与用户之间完全以光纤作为传输介质。光纤接入可以分为有源光接入和无源光接入。目前，光纤传输的复用技术发展非常快，多数已处于实用化状态。它是一种理想的宽带接入方式，其特点是可以很好地解决宽带上网的问题，传输距离远、速度快、误码率低、基本不受电磁干扰，可保证信号传输质量。

2．查看本地网络连接

主机上网有多种连接方式，通过网卡和无线网卡上网是家庭上网比较常见的方式。在 Windows 10 中，查看本机有哪些网络连接及这些连接的状态的方法如下。

若计算机安装了无线网卡，则在任务栏中会显示"无线信号强度状态"图标。单击该图标，会显示出搜索到的无线网络情况，如图 6-3 所示。如果搜索到多个无线网络，则在这里可以选择要启用的无线网络。在该图标上单击鼠标右键，在弹出的快捷菜单中选择"打开'网络和 Internet'设置"命令，如图 6-4 所示，则会显示图 6-5 所示的界面。在该界面中会显示当前的网络连接状态，用户可以查看本地连接（有线网卡）和当前的无线连接，还可以进行更改连接的设置。

图 6-3 "无线信号强度状态"图标

图 6-4 打开"网络和 Internet"设置

图 6-5 "状态"界面

如果计算机没有安装无线网卡，则任务栏中不会显示"无线信号强度状态"图标，要打开"网络和 Internet"需要在 Windows 设置中进行。其方法为：在"开始"菜单中选择"设置"命令，将弹出图 6-6 所示的窗口，选择"网络和 Internet"选项，也可以打开图 6-5 所示的界面。

图 6-6　Windows 设置

3. 设置 IP 地址

在图 6-5 所示界面中单击"高级网络设置"中的"更改适配器选项"，会弹出"网络连接"窗口，如图 6-7 所示。在该窗口中可以对网络连接进行属性设置、禁用操作和诊断操作等。在当前所连接的网络项上单击鼠标右键，在弹出的快捷菜单中选择"属性"命令（见图 6-7），将打开图 6-8 所示的网络属性对话框。

图 6-7　"网络连接"窗口

图 6-8　网络属性对话框

在图 6-8 所示对话框中列出了该网络连接绑定的服务和协议，用户可以安装新服务和协议，也可以卸载已经安装的服务和协议。勾选"Internet 协议版本 4（TCP/IPv4）"复选框，单击"属性"按钮，会弹出网络参数设置对话框，如图 6-9 所示。选中"使用下面的 IP 地址"单选按钮，并在该区域输入 IP 地址，此处输入"192.0.2.100"，子网掩码是"255.255.255.0"。此 IP 地址是网络管理员分配的，默认网关和 DNS 服务器的地址也要询问网络管理员。例如，本网络的网关是"192.0.2.1"，DNS 服务器地址为"210.38.208.130"和"210.38.208.50"。当网络中有自动分配网络参数功能时，可以将单选按钮"自动获得 IP 地址"选中，关闭该对话框后，系统将自动寻找 DHCP 服务器（可以自动分配网络参数的服务器），获取相关网络参数，完成自我配置。此功能称为网络的"即插即用"功能，既可方便网络用户，又可方便管理人员。

4．进行 Internet 测试

网络连接完毕，还要对网络进行测试。ping 是 Windows 操作系统自带的一个可执行命令，通过它可以检查网络是否能够连通。使用好它可以很好地帮助我们分析、判定网络故障。一般的测试可以从以下两个方面来进行。

（1）测试网卡的设置是否正确

在 Windows 10 操作系统中选择"开始"→"Windows 系统"→"命令提示符"命令，进入命令提示符窗口。如本机的 IP 地址是 192.0.2.100，就执行以下命令：

```
ping 192.0.2.100
```

如果屏幕上出现了图 6-10 所示的信息，就表明网卡设置没有错误。如果出现了其他信息，就表明网卡的设置有问题，需要重新检查所有的参数。

图 6-9　网络参数设置对话框

```
C:\Documents and Settings\Administrator>ping 192.0.2.100
Pinging 192.0.2.100 with 32 bytes of data:
Reply from 192.0.2.100: bytes=32 time<1ms TTL=64
Reply from 192.0.2.100: bytes=32 time=5ms TTL=64
Reply from 192.0.2.100: bytes=32 time<1ms TTL=64
Reply from 192.0.2.100: bytes=32 time=2ms TTL=64
Ping statistics for 192.0.2.100:
    Packets: Sent = 4, Received = 4, Lost = 0 (0% loss),
Approximate round trip times in milli-seconds:
    Minimum = 0ms, Maximum = 5ms, Average = 1ms
```

图 6-10　ping 主机 192.0.2.100 成功的显示

（2）检查网络是否通畅

如果网卡设置没有错误，就应该测试网络是否通畅。用户可以用"ping 网关 IP 地址"的方法测试，例如，接上例，在命令提示符窗口中输入 ping 192.0.2.1。执行后，如果显示类似图 6-10 所示的信息，则表明局域网中的网关、路由器正在正常运行。如果出现图 6-11 所示的信息，则说明本机到网关的连接有问题，这时是没办法上网的，需要重新检查网络连接。

```
C:\Documents and Settings\Administrator>ping 192.0.2.1
Pinging 192.0.2.1 with 32 bytes of data:
Request timed out.
Request timed out.
Request timed out.
Request timed out.
Ping statistics for 192.0.2.1:
    Packets: Sent = 4, Received = 0, Lost = 4 (100% loss)
```

图 6-11　ping 主机 192.0.2.1 失败的显示

6.3　Internet 应用

6.3.1　Edge 浏览器的基本操作

浏览器是一种用于搜索、查找、查看和管理网络上信息的带图形交互界面的应用软件，常用的浏览器软件有很多，如 Chrome、Mozilla Firefox 及 360 浏览器等。本书将介绍 Windows 10 附带的浏览器 Edge。

1. 启动 Edge

双击桌面上的 Edge 图标  启动 Edge 浏览器，此时会出现与图 6-12 所示类似的窗口。Edge 浏览器在标题栏处显示了当前浏览的网页名称，在地址栏上显示网页地址，此外 Edge 浏览器还提供了设置主页、收藏网站、保存网页等功能。

图 6-12　Edge 浏览器窗口

2. 设置浏览器主页

浏览器主页是指每次启动 Edge 时默认访问的页面。如果希望在每次启动 Edge 时都进入"搜狐"的页面，可以把该页面设置为主页，具体操作步骤如下。

① 单击浏览器右上角的"…"按钮（3 个小点，表示"设置及其他"功能选项），在展开的下拉列表中找到"设置"，单击它进入"设置"界面。

② 如图 6-13 所示，在设置界面里，找到并单击左侧的"开始、主页和新建标签页"。在新界面里选择"打开以下页面"，单击它下方的"添加新页面"按钮。

③ 在弹出的对话框中输入想要设置的默认主页的网址，这里为"https://www.sohu.com"，单击"添加"按钮，完成设置。

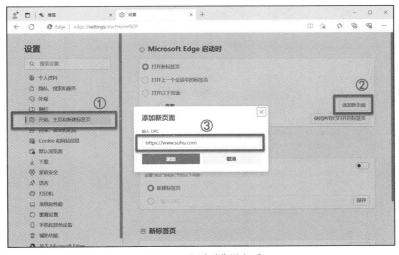

图 6-13　设置浏览器主页

3. 收藏网页

用户在上网的过程中经常会遇到自己喜欢的网站,为了以后能方便地访问这些网站,通常采取记下该网站网址的方法。为此,Edge 为用户提供了一个保存网址的工具——收藏夹。以收藏"百度"网页为例,操作步骤如下。

① 打开一个需要保存的网页,如"https://www.baidu.com/"。

② 如图 6-14 所示,在地址栏右侧单击"将此页面添加到收藏夹"按钮,在弹出的"编辑收藏夹"对话框中单击"完成"按钮。

打开收藏的网页,具体操作步骤如下。

① 如图 6-15 所示,单击地址栏右侧的"收藏夹"按钮(注意与前面"将此页面添加到收藏夹"不是同一个按钮),可以看到"收藏夹栏"下拉列表中已存在百度网站选项。

② 单击相应的选项即可打开相应的网页。

图 6-14　收藏网页

图 6-15　打开收藏的网页

4. 保存网页

若想将当前访问的网页保存至计算机中,操作步骤如下。

① 单击浏览器右上角的"…"按钮,如图 6-16 所示,在展开的下拉列表中找到"更多工具",在其子列表中选择"将页面另存为"。

图 6-16　保存网页

② 在弹出的"另存为"对话框中选择保存网页的位置,并确定文件名及保存类型,如图 6-17 所示。

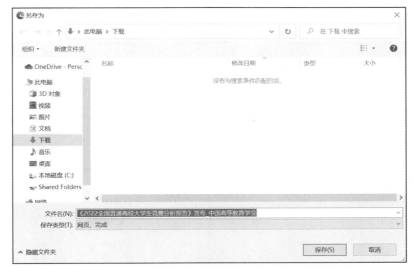

图6-17 "另存为"对话框

一般网页的保存类型有以下3种。

（1）网页，完成：这种类型是将网页以及网页元素全部保存下来，会自动生成页面文件以及文件夹。

（2）网页，单个文件：这种类型是以将所有网页元素生成为一个文件的方式进行保存。

（3）网页，仅HTML：这种类型只能保存当前页面，页面中的图片等是无法保存的。

6.3.2 网络搜索引擎的使用

Internet在不断扩大，它几乎有无尽的信息资源供用户查找和利用，人们从大量的信息资源中迅速、准确地找到自己需要的信息就显得尤为重要。下面介绍搜索引擎的用法。

1. 搜索引擎的服务方式

在网络上搜索信息，除了使用网页浏览器进行简单的搜索外，还可以利用搜索引擎进行搜索。搜索引擎实际上也是网站，是提供查询网上信息的专门站点。搜索引擎站点周期性在Internet上收集新的信息，并将其分类存储，这样就建立了不断更新的数据库；用户在搜索信息时，实际上就是从相应库中查找，找到后如需阅读，再跳转到存放该信息的网站。搜索引擎的服务方式有目录搜索和关键字搜索。

（1）目录搜索

目录搜索是指将搜索引擎中的信息分成不同的若干大类，再将大类分为子类、子类的子类……最小的类中包含具体的网址，用户直到找到相关信息的网址才算搜索完成。也就是说，搜索引擎按树状结构组成供用户搜索的类和子类，这种查找类似在图书馆找书的方法，适用于按普通主题查找。

（2）关键字搜索

关键字搜索是指搜索引擎向用户提供可输入要搜索信息的关键字的文本框界面，用户按一定规则输入关键字后，单击搜索文本框右侧的"搜索"按钮，搜索引擎即会开始搜索相关信息，然后将满足关键字要求的结果返回给用户，返回的信息也是包含超链接的页面，用户单击超链接后，可以进入相应的页面。

2. 如何使用搜索引擎

在输入搜索关键字时，可以直接输入搜索关键字，也可以使用AND、OR、NOT和通配符"*"（有些搜索引擎可能不完全支持）。例如，在搜索文本框中输入"计算机 AND 报价"将返回包含"计算机"与"报价"的网站信息。通配符"*"用于代替一个由多个字母组成的单词，例如，在搜索文本框中输入"take * of"，可以查到诸如take charge of、take control of、take advantage of、take command of等词组。

3. 常见搜索引擎的使用

用户常见的搜索引擎有百度搜索引擎、搜狗搜索引擎、360 搜索引擎等。百度搜索引擎的界面如图 6-18 所示。在搜索文本框中输入关键字后，单击"百度一下"按钮，可以搜索所有与关键字匹配的信息或部分匹配的信息。需要说明的是，百度在搜索信息时对关键字没有顺序要求，例如，输入"中国奥运冠军"，只要信息中出现"中国""奥运""冠军"3 个词，不管顺序如何都被认为是满足条件的。

图 6-18　百度搜索引擎界面

搜狗搜索引擎、360 搜索引擎的用法与百度搜索引擎的用法类似。这 3 种搜索引擎各有特点，输入同一个关键字后搜索出来的网络信息往往并不一样。建议将各种搜索引擎结合使用，这样可以达到更好的效果。

6.3.3　文件传输操作

1. 利用浏览器进行文件下载

使用浏览器下载文件比较简单，不需要进行特别的设置，只要能正常浏览网页就可以。以 Edge 浏览器为例，具体操作步骤如下。

① 打开要下载的文件所在的网页，单击要下载的文件超链接，文件会直接下载到系统默认的下载位置。此时浏览器右上角将会出现"下载"面板，当下载完成后，显示已下载的文件列表，如图 6-19 所示。

② 在"下载"面板中，每个下载项下方显示了"打开文件"超链接，单击会直接打开该文件。此外，当鼠标指针移至该项右方时出现"文件夹"图标和"删除"图标，分别用于打开下载文件所在文件夹和删除该下载文件。如单击"文件夹"图标，将打开图 6-20 所示的文件夹。

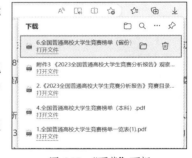

图 6-19　"下载"面板

图 6-20　打开下载文件夹

2. 使用 FTP 软件传输文件

① 打开网页浏览器（这里使用 360 浏览器），在地址栏中输入"ftp://默认域名"（注意不是 http:// 或 https://），按 Enter 键，将会登录到相应的 FTP 服务器，如图 6-21 所示。

图 6-21　FTP 服务器目录

② 如果该服务器不支持匿名登录，将会出现输入用户名和密码的对话框，用户名和密码由服务器管理员提供。如果匿名登录后要换名或以其他用户身份登录，选择"文件"→"登录"命令，将弹出"登录"对话框，进行重新登录即可；当然，也可以在窗口的空白处单击鼠标右键，在弹出的快捷菜单中选择"登录"命令。

③ 在图 6-21 所示的窗口中，用户可以将本地计算机中的文件和目录复制到 FTP 服务器的目录中，以实现文件的上传；此外，也可以将 FTP 服务器中的文件和目录复制到本地计算机的目录中，以实现文件的下载。

3. 智能手机与计算机之间的文件传输

① 通过手机数据线传输文件。

首先使用 USB 线将智能手机（此处以 Android 智能手机为例）与计算机相连，并选择通过 USB 传输文件。在弹出的 USB 选项中选择"传输文件"，打开"此电脑"窗口，选择已经连接的智能手机。单击"内部存储设备"，此时就可以将手机文件传送到计算机了。不同厂商的智能手机可能在操作上有所不同。

② 通过微信 App 和微信客户端传输文件。

只需在智能手机和计算机上都下载安装微信软件，然后在软件界面上找到"文件传输助手"，就可以实现智能手机与计算机之间的文件传输了。同理，利用腾讯公司 PC 端和智能手机端的 QQ 软件也可以实现两种设备之间的文件传输。

6.3.4　电子邮件简介

电子邮件（E-mail）是 Internet 提供的一个重要的服务。相比传统的邮件，电子邮件不但可以节省邮费，而且方便、快捷——无论什么时间、在什么地方，用户只要能连上 Internet，就可以接收和发送电子邮件。

1. 电子邮件的定义

电子邮件是利用计算机网络与用户进行联系的一种高效、快捷、价廉的现代化通信手段。电子邮件与传统邮件大同小异，只要通信双方都有电子邮件地址，便可以进行相互通信。

2. 电子邮件的协议

Internet 上的电子邮件系统采用客户-服务器模式，信件的传送要通过相应的软件来实现，这些软件还要遵循有关的邮件传输协议。用于发送电子邮件时使用的协议有简单邮件传送协议（Simple Mail Transport Protocol，SMTP），用于接收电子邮件的协议有邮局协议（Post Office Protocol，POP）。发信者发邮件到所登记的邮局服务器上，邮局服务器之间传送邮件用的都是 SMTP。而接收用户从邮局服务器上下载邮件进行阅读，使用的是 POP。POP 现在用得最多的是 POP3。

3. 电子邮件地址

用户在 Internet 上收发电子邮件，必须要有一个电子信箱，每个电子信箱都有唯一的地址，通常称为电子邮件地址。电子邮件地址由两部分组成，以符号"@"分隔，"@"前面为用户名，后面为邮件服务器的域名。如"Teacher_Yu@163.com"中，"Teacher_Yu"为用户名，"163.com"为网易邮件服务器的域名。

6.3.5　网盘的使用

网盘就是网络公司将其服务器的硬盘或者硬盘阵列中的一部分磁盘空间，以免费或者收费的形式为用户提供文件存储、备份和共享等文件管理功能的在线服务。用户可以将网盘看作网络上的硬盘或者 U 盘，只要能够连接到 Internet，就可以管理、编辑网盘中的文件。网盘不仅不需要随身携带，而且网盘的文件拥有异地容灾备份的功能。

从服务功能和服务对象上看，网盘分为个人网盘和企业网盘两大类。个人网盘主要用于个人文件的备份，也可以将个人的业务文件存放在网盘中，方便移动办公时使用。企业网盘则重点考虑企业数据安全管理和多人协作等问题。在企业网盘中，可以为不同权限的用户提供浏览、编辑、删除、备份、上传、下载、添加动态水印等功能，而且会完整记录使用者对文档的所有操作，确保文件的安全和协同操作。

下面以百度网盘为例，介绍网盘的使用方法。百度网盘已经开发了覆盖主流 PC 和手机操作系统等的版本，包含 Web 版、Windows 版、Mac 版、Android 版、iPhone 版等。通过百度网盘，用户可以轻松将自己的文件上传到网盘中，还可以自由管理网盘中存储的文件，并可跨终端随时随地查看和分享文件。Windows 中百度网盘的使用方法为：先安装百度网盘，登录后的界面如图 6-22 所示，在"我的网盘"中就可以上传图片、视频等文件。

图 6-22　百度网盘的界面

在"传输列表"界面中可以看到自己下载/上传资源的进度，在不清除记录的前提下，也可以看到自己的传输历史，如图 6-23 所示。

用户可以通过"好友分享"界面看到和下载好友分享的文件资源，同时也可以给好友分享自己的资源，如图 6-24 所示。

用户可以通过"超链接+提取码"的方式进行文件分享：选择要分享的文件，在菜单栏中单击"分享"，选择分享的形式（有提取码或无提取码）及有效期（如永久有效、7 天、1 天等），如图 6-25 所示。设置完成后，对方直接单击好友分享的超链接，并输入对应的提取码（若分享时设置为有提取码）即可获得想要的文件资源。

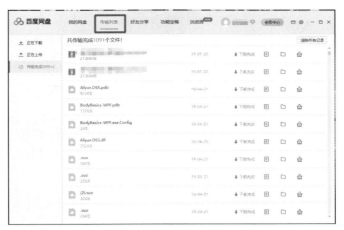

图 6-23　百度网盘的"传输列表"界面

图 6-24　百度网盘的"好友分享"界面

图 6-25　分享文件操作界面

6.4　移动互联网基础

　　智能手机、平板电脑等智能化移动便携设备的大规模使用，Wi-Fi 的广泛铺设、5G 网络的普及，推动着互联网向移动互联网（Mobile Internet，MI）发展。简单来说，移动互联网是一种通过智能移动终端，采用移动无线通信的方式来获得互联网服务的业务方式。值得注意的是，不能把移动互联网看成桌面互联网向移动通信方式的简单扩展。移动互联网中新的技术、新的平台、新的商业模式和新的应用，不仅使人们可以随时随地享受互联网的服务，还改变了人们的消费方式、出行方式、学习方式和社交方式等，甚至改变了国家经济的增长模式。

6.4.1　移动互联网的起源和发展

　　1999 年 2 月，日本推出 i-mode 手机增值业务，这可以看作移动互联网的开端。i-mode 业务提供了包括互联网、手机电子邮件、动画内容下载、音乐/视频下载和彩铃、彩信下载等服务。我国的移动互联网（CMNET）是在 2000 年 5 月正式投入运行的，用户可以通过 CMNET 接入点访问中国移动网络，且具有 Internet 完全访问权。

　　我国的移动互联网经历了萌芽期、成长培育期、高速发展期和全面发展期 4 个阶段，具体内容可扫描二维码查看。

6.4.2 移动互联网的层次结构

从层次上看，移动互联网可以分成终端层、网络层和应用层 3 个层次。

1. 终端层

移动互联网的终端层是指采用无线通信技术接入互联网的终端设备。当前，主要的移动互联网终端包括智能手机、平板电脑、笔记本电脑、移动穿戴设备等。

智能手机的问世和应用，在全球范围内掀起了移动互联网终端的智能化热潮，从根本上改变了终端作为移动互联网末梢的传统定位。移动互联网终端成为互联网业务的关键入口和主要的创新平台，成为新型媒体、电子商务、信息服务平台、互联网资源、移动网络资源与环境交互资源的重要枢纽。其中，操作系统和处理器芯片成为当今整个产业的战略制高点。移动互联网终端引发的颠覆性变革揭开了移动互联网产业发展的序幕，开启了一个新的技术产业。随着移动互联网终端的持续发展，其影响力堪比收音机、电视机和个人计算机，成为人类历史上第 4 个应用广泛、普及迅速、影响深远、渗透到人类社会生活方方面面的终端产品。

2. 网络层

网络层是指融合多种技术的新型宽带无线通信网络。作为移动互联网的神经中枢和大脑，它通过解决网络系统中的便携性、个性化、多媒体业务、综合服务等问题，使用户能够随时随地按需接入互联网，使用各种 Internet 应用。主要的无线网络技术包括 2G、3G、4G、5G、Wi-Fi、ZigBee、Bluetooth 等。

3. 应用层

应用层是移动互联网的终点和归宿，它直接与应用程序通过接口建立联系，并为用户提供常见的移动互联网应用业务，主要的表现形式是功能繁多的各种 App。

6.4.3 移动互联网技术

下面主要从无线接入技术、移动终端、移动操作系统 3 个方面介绍移动互联网。

1. 无线接入技术

（1）移动通信技术

现代移动通信技术以 1986 年第一代通信技术的发明为标志。我们经常用 1G 表示第一代移动通信技术，其中 G 是 generation 的缩写，表示"代"的意思。1G 是采用模拟技术的蜂窝无线电话系统。由于采用模拟信号传输，因此只能传输语音信号，而且存在语音品质低、信号不稳定、安全性差、容易受到干扰等缺点。

第二代移动通信技术（2G）采用数字调制技术，实现了手机上网和文字信息传输，但其数据传输速度只有 9.6~14.4kbit/s。2G 时代也是移动通信标准争夺的开始，主要的通信标准有以摩托罗拉为代表的美国标准 CDMA（Code Division Multiple Access，码分多路访问）和以诺基亚为代表的欧洲标准 GSM（Global System for Mobile communication，全球移动通信系统）。

第三代移动通信技术（3G）也称为高速数据传输的蜂窝移动通信技术。通过采用新的电磁波频谱制定新的通信标准，3G 网络的传输速率达到 384kbit/s，在室内稳定环境下甚至达到了 2Mbit/s 的水平。值得一提的是，在 1G、2G 时代，我国的移动通信是从零开始的，几乎没有任何技术储备。即使在 3G 发展的初期，技术方案几乎还是停留在图纸作业上，没有芯片，没有手机，没有基站，没有仪器仪表，一切都要从基础做起。在我国通信技术人员的不懈努力下，1998 年 6 月我国提出了自己的 3G 标准——TD-SCDMA。经过艰难的谈判和努力，2000 年 5 月 TD-SCDMA 终于得到国际电信联盟的批准，与WCDMA、CDMA2000 一起成为第三个 3G 通信标准。TD-SCDMA 国际标准的确定，为我国参加 4G、5G 国际标准的制定奠定了坚实基础。我国逐渐开始拥有了核心知识产权和国际标准的话语权。

第四代移动通信（4G）是在3G的基础上发展起来的，由于其采用了更为先进的通信协议，因此在通信速度上有非常大的提升，理论上其速度是3G的50倍，但实际测试中只达到10倍左右。第四代无线通信使用了TD-LTE和FDD-LTE两种国际标准。其中中国移动采用的是TD-LTE，TD-LTE包含我国的大量专利，是由我国主导，同时得到了国际广泛支持的国际标准。从技术上看，TD-LTE具有网络资源使用率高的强大优势。

第五代无线通信技术（5G）目前已经进入商业广泛应用阶段。5G的基本特征是高速率、低时延、海量设备连接、低功耗。4G的网速平均为100Mbit/s，5G网络速度升级到了10Gbit/s，是4G的100倍。5G不再由某项业务能力或者某个典型技术特征所定义，它是一个多业务、多技术融合的网络，也是面向业务应用和用户体验的智能网络，其目标是打造以用户为中心的信息生态系统。截至2023年3月，我国累计建成5G基站超264万个，具备千兆网络服务能力的端口数超过1793万个，5G移动用户6.2亿户。5G已渗透到经济社会的各行业、各领域，成为支撑经济社会数字化、网络化、智能化转型的关键新型基础设施。

（2）Wi-Fi技术

Wi-Fi（Wireless Fidelity，无线保真）是一种无线连网技术，图6-26所示为Wi-Fi的标志。常见的Wi-Fi方式就是使用一个无线路由器，用户在这个无线路由器有效电磁波覆盖的范围内，可以采用Wi-Fi连接方式进行连网。如果无线路由器接入Internet，无线路由器也会被称为"热点"。目前应用得比较广泛的还有所谓的随身Wi-Fi。随身Wi-Fi大致可以分为两种：一种是插入计算机USB接口，作为中继器使用；另一种是SIM卡，将SIM卡绑定成外部设备（有的要与移动电源捆绑在一起），通过热点的方式分享给其他设备。

图6-26　Wi-Fi的标志

（3）蓝牙技术

蓝牙（Bluetooth）是一种短距离的无线通信技术标准，可以实现固定设备、移动设备之间的数据交换。图6-27所示为蓝牙的商标和标志。在蓝牙通信中，发起连接请求的设备为主设备，因此同一个设备在不同的通信过程中既可以是主设备，也可以是从设备。1个主设备至多可以同时与同一个微网中的7个从设备通信。蓝牙的连接过程也很简单，同时打开两个设备的蓝牙，然后使用其中某个设备进行搜索，这时就会显示另一台设备的蓝牙名称。接着单击这个蓝牙设备的名称开始建立连接，第一次建立连接有时需要输入配置密码，等待对方输入相同的密码后即可建立连接。

有很多设备都配置了蓝牙，例如手机、平板电脑、媒体播放器、机器人、手持设备、游戏手柄，以及耳机、智能手表、智能手环等。目前，蓝牙通信技术主要用在移动电话和免提耳机之间、移动电话与汽车音响系统之间、平板电脑与音响等设备的无线控制和通信、计算机与输入/输出设备间的无线连接等。蓝牙技术的主要缺点是功耗大、距离短、组网规模太小。

（4）ZigBee技术

ZigBee是一种低速短距离传输的无线上网协议，其特点是低速率（20~250kbit/s）、低能耗、低成本、支持大量节点、支持自组网等，主要用于工业中的传感控制等应用。图6-28所示为ZigBee的商标。

图6-27　蓝牙的商标和标志

图6-28　ZigBee的商标

随着工业自动化的不断发展，人们对无线数据通信的需求越来越强烈。由于工业现场的特点，要求无线传输必须是高可靠的，能够抵抗工业现场的各种电磁干扰。同时考虑到工业现场设备众多，分布范围较大，要求无线通信功耗低、价格便宜、技术简单。经过长期努力，ZigBee 协议在 2003 年正式问世。

ZigBee 有大规模组网的能力，可以组成一个多达 65000 个无线传输模块的无线数据传输网络。在整个网络范围中，任意两个 ZigBee 模块之间可以相互通信。通信距离从标准的 75 米到几百米、几千米，甚至支持无限扩展。

ZigBee 的另一个特点是自组网。下面举例说明什么是自组网：当一队伞兵空降后，每人持有一个 ZigBee 网络模块终端，降落到地面后，只要他们彼此在网络模块的通信范围内，就会彼此自动寻找，很快就可以形成一个互连互通的 ZigBee 网络。而且，模块还能够根据对象的移动和变更，重新寻找通信对象，确定彼此间的通信，并对原有网络进行刷新，这就是自组网。在实际工业现场，预先确定的传输路径随时都可能发生变化，或者由各种原因导致传输路径被中断，或者过于繁忙而不能进行及时传送。ZigBee 的自组网技术，就可以很好地解决这些问题，保障数据的可靠传输。

ZigBee 的应用范围十分广泛。在工业领域 ZigBee 网络的使用，使数据的自动采集、分析和处理变得更加容易。例如，危险化学成分的检测、火警的早期检测和预报、高速旋转机器的检测和维护等都是 ZigBee 的应用场景。在汽车工业中，由于很多传感器只能内置在飞转的车轮或者发动机中，这就要求内置的无线通信设备使用的电池有较长的寿命，同时能克服嘈杂的环境和金属结构对电磁波的屏蔽效应，这也是 ZigBee 能够胜任的范围。在精确农业中，需要成千上万的传感器构成比较复杂的控制网络，采用了传感器和 ZigBee 网络以后，农业将可以逐渐地转向以信息挖掘和以软件为中心的生产模式。在医学领域，将借助各种传感器和 ZigBee 网络，准确、实时地监测每个病人的血压、体温和心跳速度等信息，从而减少医生查房的工作负担。消费和家用自动化市场是 ZigBee 技术最有潜力的市场。可连网的家用设备包括电视机、PC 外设、儿童玩具、游戏机、门禁系统、窗户和窗帘、照明设备、空调系统和其他家用电器等。家用设备引入 ZigBee 技术后，将极大改善人们的居住环境和居住舒适度。图 6-29 所示为 ZigBee 在智能家居中的应用示意。

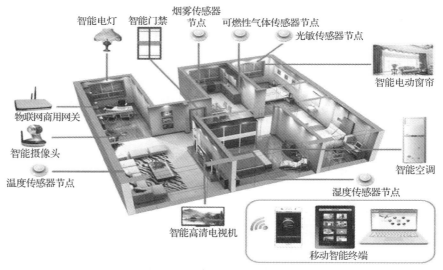

图 6-29　ZigBee 在智能家居中的应用示意

2. 移动终端

移动终端（Mobile Terminal，MT）指的是采用无线通信技术接入互联网的终端设备。一般来说，移动终端具有较强的处理能力，拥有独立内存、存储设备以及操作系统。常见的移动终端包括智能手机、平板电脑、笔记本电脑、POS机及穿戴设备（如智能手表、智能手环）等。

（1）智能手机

智能手机（Smart Phone，SP）可以说是应用最为广泛的移动终端。智能手机指的是具有独立的操作系统、运行空间，可以由用户自行安装第三方软件和程序，并且可以通过移动网络通信来实现无线网络接入的手机类型的总称。

不仅如此，许多智能手机还配备了各种传感器，使智能手机具有更人性化、更友好、更强大、更广泛的应用功能。

- 光线传感器

智能手机中的光线传感器（Ambient Light Sensor）能让智能手机检测到环境光线的强度，这样智能手机就能够根据环境光的强度来自动调节屏幕的亮度。由于屏幕通常是智能手机最耗电的部分，因此光线传感器有时候可以有效延长手机的续航时间，从而延长电池寿命。光线传感器配合其他传感器可以检测手机是否被放置在口袋中，以防止触摸屏被误触。图6-30所示为智能手机中使用的光线传感器。

- 距离传感器

距离传感器（Proximity Sensor）的工作原理是红外线LED灯发射红外线，红外线被物体反射后会被红外探测器接收，根据接收到的红外线强度来判断距离，如图6-31所示。在智能手机中，距离传感器主要用来感知手机在接听电话等时是否被贴在耳朵上，如果是则要关闭手机屏幕以达到省电的目的。

图6-30　光线传感器

图6-31　智能手机中的距离传感器

- 重力传感器

重力传感器（Gravity Sensor）的工作原理是将重物和压电片整合在一起，由于重物受到重力的作用，压电片正交两个方向产生的电压大小不同，因此可以计算出水平的方向。在智能手机中，重力传感器常用于横屏和竖屏的切换，也常被用于一些App的控制中，如图6-32所示。

- 加速度传感器

加速度传感器（Accelerometer Sensor）的工作原理与重力传感器类似，只是加速度传感器增加了另外两个方向，一共3个方向来确定加速度的方向。智能手机中加速度传感器功率低且精度不高，主要用在计步App和判断手机朝向等方面。

- 磁传感器

磁传感器（Magnetic Sensor）是通过测量电阻变化来确定磁场强度的。在智能手机中，磁传感器主要用在指南针、地图导航当中，使用的时候需要摇晃手机才能准确判断。

- 陀螺仪

陀螺仪（Gyroscope）常用于自由空间中的移动定位和控制系统，一般与加速度传感器配合使用。通过这两种传感器可以跟踪且捕捉3D空间的完整动作，为终端用户提供更精确的导航系统和其他功能。智能手机中的"摇一摇"功能、摇动手机抽签功能、3D拍照、全景导航，以及虚拟现实视角的调整和侦测，都运用了陀螺仪这种传感器。

- 位置传感器

位置传感器主要是接收卫星导航系统的坐标信息来帮用户定位。卫星导航系统的原理是依靠多个卫星不停地向世界各地广播自己的位置坐标和时间戳（这些卫星分布在不同轨道，每个轨道有多颗，保证每个时间段在全球的任何一个地方都能接收多颗卫星的信号），然后通过计算每个瞬时卫星发射的时间戳和接收时的时间差来计算手机与卫星之间的距离，从而达到定位的功能，如图 6-33 所示。在智能手机中，卫星导航系统常常被用来定位、测速、测距与导航等。

图 6-32 重力传感器在手机游戏中的应用

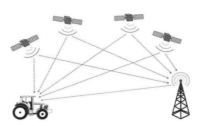

图 6-33 卫星导航系统定位示意

目前全球的卫星导航系统包括美国的全球定位系统（Global Positioning System，GPS）、欧盟的伽利略卫星导航系统（Galileo Satellite Navigation System，GSNS）、俄罗斯的格洛纳斯卫星导航系统（Gloabal Navigation Satellite System，GLONASS）和我国的北斗卫星导航系统（BeiDou Navigation Satellite System，BDS）。值得一提的是，北斗卫星导航系统是我国自主建设、独立运行的卫星导航系统，它能够为全球用户提供全天候、全天时、高精度的定位及导航服务。相比于 GPS，我国的北斗卫星导航系统不仅采用更为先进的三频技术，而且具有短报文系统。由于具有短报文系统，通过特定的授权，北斗系统可以与地面接收信号的设备进行双向通信，这一点在很多特定的场景起着非常大的作用。

- 指纹传感器

目前，指纹传感器（Fingerprint Sensor）的主流是电容式指纹传感器。它通过指纹的波峰、波谷与电容传感器之间的距离的不同形成电容高低差来描绘指纹图形。另一种逐渐流行起来的超声波指纹传感器的原理也与之类似。相比之下，超声波指纹传感器有不受汗水、油污的干扰，辨识速度更快等优点。指纹传感器在智能手机中主要用于解锁、加密和支付等。图 6-34 所示为智能手机中使用的指纹识别功能。

- 霍尔传感器

霍尔传感器（Hall Sensor）的主要原理是霍尔效应：当电流通过一个位于磁场中的导体时，磁场会对导体中的电子产生一个垂直于电子运动方向上的作用力，从而在导体的两端产生电势差。霍尔传感器主要用在智能手机的翻盖解锁、合盖锁定屏幕等功能中。使用智能皮套（磁皮套），扣上皮套后屏幕就会在皮套上留出的小窗口中出现一个小窗口界面，用来接听来电或阅读短信。

- 气压传感器

气压传感器（Barometer）是将薄膜和变阻器或者薄膜和电容器连接在一起，当气压发生变化时，电阻或者电容的读数就会随之发生变化，根据读数的变化就可以计算出当前的气压数据。卫星导航系统在测量海拔高度的时候会有 10m 左右的误差，如果再配合使用气压传感器，就可以将误差校正到 1m 左右。因此气压传感器除了用于获得气压数据，也用于辅助卫星导航系统定位，确认所在楼层位置等信息。

- 心率传感器

心率传感器（Heart Rate Sensor）是用高亮度 LED 灯照射手指，因为心脏将血液压送到毛细血管，红光的强度会呈现周期性变化，利用摄像头捕捉这一规律性变化后，再由手机计算出心脏的收缩频率，就可以得出每分钟的心跳数。心率传感器在穿戴式设备中的应用也很广泛，如智能手表、运动手环等。图 6-35 所示为智能手机中的心率传感器。

图 6-34　智能手机中使用的指纹识别功能

图 6-35　智能手机中的心率传感器

- 近场通信传感器

近场通信（Near Field Communication, NFC）也称为近距离无线通信，是一种短距离的高频通信技术，允许电子设备在 10cm 范围内进行非接触式点对点数据传输。近场通信传感器目前广泛用于便捷式支付、两个手机之间的快捷连接中。图 6-36 所示为 NFC 应用示意。

（a）NFC 的使用场景示例　　　　　　（b）利用智能手机中的 NFC 功能进行支付

图 6-36　NFC 应用示意

以上列举了目前智能手机中应用较多的传感器，其中不少已经成为智能手机的标配传感器。正是这些隐藏在手机中的传感器让我们使用手机的时候更加得心应手，同时也不断扩展着手机的各种功能。

（2）电子书

电子书是一种采用电子纸为显示屏幕的新式数字阅读器。电子书阅读器具有辐射小、耗电低、不伤眼睛的优点，而且它的显示效果逼真，能够提供与实体书接近的阅读效果。电子书之所以具有这么多优点，主要是采用了电子墨水（Electrophoretic ink, E ink）技术。电子墨水屏表面浮着许多体积很小的微型"小球"，"小球"里面封装了带负电的黑色颗粒和带正电的白色颗粒，通过改变电荷就可以使黑色和白色颗粒重新摆列，从而呈现出接近纸质书籍的阅读效果。图 6-37 是电子墨水原理示意。电子墨水屏的最大优点是省电。当文字刷新以后，会长时间停留在屏幕上，即使不给电子墨水屏供电，文字依然会留在屏幕上，只有进行翻页刷新的时候才耗电。因此电子书的续航时间特别长，一般一次充满电可以连续工作好几周。它的另一个优点则是阅读舒适，几乎没有辐射、没有闪烁，能够有效保护视力，即使在强光下也几乎不影响阅读。

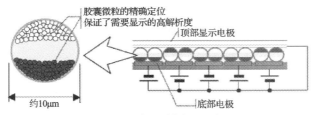

图 6-37　电子墨水原理示意

（3）智能手环

智能手环是一种穿戴式的智能移动终端设备。通过智能手环，用户可以记录日常生活中锻炼、睡眠过程中的一些生理指标，如脉搏等实时数据，还可以将这些数据与手机、平板电脑等其他移动终端同步，并提供对这些数据的分析，以便指导人们更为健康地生活。

3. 移动操作系统

（1）Android

Android（安卓）在英文中是"人形机器人"的意思，图 6-38 所示为 Android 的图标。2005 年，Android 被谷歌公司斥巨资收购。随后，谷歌与中国移动、摩托罗拉、高通等多家技术和无线应用领军企业组成的开放手机联盟合作开发了开源手机操作系统，2007 年 11 月正式发布并将其命名为 Android。Android 是首个为移动终端开发的真正开放且完整的移动操作系统，目前 Android 已经成为最流行的移动操作系统。截至 2022 年第四季度，Android 的市场占有率已达 71.8%，远高于 iOS 和其他竞争对手。

Android 最大的优势是开放性，允许任何移动终端厂家、用户和应用开发商推出各自特色的应用产品。由于平台提供给第三方开发商宽泛、自由的开发环境，因此诞生了丰富、实用性好、新颖、别致的应用。Android 有很多第三方应用商店，通过浏览器也可以直接下载应用，不用严格的审核，但软件的优化相对较差。目前，Android 逐渐扩展到平板电脑及其他领域，如电视机、数码相机、游戏机、智能手表等。

（2）iOS

iOS 是由苹果公司开发的手持设备操作系统，图 6-39 所示为苹果公司的标志。iOS 具有专属性，只能在苹果公司的 iPhone、iPad、iPod 中使用。苹果公司于 2007 年发布了 iOS，iOS 属于类 UNIX 的商业操作系统。iOS 中下载软件只能通过 App Store 进行，而没有其他渠道，所以软件开发者想要上架应用就必须通过苹果公司的审核。为了提升用户体验，苹果公司对于软件应用的审核是非常严格的。

图 6-38　Android 的图标

图 6-39　苹果公司的标志

苹果公司为 App 开发者提供了软件开发工具包（Software Development Kit，SDK）。SDK 是可以免费下载的，但作为开发人员则需要付费以获得苹果公司的批准加入 iOS 开发者计划。加入之后，开发人员会得到一个牌照，有了这个牌照他们编写的软件才能发布到苹果公司的 App Store。

Android 和 iOS 的比较如表 6-3 所示。

表 6-3　Android 和 iOS 的比较

比较项	Android	iOS
流畅度	一般，用久常出现卡顿	较高，一般不卡顿
运行机制	虚拟机运行机制	沙盒运行机制
编程语言	Java、Kotlin	Objective-C、Swift
扩展性	开源	非开源
图像处理	依靠程序本身进行渲染	借助 GPU 进行渲染
指令权限	数据处理权限最高	UI 权限最高

6.5　移动互联网的应用

由于移动互联网的便携性，移动终端智能化水平越来越高，移动互联网的带宽不断增加、资费不断下降，基于移动互联网的应用领域越来越广泛，其提供的服务不仅渗透到人们的工作、学习中，而且渗透到人们的社交、娱乐等方面。移动互联网正在以前所未有的速度改变着人们的生活习惯、信息传播方式、学习方式，甚至还改变了人们的思维方式、行为方式、经营模式和社会的经济增长模式。

6.5.1　移动互联网应用的特点

1．高便携性

能够随身携带是移动互联网区别于传统互联网的最大特点。智能移动终端的高便携性带来了业务的终端化和移动化，使移动支付、各种娱乐、学习、功能性 App 得到了广泛应用。由于手机号码和移动支付系统的唯一性，造就了移动互联网用户身份的可识别性，所以移动互联网的应用范围可以推广至政府层面的各种业务和服务，这使人们更加离不开移动互联网。

2．媒体化

随着移动互联网的受众越来越多，人们通过移动互联网来获得信息所占的比例不断提高。由于移动终端的普遍使用和功能的日益强大，大有"万物皆媒体"的趋势，在移动互联网中逐渐形成了新媒体（New Media）。新媒体是一个宽泛的概念，是传统媒体行业和移动通信行业的深度融合。新媒体通常指的是利用数字技术和网络技术，通过计算机、手机、数字电视等终端，向用户提供信息和娱乐服务的媒体内容传播方式。相对于平面媒体、广播媒体、电视媒体和网络媒体，新媒体被形象地称为"第五媒体"。

媒体化的另一个表现就是自媒体。自媒体指的是依托网络媒体平台，进行媒体内容创作并在网络上进行传播的一种媒体方式。在企鹅号、头条号、微博等出名的自媒体平台的运营和刺激下，诞生了大量的自媒体内容，从很大程度上改变了传统媒体的特性。

3．用户操作简便化

智能手机触摸屏的设计大大降低了其使用门槛，从键盘输入到触摸屏手写输入、语音输入，软件界面友好性的提高，大大拓宽了智能手机使用人群的范围，几乎让所有年龄段的用户都能很好地使用移动互联网，这极大地刺激了企业业务从桌面互联网转向移动互联网。

4．社交化和碎片化

人是群居动物，每个人都不能离开他人而独立生存，社交活动是人们生活中的一大部分。因此移动互联网的发展必然带来社交化的特点。越来越多的应用和软件都承载着社交功能，人们在享受这些便利的同时，也发觉自己越来越离不开移动互联网了。

碎片化是移动互联网的另一个特色。当人们在等公交车、乘车、乘地铁、等电梯、等飞机、就餐途中感到无聊时，通常都会发发微博，或者玩玩小游戏，或者浏览网上的各种时事信息，或者看看小说，或者看看视频，或者利用移动互联网与家人和朋友分享美景及美餐，以应对这些无聊与零碎的时间。这些无聊和零碎的时间统称为碎片化时间。可以说，移动互联网是一个社交化和碎片化的市场，同时，社交化和碎片化也促进了移动互联网的蓬勃发展。

6.5.2　App 介绍和分类

App（Application）在中文中是应用、运用和适用的意思，在移动互联网领域一般指的是移动终端，尤其是智能手机的第三方应用程序和软件。App 的主要作用是完善原始操作系统功能的不足和满足用户个性化的需求，为用户提供更丰富的体验。App 的运行需要相应操作系统的支持，不同操作系统的 App 开发技术、发布流程存在一定的差异。

App 的雏形可以追溯到诺基亚手机中内置的贪吃蛇游戏。由于游戏是在手机出厂前内置于手机的，用户无法对其进行修改，这些游戏多被用户认为是手机功能的一部分。随着移动设备进入功能性时代，App 的发展也进入了一个新的阶段。Java 等编程技术的发展和普及，使得市面上出现了一些可供用户自由安装、卸载的应用程序，这就是最初的 App。这一阶段 App 的功能以游戏娱乐为主。随着移动终端数据业务的应用和推广，App 开始向信息、社交、工具等方面发展。尤其是当具有独立处理器、操作系统，以及大屏幕的智能手机的出现，更进一步促使 App 开发向标准化、多元化的方面发展。App 已经成为一种虚拟产品并被广大用户所接受，用户愿意为 App 所营造的服务和体验付费。

根据安卓、苹果操作系统平台的 App 应用开发情况，App 大致可以分为 5 类：工具类 App、社交类 App、生活服务类 App、休闲娱乐类 App 和行业应用类 App。

1. 工具类 App

工具类 App 可以看作满足某一类用户在特定环境下完成特定功能所使用的工具软件。这种工具类 App 并不具备普适性的特征，不是每个用户都需要此类工具。从工具类 App 的发展上看，开发周期长、用户数量和盈利方式都是困扰其发展的难题，工具类 App 的发展往往是先苦后甜的过程。

2. 社交类 App

人都生活在一定的社会之中，必然具有社会属性，所以人是社交动物，社交活动是人类的基本需求。社交类 App 是指能够实现用户之间相互通信交流，包括问答，相互传送图文、声音、视频等功能的移动应用软件。常见的社交类 App 有移动 QQ、微信、知乎等。

3. 生活服务类 App

移动互联网中 App 是主要载体，在开发热潮的推动下，逐渐渗透到普通用户的日常生活领域。生活服务类的 App 一直作为智能"生活助理"的角色存在，为人们的日常生活提供各种各样的便利。一般来说，这类 App 分为生活信息处理和生活智能助理两部分，生活信息处理为用户提供生活中衣食住行等方面的信息，使用户的生活更加便利。而生活智能助理为用户提供时间管理、移动定位、移动支付以及一些事务的助理服务。这方面的代表有支付宝、去哪儿、美团、百度地图等。

4. 休闲娱乐类 App

休闲娱乐类 App 是指能够为用户提供休闲和精神享受的移动应用产品。随着社会发展节奏的不断加快，人们在繁重的工作之余，利用有限的休闲时间释放情绪、放松心情的需求越来越普遍。在这种强大需求的推动下，娱乐休闲型 App 如雨后春笋般充斥着整个手机应用市场。目前休闲娱乐类 App 主要包括游戏类 App，它几乎占据该类 App 一半的市场份额。除了游戏外，图文娱乐、移动音/视频也是重要的应用内容。

5. 行业应用类 App

行业应用类 App 是指服务于用户，辅助进行行业工作的企业级移动应用软件。从专业性的方面，我们可将之分为一般应用和专业应用两个部分，一般应用主要是一些辅助制作工作计划、进行项目管理的 Office 类 App。专业应用根据企业用户所处行业又各不相同，并且具有一定的保密性，所以数量相对较少。

自移动互联网繁荣以来，涌现出了大量的 App，但真正能够维系用户、产生巨大影响力的 App 并不多。随着人们对 App 的接受度不断提高，人们对移动信息的获取已经出现了过剩现象，安装尝试新的 App 的动力明显不足，全新的 App 想获得脱颖而出的机会越来越少。由于目前超级 App 的平台扩展能力的不断提升，越来越多的功能接入超级 App 中（例如在微信中接入了滴滴打车），这种整合有利于入口平台化生态的形成。

App 正悄无声息地影响着人们的生活，改变了人们使用媒介的传统习惯，逐步建立新媒体时代新型的传播结构。如何打破 App 同质化竞争、拓展契合大众个性化的心理需求，是 App 开发者和使用者需要关注的问题。

6.5.3 常用 App 简介

1. 微信 App

微信是腾讯公司于 2011 年 1 月推出的一款为智能移动终端服务的应用程序（包括国内中文版微信和国际版 WeChat），其图标如图 6-40 所示。自问世以来，微信一直占据着社交聊天软件的主导地位。微信的初始定位是以手机为主的即时通信软件，支持文字、语音、图片、视频等多种形式的信息传递。在推出初期，微信的主要功能是聊天和朋友圈，但后来它逐渐添加了更多深受用户追捧的功能，如微信小程序、支付、游戏、公众号等，成为一个全方位的社交媒体平台。

微信小程序可以在微信内被便捷地获取和传播，是一种不需要下载安装即可使用、同时具有出色的使用体验的应用软件，其主要优势和特点如下。

① 无须下载安装，加载速度快，开发门槛低，已有公众号的组织可以快速注册并生成小程序。

② 一次开发，适配于各种智能手机机型。

③ 宣传的场景丰富，支持直接分享或者通过 App 分享给微信好友和微信群，可以通过扫一扫或者长按小程序码、微信搜索、公众号等获得相应的小程序。

微信及 WeChat 的影响力一直在扩大，至 2022 年第四季度，微信及 WeChat 的月活跃用户数达 13.13亿，同比增长 3.5%，继续保持着"第一国民 App"的地位。

2. 知乎 App

知乎是连接各行各业用户的网络问答社区的 App，其图标如图 6-41 所示。用户通过知乎可以分享彼此的知识、经验和见解。用户可以围绕某一个感兴趣的话题进行讨论，也可以关注兴趣一致的人。这种通过同一个话题在互动中进行发散思维的整合，是知乎的一大特色。知乎凭借认真、专业、友善的社区氛围、独特的产品机制以及结构化和易获得的优质内容，聚集了中文互联网科技、商业、影视、时尚、文化领域极具创造力的人群，已成为综合性、全品类、在诸多领域具有关键影响力的知识分享社区和创作者聚集的原创内容平台。

图 6-40　微信 App 的图标

图 6-41　知乎 App 的图标

3. 喜马拉雅 App

喜马拉雅是知名的音频分享平台，图 6-42 所示为喜马拉雅 App 的图标。喜马拉雅建立了全面覆盖的健康、均衡、有活力的生态内容体系，其特点是内容丰富多彩、形式多样，具体形式包括有声小说、新闻夜谈、综艺节目、相声评书小品、音乐节目、教育培训、儿童故事、健康养生、个性电台等。每天有数百万的用户通过喜马拉雅 App、网站收听各种各样的音频节目。上下班路上、散步健身过程中或是临睡前，都是音频得以最佳伴随的碎片化时间和应用场景，这些都使得喜马拉雅成为黏性强、影响力广的 App。

4. 今日头条 App

今日头条是一款基于数据挖掘的移动端推荐引擎应用软件，它能够根据用户的兴趣、位置等为用户推荐新闻、音乐、电影、游戏以及购物等信息，其图标如图 6-43 所示。从技术上看，今日头条对每条信息提取几十到几百个高维特征，并进行降维计算、相似计算、聚类计算以去除重复信息，然后运用机器学习的方法对信息进行分类、摘要抽取、获得主题分析、信息质量识别等。从性能上看，今日头条可以在 5s 内根据用户的社交行为、阅读行为、地理位置、职业、年龄等计算出用户兴趣，在 0.1s 内计算出推荐结果，在用户每次操作后，10s 内更新用户模型。今日头条依托其独到的推荐引擎技术，其倡导的"个性化阅读"理念成为行业的发展趋势，并且被众多老牌互联网公司竞相学习。截至 2022 年 6 月，今日头条 App 月活跃用户约 3.44 亿人。

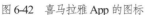

图 6-42　喜马拉雅 App 的图标

图 6-43　今日头条 App 的图标

5. 抖音 App

抖音 App 是一款通过短视频分享生活、了解各种奇闻趣事、结交新朋友的社交型移动端应用软件，其图标如图 6-44 所示。我们可以将抖音看成一个年轻人的音乐短视频社区，在这个社区中用户可以通过拍摄视频、编辑视频、添加特效等，制作出自己独有的、具有创造性和个性化的作品，几秒之内可以看到有趣的视频是抖音给用户的真实感受。抖音能在短时间内流行起来主要得益于抖音将个性化推荐功能、人工智能技术（包括图像识别的人脸识别、肢体识别等）整合到了产品创意中，以及抖音强大的营运能力。2018—2023 年，抖音不断地扩展自己的商业版图，推出了抖音直播、抖音小店、抖音超市、本地生活服务等诸多受欢迎的个性化功能，这使得它一直保持庞大而活跃的市场群体。截至 2023 年 1 月，抖音用户数量达 8.09 亿人。

6. bilibili App

bilibili，中文名全为哔哩哔哩，是一个视频与文化交流的平台，被用户称为"B 站"，其 App 图标如图 6-45 所示。bilibili 创建于 2009 年 6 月，十多年的时间里，它已经从当初的一个动画、漫画、游戏内容创作与分享的视频网站，发展成了 7000 多个兴趣圈层的视频文化社区了。bilibili 聚集着大量音乐创作者，已成为国内最大的原创音乐社区之一。bilibili 是国内领先的"二次元"文化社区，独特的"弹幕"功能是其重要特色，它让 bilibili 从一个单向的视频播放平台变成了双向的情感连接平台。根据 bilibili 官网信息，截至 2023 年 4 月，bilibili 有 46 万 UP 主（视频音频上传者），拥有 50 万粉丝以上的 UP 主有 3000 多人。

图 6-44　抖音 App 的图标

图 6-45　bilibili App 的图标

6.6 未来移动互联网的发展

5G 的商业应用、大数据技术的快速发展、人工智能的繁荣和物联网的大规模应用，必定为移动互联网带来翻天覆地的变化。

6.6.1　移动互联网带来的影响

移动互联网所带来的不仅仅是技术上的颠覆，更准确地说是时代的变换。移动互联网使人们的生活、娱乐和学习方式都发生了变化。对企业而言，企业的价值链、管理成本、交易成本也都因此发生了巨大的变化。

1. 移动互联网对电子商务的影响

移动互联网为电子支付服务的线下交易提供了渠道。电子支付对交易的信用管理有辅助作用，并为与信用评级相关的产品提供了实现的渠道。移动互联网，尤其是移动支付的发展，有利于建立全社会的商业信用数据库。通过对线下交易的信用管理，收集和掌握更为海量的商业信用数据。基于全社会范围内建立的海量商业信用数据，能衍生出很多产品，其商业价值难以估量。

2．移动互联网对产业结构的影响

移动互联网使传统产业从消费需求端出发倒逼上游流程来实现变革。从企业价值链来看，传统的方式是以厂商、封闭的链式生产为中心，只有最终环节才面向用户，转变后的方式最大特点是以用户为中心，用户参与各个环节的环式生产，并且强调个性化营销、柔性化生产和社会化供应。很多行业逐渐由自动化、标准化、流程化向智能化转变。移动互联网创造了一些新的产业，如共享经济产业等，也壮大了一些行业，如外卖、快递等。

3．移动互联网对媒体信息传播的影响

移动互联网改变了人们获取信息的方式，让人们可以随时随地获得各种各样的信息；其次，在移动互联网的环境下，所有的移动互联网服务使用者不仅是媒体信息的消费者，同时也可以成为媒体信息的产生者。微博、微信、短视频等移动互联网的应用成为自媒体的重要工具，信息无论在传播速度、传播途径方面比起传统的传播方式有本质的区别。但是移动互联网下信息的传播也会带来了一些弊端和一些负面影响。在如此庞大的信息量下，人们很难逐一区分信息的真实性，而过快的传播速度又会让虚假信息很快蔓延，从而造成大规模的恶劣影响。

6.6.2　移动互联网的挑战和机遇

5G 网络是未来移动互联网发展的网络基础，物联网的广泛应用将使数以亿计的仪器、设备和电器连接到移动互联网中。物联网的发展将实现各种远程控制以及海量数据的采集，云计算、云存储为移动互联网和物联网的应用提供了海量数据存储和计算的支撑，人工智能、大数据技术的发展对移动互联网和物联网的发展也起到了推动作用。可以预见，未来移动互联网将进入一个崭新的时代，它将与产业深度融合，从而迈入产业互联网新时代，人们的生活也将迎来更为深刻的变革。

6.7　实验案例

【实验一】　网络搜索和网盘的操作

实验内容：掌握百度搜索引擎的一些高级操作，用网盘分享文件。
实验要求如下。
（1）在指定网站中检索关键字，如检索中国高等教育学会中有关"竞赛"的网页内容。
打开百度网站，在搜索文本框中输入"大学生竞赛 site:cahe.edu.cn"，单击"百度一下"按钮，得到检索结果，并将其保存。
（2）检索指定文件类型的文件，如检索有关"移动互联网"的 Word 文件。
打开百度网站，在搜索文本框中输入"移动互联网 filetype:doc"，单击"百度一下"按钮，得到检索结果，并将其保存。
（3）检索并安装"百度网盘"，然后将以上实验结果压缩成一个文件分享给你的同学。

【实验二】　安装手机传感器 App

实验内容：安装并使用安卓手机传感器 App，体会手机上各种传感器的作用。
实验要求如下。

（1）到应用商店搜索"传感器助手"或者"手机传感器"，下载并安装对应App。

（2）安装完成后，打开App，其界面如图6-46所示。

（3）将App中的各种传感器使用一遍，并思考智能手机中的哪些功能用到了传感器。

【实验三】 手机与计算机文件互传

实验内容：利用微信 Windows 操作系统版本和安卓操作系统版本，进行智能手机与计算机之间的文件传输。

实验要求如下。

（1）在计算机端，通过百度检索"微信 Windows 版"，下载并进行安装、登录。

（2）在智能手机端，通过应用商店下载、安装微信手机版并进行登录。

（3）打开微信 Windows 版文件传输助手界面，如图6-47所示。将要传送到智能手机端的文件拖到文件传输助手的发送框内，单击"发送"按钮。

图 6-46　传感器助手 App 的界面

图 6-47　微信 Windows 版的文件传输助手界面

（4）打开智能手机的微信 App，在"文件传输助手"中获取由计算机端传送过来的文件。

（5）以同样的方式实现文件从智能手机端到计算机端的传输。

小结

本章主要讲解了计算机网络的基本概念、发展历史、分类和组成，探讨了局域网的基本知识和工作模式，重点介绍了 Internet 的基础知识和应用、Edge 浏览器的使用、网页的搜索与保存，也介绍了移动互联网的发展历程，讲解了移动互联网的无线接入技术、主要的移动终端设备，讨论了移动操作系统的特点、移动互联网中应用的特点，介绍了 App 的分类和常用的 App，最后总结了移动互联网的发展和带来的影响。

习题

一、选择题

1. 计算机网络按其覆盖范围，可划分为（ ）。
   - A. 以太网和移动通信网
   - B. 电路交换网和分组交换网
   - C. 局域网、城域网和广域网
   - D. 星形结构、环状结构和总线型结构

2. 计算机网络最突出的优点是（ ）。
   - A. 共享软、硬件资源
   - B. 运算速度快
   - C. 可以互相通信
   - D. 内存容量大

3. 网络传输的速率为 8Mbit/s，其含义为（ ）。
   - A. 每秒传输 8 兆字节
   - B. 每秒传输 8 兆个二进制位
   - C. 每秒传输 8000 个二进制位
   - D. 每秒传输 800000 个二进制位

4. 从层次结构上看，移动互联网可以分为 3 个层次，不属于这 3 个层次的是（ ）。
   - A. 终端层
   - B. 网络层
   - C. 应用层
   - D. 链路层

5. 下列对 Android 操作系统和 iOS 的描述不正确的是（ ）。
   - A. 目前 iOS 是最流行的操作系统，其市场占有率比 Android 操作系统高得多
   - B. Android 最大的优势是开放性，允许任何移动终端厂家推出各自的应用产品
   - C. 在 iOS 下开发人员要获得批准加入 iPhone 开发是需要付费的
   - D. iOS 具有专属性，只能在苹果公司的 iPhone、iPad、iPod 中使用

二、问答题

1. 计算机网络的发展分为几个阶段？谈谈你对未来网络发展的认识。
2. 简述局域网的软/硬件组成。
3. 什么是 IP 地址？它是如何分类的？目前 IPv4 和 IPv6 理论上最多有多少个 IP 地址？
4. 移动互联网发展到今天的规模主要因素是什么？移动互联网给你的生活带来了哪些便利，同时也带来了哪些负面影响？

第7章 网络安全基础

学习目标

- 掌握网络安全的基本概念和基础技术。
- 掌握网络安全防护的基本方法。
- 明确网络行为安全规范。
- 了解网络信息安全面临的问题和对策。

7.1 网络安全概述

随着计算机技术和信息技术的不断发展，互联网、通信网、计算机系统和数字设备以及其承载的应用、服务和数据等组成的网络空间正在全面改变人们的生产和生活方式，深刻影响人类社会的发展进程。在计算机网络发展面临重大机遇的同时，网络安全形势也日益严峻，国家政治、经济、文化、社会、国防安全及公民在网络空间的合法权益面临着风险与挑战。党的二十大报告明确提出，推进国家安全体系和能力现代化，坚决维护国家安全和社会稳定，强化网络、数据等安全保障体系建设。没有网络安全，就没有国家安全。网络安全在人们生活和社会进步的方方面面，都起着不可忽视的重要作用。

7.1.1 网络安全的基本概念

从广义上讲，网络安全（Cyber Security）是指网络空间安全，涵盖了网络系统的运行安全、网络信息的内容安全、网络数据的传输安全以及网络主题的数字资产安全等。

网络空间（Cyberspace），也经常被称为赛博空间，是控制论（Cybernetics）和空间（Space）两个单词的组合，最早是 1982 年由科幻小说作家威廉·吉布森在其短篇小说《全系玫瑰碎片》中提出来的，现在主要指包括计算机的各种智能设备、计算机网络以及信息与人之间的交互、数字资产等所构成的虚拟世界。随着移动互联网、电子商务进入寻常百姓家以及虚拟现实、人工智能技术的快速发展和应用，网络空间已经成为继海、陆、空、太空之外的"第五空间"，受到各个国家的高度重视和关注。

网络空间安全包括物理安全、网络安全、系统安全和数据安全等多个方面，如图 7-1 所示。

（1）物理安全

物理安全是指保护计算机网络的硬件设备和其他媒体设施，避免其遭受自然灾害（如地震、水灾、火灾等）而造成硬件或者数据损坏，或者人为操作的错误、失误以及各种计算机犯罪行为所导致的破坏。物理安全主要包括各类硬件的恶意攻击和防御技术，硬件设备在网络空间中的安全接入技术，也包括容灾技术、电子防护技术和干扰屏蔽技术等。因此，物理安全可以分为以下几种。

- 环境安全

环境安全又称场地安全，确保硬件设备所存放的产地不被自然灾害或者人为事故破坏。应对环境安全的主要措施包括防火、防盗报警，视频监控，门禁系统等。

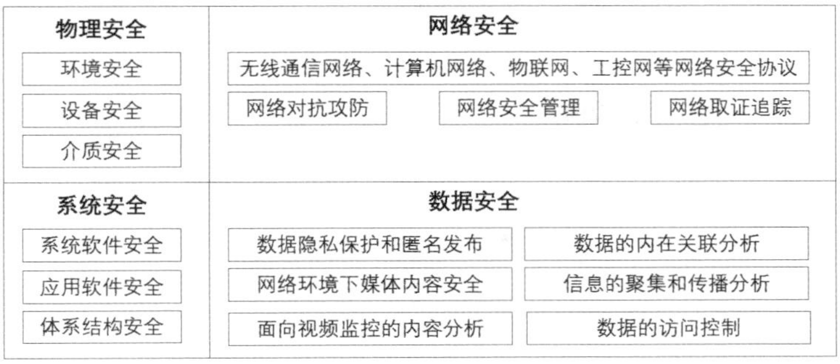

物理安全	网络安全		
环境安全	无线通信网络、计算机网络、物联网、工控网等网络安全协议		
设备安全	网络对抗攻防	网络安全管理	网络取证追踪
介质安全			
系统安全	**数据安全**		
系统软件安全	数据隐私保护和匿名发布	数据的内在关联分析	
应用软件安全	网络环境下媒体内容安全	信息的聚集和传播分析	
体系结构安全	面向视频监控的内容分析	数据的访问控制	

图 7-1　网络空间安全的 4 个方面

- 设备安全

设备安全指确保场地内存放的硬件设备不被盗窃、截获、损毁等。设备安全的主要保护手段包括防盗、防止损毁、防电磁泄漏、防线路截获、电源保护等。

- 介质安全

介质安全主要指的是确保传输链路、存储器等传输介质中的数据安全。其既要防止介质上的数据由于电磁干扰丢失或者被非法复制，又要防止在被删除、销毁后被非法复制而导致数据泄露。

（2）网络安全

网络安全主要指网络上的信息系统安全，保证连接网络实体的中间网络自身的安全，确保网络资源不被非授权使用，并确保网络资源的完整性、可控性和服务的可用性。网络安全涉及的技术包括计算机网络、物联网、无线通信网络等的网络安全协议，网络对抗攻防和安全管理、取证追踪等。

（3）系统安全

系统安全主要指连接到网络的终端设备和服务器操作系统的安全，具体包括系统软件安全、应用软件安全和体系结构安全。目前广泛使用的操作系统包括 Windows 系列、Linux 系列、iOS、Android 及鸿蒙操作系统等。系统安全的主要保护手段包括对用户进行身份认证、对用户操作进行存取控制、监督系统运行、保证系统自身的安全性和完整性等。

（4）数据安全

数据安全主要是要保证数据的保密性、完整性、不可否认性等特性。数据安全包含两方面的含义：一是数据本身的安全，通过密码算法对数据进行加密处理；二是数据防护的安全，采用信息存储的手段（如数据备份、磁盘阵列和异地容灾的手段等）保证数据的安全。

7.1.2　网络安全与国家安全

网络安全问题是事关国家安全和国家发展，事关经济社会稳定运行，事关广大人民群众利益的重大战略问题。网络安全不仅是网络本身的安全，而且是包括社会安全、基础设施安全、人身安全等在内的"大安全"概念。当今互联网与整个社会融为一体，任何形式的网络攻击都有可能影响现实生活。网络安全事件的影响力和破坏性正在逐渐加大，相关机构需要建立与之相适应的保障体系。

自从计算机网络诞生后，网络安全的发展就与国家和社会、军事、经济等方面的发展息息相关，典型的例子是"棱镜计划"。2007 年，美国启动名为"棱镜计划"的秘密监控项目，能够直接进入互联网服务商的服务器，大规模地收集实时通信和服务器端的信息，收集且监视个人用户的智能手机和互联网活动信息，包括电话记录、电子邮件、聊天记录、存储数据、视频与音频、文件传输、搜索记录和网络社交等。被曝光参与"棱镜计划"的互联网服务商有微软、谷歌、苹果、美国在线、Skype 等。该计划直到 2013 年 6 月才由前中情局职员爱德华·斯诺登公开揭露（见图 7-2）。"棱镜计划"被认为是 21 世纪最严重的信息安全事件之一。

图 7-2 "棱镜计划"曝光者爱德华·斯诺登

网络安全也事关个人安全。互联网给个人用户带来了方便，但用户在上网和通信过程中并不能得到严密的保护，大批黑客利用互联网传播木马病毒、发送垃圾信息和传播其他有害言论，并窃取用户的隐私信息，实施网络犯罪，使用户的财产、设备、隐私等受到损害。网络诈骗、网络盗号、恶意软件和钓鱼网站等各种手段都对用户的工作和生活造成了极大的消极影响。

互联网的快速发展给全世界带来了巨大改变，它使得各国联系更加紧密。互联网在造福人类的同时，也被利用进行恐怖主义、违法犯罪等活动。可以这么说，没有网络安全，就没有国家安全，更不会有个人安全。

7.1.3 网络安全立法与网络安全标准

近年来，互联网已经成为一个国家发展的关键基础设施之一，网络和信息安全事关国家经济社会的正常运转。为了应对网络安全的各种威胁，提升综合国力，促进国家安全和发展，中国、美国、英国、俄罗斯、日本、欧盟等多个国家或联盟都出台了相关的信息安全战略和安全管理法律，以健全各自的网络空间安全体系，解决互联网信息安全管理中出现的各种问题，维护和争取网络空间的优势地位。

1．网络安全立法

从维护国家安全、社会稳定和网络安全管理的实际需要出发，我国从 20 世纪 90 年代初开始，国家有关部门、行业相继制定了多项有关网络安全的法律法规，包括信息网络安全管理相关行政立法、公民个人电子信息保护相关行政立法、网络犯罪立法及相关刑事程序立法等，涉及网络与信息系统安全、信息内容安全、信息安全系统与产品的保密和密码管理、计算机病毒与危害防治等多个领域的信息安全和犯罪制裁问题。

《中华人民共和国网络安全法》（简称《网络安全法》）于 2017 年 6 月 1 日起正式施行。全文共 79 条，以网络安全等级保护制度为中心，囊括基础设施安全、数据安全、内容安全、运行安全四大领域。

《网络安全法》是国家安全法律制度体系中的一部重要法律，是网络安全领域的基本法，是我国第一部网络安全的专门性综合性立法，提出了应对网络安全挑战这一全球性问题的中国方案，使网络安全有法可依，对于落实总体的国家安全观、维护国家网络空间主权安全和发展利益具有里程碑式的意义。

除了专门性的法律之外，我国还颁布了一系列与网络安全相关的行政法规，以完善互联网安全体系。如《计算机信息系统安全保护条例》规定了公安部主管全国计算机信息系统的安全保护工作，是我国第一部涉及计算机系统安全的行政法规；《计算机信息网络国际联网安全保护管理办法》规定了"任何单位和个人不得利用国际互联网从事违法犯罪活动"等（4 项）禁则和从事互联网业务单位必须履行的 6 项安全保护责任。

除此之外，国家多个部门也相继出台了一系列互联网行业规范、部门规章及地方性法规，如《电信和互联网用户个人信息保护规定》《计算机软件保护条例》《信息网络传播权保护条例》《中国互联网行业自律公约》等，完善了我国的网络安全立法保护。

2．网络安全标准

自互联网普及以来，为了实现对网络安全的定性评价，各国的计算机和网络部门都制定了相应的网络安全标准。我国于 1999 年根据当时的网络发展状况及存在的标准，发布了国家标准《计算机信息系统安全保护等级划分准则（GB 17859—1999）》（简称《准则》）。

信息系统安全等级保护（后修订为"网络安全等级保护"）是指国家通过制定统一的信息安全等级保护管理规范和技术标准，组织公民、法人和其他组织对网络系统分等级实行安全保护，对等级保护工作的实施进行监督、管理。

《准则》的配套标准分为两类：一是信息安全等级保护的核心标准，包括基本要求、实施指南、定级指南和测评指南；二是与网络安全具体软硬件相关的技术要求，包括安全操作系统、安全数据库、网关、防火墙、路由器和身份认证管理等。

网络安全保护等级由两个定级要素决定：等级保护对象受到破坏时所侵害的客体和对客体造成侵害的程度。等级保护对象受到破坏时所侵害的客体包括 3 个方面：公民、法人和其他组织的合法权益，社会秩序、公共利益，国家安全。对客体的侵害程度包括 3 种：一般损害、严重损害和特别严重损害。定级要素与信息系统安全保护等级划分的关系如表 7-1 所示。

表 7-1　定级要素与网络安全保护等级划分的关系

受侵害的客体	对客体的侵害程度		
	一般损害	严重损害	特别严重损害
公民、法人和其他组织的合法权益	第一级	第二级	第三级
社会秩序、公共利益	第二级	第三级	第四级
国家安全	第三级	第四级	第五级

7.1.4　保密立法与保密标准

国家秘密是国家安全和国家利益的一种信息表现形式，也是国家的重要战略资源。保守国家秘密是一种国家行为，也是一种国家责任。新形势下，国家秘密在形态上也呈现多样化、轻便化和电子化的特点，其载体由以纸介质形式为主发展到声、光、电磁等多种形式，使得国家秘密的安全依赖环境发生了重大变化，泄密渠道增多，泄密风险加大，给保密工作带来了严峻的挑战。

1. 保密立法

保密是国家安全和发展的重要组成部分。《中华人民共和国保守国家秘密法》（简称《保守国家秘密法》）以国家法律的形式确立了我国保密工作的根本宗旨和基本方针、原则，为保密工作的发展指明了正确的方向，划清了国家秘密与非国家秘密的基本界限，明确了国家秘密受法律保护的原则，较好地处理了保密与信息公开的关系，是党和国家关于保守国家秘密工作的方针、政策的法律化、制度化，是保密工作实践经验的总结，是做好保密工作必须遵循的基本准则。

保守国家秘密是我国公民的基本义务之一。

2. 保密标准

国家保密标准是我国保密管理的重要基础，是保密防范和保密检查的依据，为保护国家秘密发挥了非常重要的作用。国家保密标准由国家保密局发布，强制执行，在涉密信息的产生、处理、传输、存储和载体销毁的全过程中都应严格执行。

近年来，我国发布了多部与计算机安全相关的国家保密标准和要求，涉及国家秘密的计算机系统的设备选用、使用环境、工程安装、安全隔离措施等。

国家秘密是指关系国家的安全和利益，依照法定程序确定，在一定时间内只限一定范围的人员知情的事项。与网络安全保护分级类似，《保守国家秘密法》对保密等级相关的事项做了规定，将国家秘密的密级分为"绝密""机密""秘密"3 个主要级别。

绝密级国家秘密是最重要的国家秘密，其泄露会使国家安全和利益遭受特别严重的损害；机密级国家秘密是重要的国家秘密，其泄露会使国家安全和利益遭受严重的损害；秘密级国家秘密是一般的国家秘密，其泄露会使国家安全和利益遭受损害。

下列国家秘密涉及国家安全和利益的事项，泄露后可能损害国家在政治、经济、国防、外交等领域的安全和利益。

（1）国家事务重大决策中的秘密事项。

（2）国防建设和武装力量活动中的秘密事项。

（3）外交和外事活动中的秘密事项以及对外承担保密义务的秘密事项。

（4）国民经济和社会发展中的秘密事项。

（5）科学技术中的秘密事项。

（6）维护国家安全活动和追查刑事犯罪中的秘密事项。

（7）经国家保密行政管理部门确定的其他秘密事项。

涉密人员应当具有良好的政治素质和品行，具有胜任涉密岗位所要求的工作能力。政治素质方面，应当政治立场坚定，坚决执行党的路线、方针、政策，认真落实各项保密规章制度；品行方面，应当品行端正，忠诚可靠，作风正派，责任心强；工作能力方面，应当掌握保密业务知识、技能和基本的法律知识。

7.1.5　网络攻击与安全模型

1．网络攻击的原因

网络攻击指利用网络存在的漏洞或安全缺陷对网络系统的硬件、软件及系统中的数据进行的攻击。网络攻击者俗称黑客（Hacker），即利用计算机技术、网络技术，非法侵入、干扰、破坏他人计算机系统或擅自操作、使用、窃取他人的计算机信息资源，对电子信息交流和网络实体安全具有威胁性和危害性的人。

一般而言，网络的脆弱性主要来自系统软硬件的漏洞，网络结构的复杂性，用户网络行为的复杂性以及漏洞修复的后遗症等。

2．网络攻击的过程

一般网络攻击和入侵的过程分为攻击准备阶段、攻击实施阶段和攻击善后阶段。

攻击准备阶段，通常通过"网络三部曲"——踩点、扫描和查点来进行；攻击实施阶段主要有漏洞攻击、获取权限、巩固控制、深入处理（如安装后门）等；攻击善后阶段，修改、删除，甚至覆盖操作日志文件，使管理员无法发现其入侵痕迹。

3．网络攻击的分类

按照攻击的特点，网络攻击可分为信息收集型攻击、访问型攻击、Web攻击（或基于Web的攻击）、拒绝服务类攻击、恶意代码类攻击、缓冲区溢出类攻击、基于社会工程学的攻击等。以下简单介绍典型的恶意代码类攻击。

恶意代码是指故意编制或设置的、对网络或系统会产生威胁及潜在威胁的计算机代码。最常见的恶意代码就是计算机病毒。

计算机病毒是编制或在计算机程序中插入的破坏计算机功能或者数据，能影响计算机使用，能自我复制的一组计算机指令或者程序代码。计算机病毒是一个程序或一段可执行代码，具有生物病毒的某些特征，即破坏性、传染性、寄生性和潜伏性。1999年，被称为"世纪风暴"的CIH病毒使全世界至少6000万台计算机受到侵害、大面积的网络系统处于瘫痪状态、用户的硬盘数据遭到严重破坏。

计算机病毒还包括木马和蠕虫。

- 木马：完整的木马程序包括服务器端（被控制端）和客户端（控制端）。木马通常通过伪装来吸引用户下载、执行，被下载的木马程序为服务器端程序。一旦该程序成功运行，依附在木马内的恶意代码将会同时被激活，这些代码可以在用户无察觉的情况下，执行窃取密码、修改文件、修改注册表等操作，攻击者甚至可以远程操控被攻击的计算机。典型的"冰河木马"，其控制端能远程监控被控端的操作。

- 蠕虫：一种主要利用网络进行复制和传播的恶意代码。不同于一般病毒需要寄生在宿主程序内，蠕虫可以独立存在。勒索蠕虫是一种新型蠕虫，主要以邮件、程序木马、网页挂马的形式进行传播。勒索蠕虫利用各种非对称加密算法对文件进行加密，被感染者一般无法解密，必须拿到解密的私钥才有可能破解。如 2006 年年底爆发的"熊猫烧香"病毒会严重破坏计算机系统，造成了上亿美元的损失。

4. 网络安全模型

网络安全模型对现实世界如何保护网络安全，防止系统被攻击具有高度的指导意义。

美国国际互联网安全系统公司（ISS）提出了 P^2DR 模型（见图 7-3），包括 Protection（防护）、Detection（检测）、Response（响应）和策略（Policy）4 个部分，是体现主动防御思想的网络安全模型。

美国国防部提出了 PDR^2 模型（见图 7-4），加入恢复（Recovery）部分，以构成一个动态的信息安全周期。

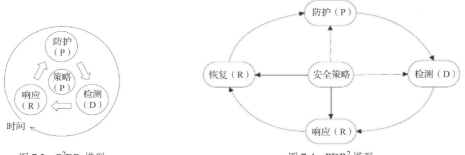

图 7-3　P^2DR 模型　　　　　　　图 7-4　PDR^2 模型

WPDRRC 模型是我国在 PDR^2 模型的基础上，提出的适合中国国情的信息系统安全保障体系模型。该模型在 PDR^2 模型的前后增加了预警（Waring）和反击（Counterattack）功能。WPDRRC 模型有 6 个环节和三大要素。6 个环节包括预警、保护、检测、响应、恢复和反击，它们具有较强的时序性和动态性，能够较好地反映出信息系统安全保障体系的预警能力、保护能力、检测能力、响应能力、恢复能力和反击能力。三大要素包括人员、策略和技术。其中，人员是核心，策略是"桥梁"，技术是保障。WPDRRC 模型如图 7-5 所示。

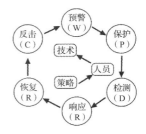

图 7-5　WPDRRC 模型

7.2　计算机系统安全

计算机系统的安全，最基本的是操作系统的安全，因为操作系统是直接运行在"裸机"上的最基本的系统软件，任何其他软件都必须在操作系统的支持下才能运行。对计算机来说，操作系统是其他所有应用的基础，如果操作系统的安全性得不到保证，程序的安全性便无从谈起。本节将以 Windows 10 操作系统为例，介绍操作系统的安全选项及它们对系统安全的影响。

7.2.1 账户管理

用户账户是通知 Windows 用户可以访问哪些文件和文件夹，可以对计算机和个人首选项（即个性化）进行哪些修改的信息集合。通过用户账户，用户可以在拥有自己的文件和设置的情况下与其他人共享计算机。每个人都可以使用用户名和密码访问其用户账户。

在 Windows 10 中，进入"计算机管理"窗口，在"本地用户和组"中可以管理本地系统的用户和用户组，如图 7-6 所示。

图 7-6 "计算机管理"窗口

Windows 10 操作系统把拥有某些相同权限的用户集合设置为一个账户组（也称为角色）。不同的账户和账户组可以对计算机进行不同的操作和设置。系统内置有 Administrators、Guests、Remote Desktop Users 和 Users 等账户组，如图 7-7 所示。

图 7-7 Windows 10 内置的账户组

Windows 10 存在 3 种类型的账户，每种类型为用户提供不同的计算机控制级别：隶属 Users 组的标准用户账户适合日常使用；隶属 Administrators 组的管理员账户可以对计算机进行最高级别的控制；隶属 Guests 组的来宾账户主要针对需要临时使用计算机的用户。

为了系统的安全，建议账户管理做到以下几点。

（1）清除不必要的账户。废弃的用户账户可能存在安全隐患，必须定期检查和删除无效的账户。

（2）慎用 Administrators 组。标准用户账户能完成任务的，尽可能隶属 Users 组，而不是 Administrators 组。

（3）设置安全密码。用户的账户密码应不少于 8 位，并且应由英文大、小写字母，数字以及特殊符号构成，且需熟记。

7.2.2　注册表安全

Windows 注册表中存放着各种参数，直接控制着 Windows 的启动、硬件驱动程序的装载以及一些 Windows 应用程序运行得正常与否。如果注册表受到了破坏，轻则使 Windows 的启动过程出现异常，重则可能会导致整个 Windows 操作系统的完全瘫痪。

病毒、木马以及黑客程序最喜欢入侵的地方就是注册表，通过修改注册表能实现恶意程序的自动运行、破坏和传播等目的。因此对注册表进行安全设置是非常有必要的。

右击"开始"按钮，在弹出的快捷菜单中选择"运行"命令（或者按 Win+R 组合键），在打开的"运行"对话框中输入"regedit"，按 Enter 键，如图 7-8 所示。

在弹出的对话框中单击"是"按钮。这时，用户就打开了注册表编辑器，如图 7-9 所示。

图 7-8　"运行"对话框

图 7-9　注册表编辑器

在注册表编辑器左侧的窗口中，可以看到 5 个"根键"。注册表的层次结构可以按根键、主键、子键、键值来划分，与文件资源管理器内的目录结构基本一致。键名代表特定的注册项目、键值表示注册项目的值。5 个根键描述如下。

- HKEY_CLASSES_ROOT：此处存储的信息可以确保当使用 Windows 文件资源管理器打开文件时，将使用正确的应用程序打开对应的文件类型。

- HKEY_CURRENT_USER：存放当前登录用户的有关信息，如用户文件夹、个性化和控制面板的设置。相关信息被称为用户配置文件。

- HKEY_LOCAL_MACHINE：包含针对该计算机（对于任何用户）的配置信息。

- HKEY_USERS：存放计算机上所有用户的配置文件。

- HKEY_CURRENT_CONFIG：包含本地计算机在系统启动时所用的硬件配置文件信息。

为保证注册表的安全，用户可以进行如下设置。

1．启动注册表的访问授权和审核功能

通过对授予权限的用户启用审核操作，并监控审核结果，可确认是否有非法账户在访问注册表的指定项。下面以修改对根键的权限为例介绍注册表的访问授权和审核（注意本章所介绍的操作，若无特殊说明，均需用管理员账户登录后才可进行）。

首先打开注册表编辑器，右击根键"HKEY_LOCAL_MACHINE"，在弹出的快捷菜单中选择"权限"命令，如图 7-10 所示。

在新弹出的对话框中可看到每个账户对这个根键的访问权限，如图 7-11 所示。例如，Administrators 类型的账户，对 HKEY_LOCAL_MACHINE 根键的权限包含"完全控制"和"读取"。在这里，用户可以修改各个账户对此根键的权限。

图 7-10　选择"权限"命令

图 7-11　用户对根键的访问权限

若想要对注册表的修改行为进行审核，需要单击"高级"按钮。在弹出的窗口中单击"审核"选项卡，再单击"添加"按钮，如图 7-12 所示。

图 7-12　审核修改权限操作

此时，用户就可以将想要审核的用户或组添加进去，单击"检查名称"按钮，系统会查看是否有相应用户，如图 7-13 所示。如果用户存在，单击"确定"按钮就可以完成修改。

2. 关闭 Windows 注册表的远程访问

为安全起见，需要禁止对注册表的远程访问。

首先，在"运行"对话框中输入"services.msc"并按 Enter 键。在服务列表中找到"Remote Registry"服务，如图 7-14 所示。

图 7-13　添加审核对象

双击"Remote Registry"，在弹出的对话框中确认 Remote Registry 服务的"启动类型"为"禁用"，"服务状态"为"已停止"，如图 7-15 所示。

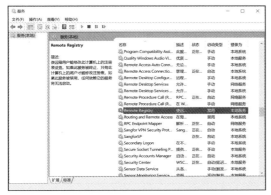

图 7-14　服务列表

图 7-15　确认启动类型和服务状态

3．注册表的备份和恢复

注册表以二进制形式存储在硬盘上，错误地修改册表可能会严重损害系统。由于注册表包含了系统启动、文件关联、系统安全等一系列重要参数数据，建议对注册表信息进行备份。

打开注册表编辑器，单击"文件"→"导出"，如图 7-16 所示。

选择想要导出的文件路径和导出范围，确定备份文件的名称，单击"保存"按钮完成备份，如图 7-17所示。

图 7-16　注册表导出操作

图 7-17　导出注册表文件

在注册表编辑器中单击"文件"→"导入"，在打开的对话框中找到注册表备份文件的位置，选中备份文件，然后单击"打开"按钮，如图 7-18 所示。等待注册表导入完成，对注册表文件的恢复工作就成功了。

图 7-18　选择导入注册表文件

4.禁止注册表编辑器运行

注册表如果被随意改动,那么计算机的使用和安全就会受到影响,因此可禁止注册表编辑器运行。

在"运行"对话框中输入"gpedit.msc",按 Enter 键,打开本地组策略编辑器,如图 7-19 所示。

图 7-19   本地组策略编辑器

在左侧导航窗格中单击"用户配置"→"管理模板"→"系统",在右侧找到"阻止访问注册表编辑工具",双击打开"阻止访问注册表编辑工具"对话框,选中"已启用"单选按钮,单击"确定"按钮,如图 7-20 所示。此时,注册表编辑器就已经被禁用。

再次打开注册表编辑器时,系统会提示"注册表编辑已被管理员禁用。",如图 7-21 所示。

图 7-20   选中"已启用"单选按钮

图 7-21   注册表编辑器已禁用

7.2.3 策略安全

Windows 10 操作系统自带有一个名为"本地安全策略"的控制台程序。用户可以在这里对计算机的安全进行更全面的设置。

打开"运行"对话框,在该对话框中输入"secpol.msc",按 Enter 键,即可打开"本地安全策略"窗口,如图 7-22 所示。在此允许用户设置账户策略、本地策略等,以增强系统的安全。这里仅介绍账户策略。

在账户策略中,仅涉及与用户账户的凭据有关的设置。例如,账户的密码长度要求、账户的密码复杂性要求等。通过设置账户策略,可以提高账户的安全性,并且使破解用户的账户变得更加困难。

图 7-22 "本地安全策略"窗口

账户策略又分为两类,分别是密码策略和账户锁定策略。密码策略决定密码的使用规则;账户锁定策略则决定在什么情况下账户将被锁定,一段时间内无法实现登录。

(1)密码策略中主要有以下几项:密码必须符合复杂性要求、密码长度最小值、密码最短使用期限、密码最长使用期限、强制密码历史、用可还原的加密来储存密码和最小密码长度审核等,图 7-23 所示为默认设置。

建议密码策略的设置如下。

- 密码必须符合复杂性要求:启用。
- 密码长度最小值:8。
- 密码最短使用期限:5 天。
- 密码最长使用期限:30 天。
- 强制密码历史:10 个。
- 用可还原的加密来储存密码:默认,即禁用。
- 最小密码长度审核:8 字符。

(2)账户锁定策略类似于银行卡付款时,如果输错 3 次密码,那么用户的卡就会被冻结。设置账户锁定策略,可对失败的登录尝试次数进行限制,在一段时间内无法尝试登录此账户。

账户锁定策略主要包括以下 3 项策略:账户锁定时间、账户锁定阈值以及重置账户锁定计数器。图 7-24 所示为默认设置。

图 7-23 密码策略

策略	安全设置
帐户锁定时间	不适用
帐户锁定阈值	0 次无效登录
重置帐户锁定计数器	不适用

图 7-24 账户锁定策略

建议账户锁定策略的设置如下。

- 账户锁定时间:60 分钟。
- 账户锁定阈值:5 次。
- 重置账户锁定计数器:30 分钟。

7.2.4 密码设置安全

设置安全的密码可以防止大部分好奇者进入用户的计算机，但是安全性较差的密码所能起到的保护作用实在有限，破解软件很容易就可以破解用户的密码。用户可以遵循以下原则来设置安全的密码。

- 具有一定的长度。密码长度应在 6 位以上，但并不是位数越多越好，在符合密码复杂性原则的基础上，7～14 位的密码较为合适。

- 复杂的组合方式。密码应有一定的复杂性，可采用大、小写字母，标点和数字的组合。

- 专用性。在不同场合使用不同的密码。

- 定期更换。建议每隔一段时间（如一个月）更改一次密码。

- 切忌选择大众化的内容。不要选择常用的单词或用户名、登录名、单位名称作为密码，也不要以真实姓名、生日、电话号码作为密码。

- 密码应随时记住，但不建议写下来。

在计算机中，需要用户设置 3 个密码：BIOS 密码、系统密码以及屏幕保护密码。此外还有电源管理密码也可以设置。这里仅介绍 BIOS 密码。

BIOS 指基本输入输出系统（Basic Input/Output System），是固化到计算机主板上的一个 ROM 芯片上的一组程序，保存着计算机最重要的基本输入输出程序、开机自检程序和系统自启动程序。它可从 CMOS（Complementary Metal-Oxide-Semiconductor，互补金属氧化物半导体）中读写系统设置的具体信息，其主要功能是为计算机提供最底层的、最直接的硬件设置和控制。

启动计算机后，在没有进入操作系统前按 F2 键或者 Delete 键进入 BIOS（不同品牌，甚至不同型号的计算机进入 BIOS 的按键可能不同），其界面如图 7-25 所示。

进入"Security"选项卡，可以设置两个密码：Supervisor Password 和 User Password，如图 7-26 所示。其中，使用 Supervisor Password 登录的用户可对 BIOS 的设置进行更改，而使用 User Password 登录只可以查看 BIOS 中的设置。

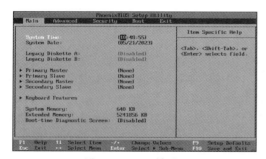

图 7-25　BIOS 界面

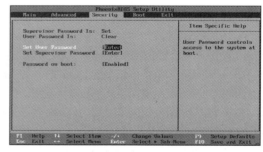

图 7-26　BIOS 中 Security 选项卡

选项"Password on boot"如果设置为"Enabled"，则表示开机进入操作系统前需要输入 BIOS 密码，如图 7-27 所示。

图 7-27　开机需要输入 BIOS 密码

另外，设置密码后还需要良好的操作习惯，建议用户在离开计算机时锁定计算机，而不是仅让屏幕保护程序的密码保障安全。

7.2.5 系统补丁

漏洞是在硬件、软件、协议的具体实现或系统安全策略上存在的缺陷，使得攻击者能够在未授权的情况下访问或破坏系统。补丁程序是为了增强系统功能和修补系统漏洞而开发的小程序。如果把系统的漏洞比作衣服上的破洞，那么给系统打补丁就相当于给衣服缝补丁。

打补丁是为了修补已经发现的漏洞，但不能靠打补丁实现绝对的安全，因为补丁也有可能存在漏洞和后门。

Windows 10 可以定期检查微软公司公布的最新漏洞而发布的补丁，并自带自动更新功能。

自动更新将为计算机查找所有重要更新，包括安全更新、关键更新等。在服务列表中，双击"Windows Update"，在弹出的图 7-28 所示对话框中，更改"启动类型"为"自动"，单击"启动"按钮，并单击"确定"按钮，即可启用自动更新功能。

图 7-28　启动自动更新

7.2.6 文件安全

很多用户在日常工作中都要用到大量的数据，对多数用户来说，数据的价值远超计算机的价值。如何在保证操作系统安全的同时保证文件数据的安全呢？这里提几点做法。

1. NTFS 权限设置

文件系统是对文件存储设备的空间进行组织和分配，负责文件存储并对存入的文件进行保护和检索的系统。具体地说，它负责为用户建立文件，存入、读出、修改、转储文件，控制文件的存取，当用户不再使用时撤销文件等。

NTFS（New Technology File System）是 Windows 10 默认的文件系统，支持权限设置和 EFS（Encrypting File System，加密文件系统）加密。在 NTFS 分区上，可以为共享资源、文件夹以及文件设置访问许可权限。许可的设置包括两方面的内容：一是允许哪些组或用户对文件夹、文件和共享资源进行访问；二是获得访问许可的组或用户可以进行什么级别的访问。EFS 加密功能可配合权限设置一起使用，以保证文件安全。

用户若想要对一个文件（或者文件夹）的权限进行设置，可以通过以下操作实现（假设用户要对一个名为"PrivateFiles"的文件夹进行权限设置）。

首先使用管理员账户登录，在 Windows 文件资源管理器中找到想要修改权限的文件夹。右击该文件夹，从弹出的快捷菜单中选择"属性"命令，出现图 7-29 所示的对话框。

选择"安全"选项卡，从中可以看到"Users"账户对该文件夹所拥有的权限。如果想修改 Users 账户对该文件夹的权限，则单击"编辑"按钮，出现图 7-30 所示的对话框，在该对话框中选择要修改的用户对象，在下方勾选想要赋予（允许）的权限或者禁止（拒绝）的权限，然后单击"确定"按钮即可完成设置。

2. EFS 加密

使用 NTFS 权限设置，只可以控制用户对文件和文件夹的访问，并不能够保证数据的安全。这是因为新安装的操作系统，新管理员登录后，一样可以获取所有权，对文件和文件夹进行访问。

EFS 可以把 NTFS 分区上的数据加密保存起来。与其他加密软件相比，EFS 最大的优势在于与系统紧密集成，同时对用户来说，整个过程是透明的。例如，用户 A 加密了一个文件，那么只有 A 可以打开这个文件。当 A 登录到 Windows 的时候，系统已经验证了 A 的合法性，A 在 Windows 文件资源管理器中就可以直接打开这个文件进行编辑，其他用户不能打开该文件。保存的时候，编辑后的内容会被自动加密并合并到文件中去。因此，EFS 在使用上非常便捷。

图 7-29　查看访问权限　　　　　　　　图 7-30　修改访问权限

对文件或者文件夹使用 EFS 加密/解密，首先选中目标文件或者文件夹，单击鼠标右键，从弹出的快捷菜单中选择"属性"命令，在属性对话框中选择"常规"选项卡，单击"高级"按钮，出现图 7-31 所示的对话框。

勾选"加密内容以便保护数据"复选框，即可成功对文件进行加密，反之则取消加密。

设置成功后，系统会弹出一个通知，提示用户对文件加密证书和密钥进行备份，如图 7-32 所示。

 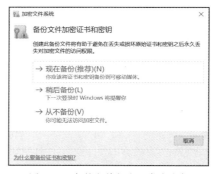

图 7-31　"高级属性"对话框　　　　　　图 7-32　备份文件加密证书和密钥

如果用户的计算机遭到了攻击而导致加密密钥丢失，那么很有可能加密过的文件就永远不能被解密了。因此，用户应当对加密密钥和证书进行备份。根据向导的提示，选择密钥备份文件的保存位置，根据情况设置保护密码，如图 7-33 所示。

保护密码一定要牢记，如果不知道这个密码，备份的密钥将无法被导入系统。导出的证书要保存在安全的地方，不要在同一个地方备份多个副本。

用户想将之前备份的证书还原到新的系统中时，只需要双击导出的.pfx 格式文件，根据向导的提示，输入保护密码即可。

图 7-33　设置保护密码

3．Office 文档加密

用户可以为 Office 文档设置密码来控制用户对 Office 文档的访问（见第 3 章中的相关内容）。

4．WinRAR压缩文件加密

WinRAR 是常用的压缩工具，用户可以为 WinRAR 压缩文件设置密码，以控制对压缩文件的访问。这里创建一个带有密码的 WinRAR 压缩包。

右击目标文件（或文件夹），在弹出的快捷菜单中选择"添加到压缩文件"命令，然后在打开的界面中单击右下角"设置密码"按钮（不同的软件版本显示的界面可能有所不同，例如有的在"高级"选项卡显示"设置密码"按钮），弹出的对话框如图 7-34 所示。

在"输入密码"和"再次输入密码以确认"文本框中输入设置的密码，单击"确定"按钮，即可完成加密。再次打开或者解压这个压缩文件，即需要输入密码。

图 7-34 "带密码压缩"对话框

5．谨慎设置文件共享权限

在局域网内，用户可以共享自己的文件，这样局域网内的其他用户就可以在自己的计算机上查看共享文件。但是，用户共享的文件有可能被其他用户修改，对数据的安全性造成破坏。因此，用户在共享文件时，要谨慎设置文件共享权限。

设置共享文件或者文件夹的过程如下。

（1）右击目标文件或者文件夹，从弹出的快捷菜单中选择"属性"→"共享"→"高级共享"命令（文件或文件夹处于不同的位置，其中的命令也可能不同），弹出"高级共享"对话框，如图 7-35 所示。

（2）设置文件或者文件夹的共享名，也就是其他用户所看到的名称。单击"权限"按钮，出现图 7-36 所示的对话框，在这个对话框中可以对不同的用户进行权限管理。在此可以看到"Everyone"即每个用户都具有对文件的读取权限。我们也可以添加一个共享用户或用户组，实现对共享的特殊权限的设置。

图 7-35 "高级共享"对话框

图 7-36 用户共享权限设置

7.2.7 端口控制

端口（Port）是计算机与外界交流的通道。对于大部分的网络攻击，如果用户能够关闭掉一些高风险的端口，这些攻击就可以避免。

在网络技术中，端口大致有两种意义：一是物理意义上的端口，如集线器、交换机、路由器等用于连接其他网络设备的接口；二是逻辑意义上的端口，一般指 TCP/IP 中的端口，端口号范围为 0～65535，如用于浏览器网页服务的 80 端口，用于 FTP 服务的 21 端口等。这里的端口指逻辑意义上的端口。

如果将计算机的不同服务比喻为不同的房间，那么不同的端口就是不同房间的房门。只有打开对应的端口，计算机才可以向外界提供相应的网络服务，同时外界才可以向用户的计算机请求相应的网络服务。

按端口号分布，端口可以分为以下 3 类。

- 公认端口（Well-known Ports）。这类端口也常被称为"常用端口"，其端口号为 0～1024，通常这些端口的通信明确表明了某种服务的协议，不可再重新定义它的作用对象。例如，80 端口实际上总是被 HTTP 通信所使用，而 23 端口则是 Telnet 服务专用的。这些端口通常不会被木马这样的黑客程序利用。
- 注册端口（Registered Ports）。端口号从 1025 到 49151，多数没有明确定义服务对象。
- 动态和/或私有端口（Dynamic and/or Private Ports）。端口号从 49152 到 65535。有些较为特殊的程序，特别是一些木马程序就非常喜欢用这些端口，因为这些端口常常不会引起注意，容易隐蔽。

1. 查看端口信息

选择"开始"→"所有程序"→"Windows 系统"→"命令提示符"命令（或者按 Win+R 组合键，然后输入"cmd"并按 Enter 键），在弹出的窗口中输入"netstat-ano"，按 Enter 键，窗口中将会显示出当前所有的端口信息，如图 7-37 所示。

图 7-37　查看端口信息

在"本地地址"列中，冒号后面的就是端口号。外部地址代表此端口所连接的另一台计算机的地址和端口号。如果状态栏中显示的是"LISTENING"，意味着当前端口是开放的，如第 1 行的 135 号端口。

2. 关闭服务默认端口

关闭服务默认端口有多种方法，如直接关闭端口、关闭服务、修改注册表键值、防火墙阻挡等。这里仅以关闭 3389 端口为例介绍通过关闭服务来关闭端口的方法。

Windows 10 的 3389 端口用于提供远程桌面服务。右击"开始"按钮，在弹出的快捷菜单中选择"计算机管理"命令，在弹出的对话框中选择左侧的"计算机管理（本地）"→"服务和应用程序"→"服务"，在右侧的服务列表中选中"Remote Desktop Services"服务（如果没有找到，则意味着该服务未启用，端口处于关闭状态），如图 7-38 所示。

右击该服务，在弹出的快捷菜单中选择"属性"命令，出现图 7-39 所示的"Remote Desktop Services 的属性（本地计算机）"对话框。

图 7-38　"Remote Desktop Services"服务　　　图 7-39　"Remote Desktop Services"的属性

单击"停止"按钮，将"启动类型"修改为"禁用"，单击"确定"按钮，即可关闭该服务，3389 端口也随之关闭。

7.2.8 备份与恢复

备份系统和数据是一种良好的行为，可以把某些由不可抗因素（如硬件损坏）造成的损失降到最低。做好以下 3 个方面的备份工作，用户就可以在系统或者文件出现损坏的情况下进行恢复。

一是系统的备份与恢复。对系统进行备份会把所有的系统文件都进行备份，在系统受到破坏后通过备份将系统还原到正常状态，这样可以避免重新安装系统和应用程序。

二是对文件进行备份。用户可以选择重要的文件进行备份，避免在误操作（如误删除）后，导致文件无法找回。

三是建立紧急修复盘。在系统崩溃时，使用紧急修复盘进行系统修复。

以下介绍系统的备份与恢复，即使用 Windows 自带的备份恢复功能对系统文件进行备份与恢复，创建一个系统映像。对系统文件进行备份可以通过以下步骤实现。

单击"开始"→"设置"→"更新和安全"→"备份"，单击"转到'备份和还原'（Windows 7）"，选择"创建系统映像"，弹出的对话框如图 7-40 所示。

选择映像文件的存放位置，单击"下一页"按钮。注意，系统映像的创建会将选择的驱动器整个进行备份，因此请确保所存储的位置有足够的空间。

接下来用户需要选择想要备份的驱动器，默认包含系统盘。此外，用户还可以选择其他想要备份的驱动器。单击"开始备份"按钮即可对驱动器进行备份，如图 7-41 所示。

图 7-40　创建系统映像

图 7-41　备份驱动器

当系统无法正常启动时，用户可以更改 Windows 启动设置，或者从映像还原 Windows，如图 7-42 所示。

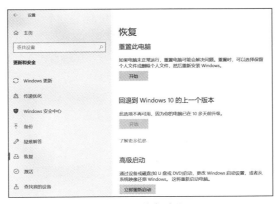

图 7-42　恢复功能

7.3 移动和智能系统安全

随着移动互联网和物联网的迅速发展，移动和智能系统呈现出井喷式的增长。各种智能手机、可穿戴设备、智能家居等层出不穷。但在系统功能逐渐增强和应用范围逐步扩大的同时，其暴露出来的漏洞和安全问题也越来越多。

7.3.1 安全技术

移动和智能系统的常见安全技术包括身份认证、权限管理、隐私保护等，这些技术的使用极大地增强了系统的安全性。

1．身份认证

身份认证（Authentication）是指通过一定的手段，完成对用户身份的确认。身份验证是安全的第一道"大门"，是各种安全措施发挥作用的前提。

用户与系统间的身份认证主要基于以下 3 个方面。

- 用户所知道的东西，如用户名+密码。
- 用户的生物特征，如指纹、虹膜、面部、声音等生物特征。
- 用户所拥有的东西，如 UKey。

对移动和智能系统而言，通常使用的认证方式只有前两种。

（1）密码认证

密码，又称口令、通行字、通行码，是用于身份认证的保密字符串，用以保护不想被别人看到的隐私以及防止未经授权的操作。用户名+密码的方式是最简单、最容易实现的一种身份认证方式，使用非常广泛。其优点在于方便，不需要任何附加设施，且成本低、速度快。缺点是安全性差，容易被偷看、监听、猜测、窃取，容易遭受字典攻击、重放攻击、木马攻击、暴力破解等。

移动和智能系统的使用人员通常是设备的主人，不需要输入用户名，因此常使用密码来认证设备使用人员是否为机主。传统的用户密码为数字、字母、符号等组成的字符串，用户登录的密码长度通常不少于 4 位；一次登录能够尝试的密码次数一般不超过 5 次，如果在规定的次数内没有输入正确的密码，移动和智能系统会采取适当的保护措施，如锁定、关机等，以阻止用户继续尝试。目前，多数移动和智能系统启用了手势密码，如用户可以在手机触摸屏上设置一笔连成的九宫格图案作为密码（见图 7-43）。

用户名+密码是一种静态密码，与之对应的动态密码也被称为单次有效密码、一次性密码（One Time Password，OTP），就是只能使用一次的密码。由于一次性密码难以记忆，因此需要额外的技术和设备来辅助。

目前移动和智能终端设备上常用的动态密码主要有短信密码和手机令牌两种。短信密码也称为短信动态密码或短信验证码，是以手机短信形式发送的随机数字动态密码（见图 7-44）。身份认证系统通常以短信形式发送随机的 4～8 位密码到客户的手机上，客户在登录或者交易认证时输入此动态密码，从而确保系统身份认证的安全性。设备只要能接收短信就可以使用密码认证，这样将极大增强了这项技术的普及性。

手机令牌是安装在客户手机上的软件，可以用来生成动态密码，这种动态密码能极大地提高密码的安全性。

（2）指纹识别

指纹识别是种生物识别技术。一套完整的指纹识别系统包括指纹图像获取、指纹图像处理、指纹特征提取和比对等多个模块的模式识别系统。指纹具有个体差异性及稳定性，因此能作为身份认证的依据。

2016 年是手机指纹认证的普及年。现在的指纹认证已经成为手机的常见配置。

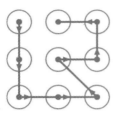

图 7-43　手势密码

图 7-44　短信密码

（3）虹膜识别

虹膜识别是一种基于眼睛中的虹膜进行身份认证的技术。虹膜识别技术的过程一般来说分为虹膜图像获取、虹膜图像预处理、虹膜特征提取和虹膜特征匹配 4 个步骤。虹膜为什么能用于身份认证呢？人的眼睛由巩膜、虹膜、晶状体、视网膜等部分组成。虹膜是位于黑色瞳孔和白色巩膜之间的圆环状部分，包含许多相互交错的斑点、细丝、冠状、条纹、隐窝等的细节特征，而且虹膜在胎儿发育阶段形成后，在整个生命历程中保持不变，其细节的复杂程度远远超出目前被广泛使用的指纹，基于它的识别认假率约为 1/1500000，理论上只有 DNA 才能超过它。这些特征决定了虹膜特征的唯一性，同时也决定了身份识别的唯一性。因此，可以将眼睛的虹膜特征作为个人的身份识别对象（见图 7-45）。

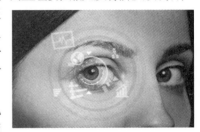

图 7-45　虹膜识别

将虹膜作为"密码"有着更好的"长期安全性"，而且安全性也远比指纹识别更高。当一个人死亡后，瞳孔会自然放大，造成虹膜消失，所以只有活体才能够进行虹膜识别。而且由于虹膜是生物特征，因此通过照片或者视频是不能解锁的。

（4）面部识别

面部识别使用通用的摄像机作为识别信息获取装置，以非接触的方式获取识别对象的面部图像，计算机系统在获取图像后与数据库中的图像进行比对，完成识别过程。面部识别技术的过程一般来说包括人脸图像采集、人脸定位、人脸识别预处理、身份确认以及身份查找等。

面部识别有两个优点：自然性，即该识别方式同个体识别时所利用的生物特征（人脸）相同；不被察觉，即不令人反感且不容易引起人的注意而不容易被欺骗。

面部识别要求识别对象必须亲临识别现场，它所独具的活性判别能力保证了他人难以以非活性的照片、蜡像等来欺骗识别系统。这是指纹等生物特征识别技术所难以做到的。

身份认证采取的指纹认证、虹膜认证、面部识别都是高新技术，基于算法和技术来保证认证的安全性。虽然移动和智能系统支持高新技术身份认证，但也支持最原始的密码认证方式。因此，提高认证密码的强度，有助于加强设备的安全性。

密码的强度指一个未授权的访问者得到正确密码的平均尝试次数。密码的强度与其长度、复杂度及不可预测度有关。设置强健的密码是有效提高身份认证安全性的措施之一，以下几条做法可增加密码的强度。

① 增加密码的复杂度。

密码设置的一条公认的原则就是通过混合大小写字母、符号与数字的方式来增加密码的复杂度，从而抵抗攻击。

② 设置较长的密码。

密码每多一位，破解所需的时间将大幅提升。移动和智能系统最常使用 PIN（Personal Identification Number，个人识别码）作为开机密码，但是 PIN 的长度只有 4~6 位，没有办法增加。因此建议使用手势密码，手势密码可以有效提高认证的安全性。

③ 避免使用常用词汇。

常用词汇方便记忆但极不安全，难以阻挡字典攻击。字典攻击是指在破解密码时，逐一尝试用户自定义词典中的可能密码（单词或短语）的攻击方式。利用常见的单词拼音字典库进行尝试可大幅缩短破解时间，因此，用户应避免在设置密码时采用生日、身份证号码、银行卡号、手机号码等，这些信息作为密码都会降低密码的强度。

④ 不要重复使用相同的密码。

在不同的网站上或者多部移动智能设备上，不要使用相同的密码。其原因是黑客会通过收集互联网已泄露的用户和密码信息生成对应的字典表，尝试批量登录其他网站后得到一系列可登录的用户账户。许多用户在不同网站使用的是相同的账号和密码，因此黑客可以通过获取用户在 A 网站的账户来尝试登录 B 网站，这就是所谓的撞库攻击。同理，如果他人知晓用户手机上的密码，该用户的其他设备（如平板电脑或路由器等）使用的密码与手机相同，那无疑相当于把所有设备的密码都泄露出来。

⑤ 定期更换密码。

定期更换密码可以在一定程度上减少泄露的密码带来的威胁，但如果更换的密码是以前用过的，其安全性可能并未得到改善。

2．权限管理

权限管理是指根据系统的安全规则或者安全策略，对不同用户拥有的资源访问权限进行管理。为了提高系统的安全性，操作系统往往对不同级别用户的访问权限进行控制。其中的一条原则称为最小特权原则，即仅赋予用户完成某项操作所需要的最小权限。

（1）root 权限

root 是具有超级权限的用户，该用户拥有对操作系统中的所有文件和程序的读、写、执行权限，实质上能够改变或修改设备上的任何软件代码。一般，手机等移动设备的 root 权限是被锁定的，用户仅拥有"客人"权限。

root 设备意味着获得了系统的"超级用户"权限（俗称"越狱"），由此可以加载自定义软件，安装自定义主题，提高性能，延长电池使用时间等。root 操作时需要谨慎，因为这有可能会使设备的保修失效，甚至很有可能让设备"变砖"（像砖头一样，无法使用）。

（2）Android 应用权限管理

在移动和智能系统中，Android 市场占有率远高于 iOS，因此对 iOS 不做介绍。

为了保证系统应用的安全，Android 系统使用了权限管理机制。权限管理遵循的是"最小特权原则"，即所有的 Android 应用程序都被赋予了最小权限，只拥有它本身能够正常运行的必不可少的权限，确保可能的事故、错误等原因造成的损失最小。

因此，应用程序如果想访问其他文件、数据和资源，就必须在一个特定的文件中声明权限，用该权限去访问这些资源。谷歌公司在 Android 框架内把各种对象（包括设备上的各类数据、传感器、拨打电话、发送信息、控制别的应用程序等）的访问权限进行了详细的划分，列出了100多条"Android权限"。应用程序在运行前必须向Android系统声明它将会用到的权限，并且在安装时提示用户，用户根据自身情况和保护隐私的目的决定是否允许对该应用程序授权。如果用户拒绝了这一请求，Android将会拒绝向该应用程序提供所期望的功能与服务。

例如，慕课网App提供了扫码登录（扫描PC端二维码实现在PC端同步登录）的功能，需要使用相机的权限，该App就必须声明在使用它时需要获得相机的权限，如图7-46所示。

Android对用户来说是自主的。用户可以自主地选择应用的来源，来自正规可靠的应用商店、第三方市场或是其他各种渠道；用户还可以自主地选择赋予权限。但也存在某些应用在运行时并未履行主动告知权限的义务，以及主动告知权限后用户由于不了解授予其权限所带来的风险的问题。

由此可见，对Android智能系统的用户而言，熟知各种权限对于保护自身设备的安全有着极其重要的意义，应以此作为判断是否要对应用授权的依据。

Android系统的权限大致分为信息与联系人、多媒体、隐私、设置相关四大类，图7-47所示为Android部分权限一览。

图7-46 慕课网App声明需要获取相机权限

图7-47 Android部分权限一览

3. 隐私保护

隐私是指隐蔽、不公开的私事。移动终端的隐私除了常见的手机号码、通讯录等，还有部分较为重要的隐私数据（不常受人关注但是十分重要），一旦泄露也会引起损失。常见移动终端隐私如表 7-2 所示。

表 7-2　常见移动终端隐私

类型	隐私名称	说明
本机隐私	移动终端通信号码	公众移动通信网网号，即在手机、平板电脑、笔记本电脑等无线终端上使用的手机卡、上网卡的一串数字号码。以1或9开头，共11位，前7位通常称为手机号段
	IMEI	IMEI（International Mobile Equipment Identity，国际移动设备识别码），即通常所说的手机序列号、手机"串号"，用于在移动电话网络中识别每一部独立的手机等移动通信装置，相当于移动电话的身份证
	MEID 信息	MEID（Mobile Equipment Identifier，移动设备识别码）是 CDMA 手机的身份识别码，也是每台 CDMA 手机或通信平板唯一的识别码。通过这个识别码，网络端可以对该手机进行跟踪和监管
	MAC 地址	MAC 地址通常表示为12个十六进制数，每两个十六进制数之间用冒号隔开。每个以太网设备都具有唯一的 MAC 地址
SIM 卡隐私	ICCID	ICCID（Integrated Circuit Card Identity，集成电路卡识别码）是 SIM（Subscriber Identity Module，客户身份识别模块）卡的唯一识别号码，由20位数字组成，相当于手机号码的身份证
	IMSI	IMSI（International Mobile Subscriber Identification Number，国际移动用户识别码）是区别移动用户的标志，存储在 SIM 卡中，可用于区别移动用户的有效信息。其总长度不超过15位
	Ki（2G）、Key（3G）、OPC（3G）	Ki、Key、OPC 是用户鉴权密钥（SIM-specify Key），相当于 SIM 卡登录使用通信网络的密码，随机生成、加密存储
	PIN	PIN 相当于 SIM 卡的个人识别密码，为4~8位十进制数，默认处于关闭状态，用户可自行激活或修改。SIM 卡激活后，只有用户正确输入 PIN 手机才能对 SIM 卡进行数据存取
	PUK	PIN 的解锁码（PIN Unlocking Key），为8位十进制随机数，用户不可自行修改
存储的隐私	通讯录	通讯录中存储了大量用户姓名和手机号码的信息，一旦泄露不仅会给他人带来麻烦，还会泄露用户本身的关系网
	通话记录	通话记录会记录通话的号码、通话的时间、通话的时长等，属于较为敏感的信息
	地理位置	每一个位置数据都对应现实世界真实地点的经纬度，可以精准地定位到用户去过的地方。不仅如此，还会有常去地点的记录。如果该信息泄露，无疑暴露了用户的住处和日常活动范围
	图片	图片所携带的隐私不仅包含内容所传达的隐私信息，还有拍摄时间、地点等隐私数据
	视频	视频与图片类似，除内容外会携带额外的隐私信息
	备忘录	备忘录所记录的通常都是比较重要的隐私信息，甚至会有用户在备忘录里记录账户和密码
	短信	尽管短信的使用频率远不如前，但是它所携带的短信验证码一旦泄露可能会造成经济、财产上的重大损失
人员隐私	个人相关	如姓名、性别、身份证号码、住址、兴趣爱好等

在平常生活中有时会接到一些诈骗、骚扰电话，对方不仅能报出本人姓名，甚至连家庭住址等私密信息都掌握得一清二楚，这说明用户的个人隐私信息已经遭到泄露。

对于加强隐私保护措施、防范个人隐私泄露，建议如下。

- 在安装软件时，详细了解软件所需权限对于不必要的权限可以拒绝，从而防止应用软件过多收集用户信息。
- 为手机设置解屏密码，对重要的应用程序单独设置密码。
- 对应用进行隐私相关设置。如设置微信陌生人无法查看朋友圈或只显示最近几天的朋友圈等。
- 选择具有隐私保护功能的应用软件（如手机管家等），通过这些软件对系统已安装的软件的相关权限进行设置。
- 限制公开隐私的途径与方法，如有网站、论坛等询问隐私的时候，请慎重提供。

7.3.2　安全威胁

尽管移动和智能系统本身具备一定的安全性，但仍面临着众多的安全威胁。按照来源分类，安全威胁可分为以下三大方面：系统内部安全威胁、通信传输安全威胁、人为因素安全威胁。

1．系统内部安全威胁

系统内部安全威胁主要来自移动和智能系统设备的硬件及软件，是由攻击者的恶意行为或者机主的不当操作造成的。

（1）恶意程序安全威胁

恶意程序是移动和智能系统最主要的安全威胁。由于移动和智能系统的开放性，攻击者能发现并利用手机程序存在的各种漏洞，开发出病毒等恶意程序，借助 Wi-Fi 和外围设备等极快地传播，产生远程控制、恶意扣费、系统控制等危害极大的攻击行为。

移动和智能系统上的恶意程序按行为表现为以下几类。

- 恶意扣费。例如，在用户不知情或未授权的情况下，自动订购移动增值业务、自动拨打收费电话、自动利用移动终端支付功能进行消费等行为的程序。
- 信息窃取。例如，在用户不知情或未授权的情况下，获取短信内容、通话记录、地理位置等信息的程序。
- 远程控制。例如，由主控端主动发出指令进行远程控制，再由受控端主动向控制端请求指令的程序。
- 恶意传播。例如，自动发送包含恶意程序链接的短信、彩信等，自动向存储卡等移动存储设备上复制恶意程序，自动下载恶意程序，自动利用蓝牙、红外线、Wi-Fi 等向其他设备发送恶意程序等行为的程序。
- 资费消耗。例如，在用户不知情或未授权的情况下，自动拨打电话、发送短信、频繁连接网络，产生异常数据流量等行为的程序。
- 系统破坏。通过感染、劫持、篡改、删除、终止进程等手段导致移动和智能系统设备或其他非恶意软件的部分/全部功能、用户文件等无法正常使用，干扰、破坏、阻断移动通信网络及网络服务或其他合法业务正常运行的程序。
- 诱骗欺诈。例如，伪造、篡改、劫持短信（邮件、通讯录、收藏夹、用户文件等）以诱骗用户达到不正当目的的程序。
- 流氓行为。例如，在用户不知情或未授权的情况下，长期占用移动终端计算资源、自动捆绑安装、弹出广告窗口等行为的程序。

（2）系统刷机安全威胁

刷机，泛指通过软件或者系统自身的 OTA（Over-the-Air Technology，空中下载技术）文件对系统文件进行更改和升级，从而使手机达到用户所需的使用效果。

系统刷机存在极大的风险。智能系统刷机后，其协议栈会被篡改，为恶意代码的植入提供便利。通过刷机而含有恶意程序的手机，不但手机隐私可能被盗取，手机屏幕上还有可能不断弹出推送广告，更有未知程序被私自连网下载、扣费、私自群发短信等恶性事件发生，面临巨大的安全威胁。

（3）信息存储安全威胁

信息存储的不当处理是移动和智能系统硬件面临的主要威胁。移动和智能系统的迅速发展导致更新换代较快。当用户需要更换设备时，原有移动和智能系统内含有的私密信息是否被真正清除，某些用户自身并不清楚，可能只是删除了文件的索引，原来的信息仍然存在。攻击者如果对其数据进行恢复，用户的隐私数据可能会被泄露。

（4）系统漏洞威胁

系统漏洞威胁是操作系统本身在设计上存在缺陷和不足导致的漏洞威胁。

Android 系统开源的特性，使得攻击者可以对 Android 系统进行深入研究，从而发现高危漏洞，并据此构造攻击方式。例如，攻击者利用 Android 某些版本的多媒体框架核心组件 Stagefright 的漏洞，提升权限为 root，就可能实现对手机的非法控制。

iOS 虽属于闭源系统，但这并不能完全杜绝系统的安全漏洞被发现和利用。例如，iOS 的 1970 漏洞会导致系统重启或"变砖"。

2. 通信传输安全威胁

移动终端（包括手机、平板电脑等）在与移动互联网进行数据传入、数据传出的过程中也会遭遇通信传输安全威胁。

（1）空中接口安全威胁

移动和智能系统连接网络需利用蜂窝网络（手机上称为移动数据）。蜂窝网络主要由移动站（如手机等）、基站子系统（如移动基站，即铁塔、无线收发设备等）和网络子系统（接入互联网）组成。

用户数据在空中传播并与基站通信的过程中，有被截获的风险，以及面临"伪基站"的欺诈等安全威胁。通话、短信数据被截获会造成用户信息的泄露。此外，如果尝试将被截获的数据包多次重新发送，还可能带来被多次扣费、恶意攻击等问题。

"伪基站"设备能通过短信群发器、短信发信机等相关设备，搜取以其为中心、一定半径范围内的移动设备信号，并任意冒用他人手机号码强行发送诈骗、推销垃圾短信等。伪基站的主要特点是可以随意更改发送的号码，甚至可以使用尾数为 10086 或 95588 的号码，使手机用户误以为真的是移动公司或工商银行发送的短信。伪基站还具有很强的流动性，可在汽车上使用，甚至可以放在一个背包中，伪基站示例如图 7-48 所示。

图 7-48　伪基站

此外，连接公共 Wi-Fi 也有个人信息泄露的风险。例如中间人攻击（Man-in-the-Middle Attack，MITM 攻击），就是通过篡改 DNS 诱导用户进入钓鱼网站，窃取用户敏感数据信息（如账号或者密码等）。

（2）接口安全威胁

接口涉及蓝牙、红外线、近场通信、MIMO（Multiple-Input Multiple-Output，多输入多输出）等技术。在拥有使用相关技术接口的同时，接口本身存在的安全威胁会一起被传递给移动和智能系统。如果这些接口在用户不知情的情况下被非法连通、进行非法的数据访问或传送，不但可能造成隐私泄露，更有可能导致病毒传播。

3. 人为因素安全威胁

人为因素安全威胁是由移动和智能系统拥有者保管不当，以及非法人员利用社会工程学欺诈造成的。

（1）用户疏忽导致的安全威胁

移动和智能系统呈现大屏幕趋势，当用户输入密码等涉及隐私的操作时，存在泄露的风险；将未锁屏的移动和智能系统暂时放置在办公桌等处，也存在隐私泄露的风险。

（2）社会工程学欺诈安全威胁

用户在使用移动和智能系统时偶尔会碰到房产中介、广告推销、贷款等骚扰、诈骗电话和短信，这些正是社会工程学欺诈带来的安全威胁。

7.3.3　防护措施

针对智能和移动系统中存在的各类安全威胁，除了通过已有的安全技术进行保护和防范外，仍需要其他安全措施进行补充。这里提几点针对 Android 系统设备的防护措施。

1. 恶意程序威胁防护措施

首先，只从可信来源安装应用程序。这是因为手机应用商店、论坛、下载站点是传播移动互联网恶意程序的主要来源，用户自身应当拒绝从陌生站点下载应用程序。应在审查比较严格的官方商店下载应用程序，同时选择口碑比较好的、知名度高的应用软件，它们收集和存储个人信息的行为相对规范。

其次，在安装应用程序时，应当密切关注应用程序请求的权限。

最后，及时更新系统版本和应用程序版本。

2．系统刷机威胁防护措施

许多 Android 系统用户对刷机并不会感到陌生。刷机时应谨慎选择安全、可靠的刷机包（最可靠的是官方发布的刷机包），以防刷机包中存在恶意的应用程序。刷机过程操作要规范，避免导致手机无信号、数据丢失、不能开机或者电量消耗较快等问题。另外，选购、维护 Android 系统设备时，应选择正规、官方渠道，避免第三方刷机和维护。

3．信息存储威胁防护措施

用户在删除 Android 系统的文件时，仅删除该文件在系统中的目录索引，并没有彻底删除文件本身；Android 系统设备也提供了恢复出厂设置功能，如图 7-49 所示，但其只删除了系统目录，同样没有彻底删除文件本身。对于删除的文件，利用可对存储介质进行整体扫描的软件依然能够恢复文件信息。

因此，淘汰的 Android 设备最好不要轻易送人或转卖。对个人数据的安全比较在意的用户，建议通过专业机构进行数据擦除，以避免隐私信息泄露。

图 7-49　恢复出厂设置

4．通信传输威胁防护措施

无线路由器、随身 Wi-Fi 等的设备漏洞存在巨大的安全隐患。为了降低公共 Wi-Fi 带来的风险，首先要关闭手机设置中的 Wi-Fi 自动连接功能，或是关闭手机 Wi-Fi，需要时再打开，以避免手机不断搜寻并自动连接风险热点，这样既费电又不安全。其次，拒绝来历不明的 Wi-Fi 热点，特别是那些没有设置密码的 Wi-Fi 热点（Wi-Fi 热点很容易被黑客伪装）。最后，在公共 Wi-Fi 下最好不要登录涉及支付、财产相关账号，不要提供个人信息等敏感数据，如果非要进行此类操作，建议切换至 3G/4G/5G 等蜂窝网络。

同样地，作为 Android 外设的主要接口蓝牙，甚至 USB 充电接口，也存在类似的风险。因此，建议在手机等设备不使用时先暂时关闭蓝牙功能，以免遭受攻击；同时，应及时更新安全补丁，以尽可能地防范漏洞风险；在公共 USB 充电站应确保充电时没有数据传输，减少数据被盗、设备感染病毒的机会。

5．人为因素威胁防护措施

首先用户必须要安全操作。警惕来历不明的网页以及链接，不要轻易单击；尽量避免去个人网站下载，最大限度地杜绝恶意程序隐患；拒绝陌生的蓝牙、红外线等外设接口的连接请求，一定要选择安全可靠的传输对象；不浏览危险网页，诸如色情等非法网站，其中常藏匿着许多恶意程序。

其次要提高安全意识。警惕拥有过高权限的应用程序，如有必要应立即删除；注意来历不明的短信、彩信，部分乱码短信、彩信带有恶意内容，诱骗用户回复或单击，应当及时删除它们；涉及有关财产的操作一定要核实交易人员身份是否属实，转账前一定要进行电话甚至视频确认；不要透露短信验证码；在扫码支付时，不要见码就扫，支付前应与商家确认二维码是否正规、真实，扫码后关注支付页面跳转正常性以及收款人名称，对于一些个人微信建立的二维码或来历不明的二维码不要盲目扫描，谨防被骗；也不要随意向他人提供付款二维码。

7.3.4　数据安全

（1）数据存储安全

移动和智能系统中重要的数据存储在内置存储卡（机身存储）或者内部存储空间中，应用程序的部分数据存储在外置存储卡（如 TF 卡）中。内置存储卡无法被轻易地拆除，即使被拆下也很难读取其中的数据，而外置存储卡则很容易被插拔且未经加密，能被轻松获取。因此数据保存在内置存储卡更安全。目前，多数移动和智能设备取消了外置存储卡，朝着封闭式一体化的方向发展。从移动和智能系统安全的角度上看，这是更安全的做法。

通常情况下，没有 root 权限的移动和智能系统是不能随意访问内部存储空间的。

（2）数据备份与恢复

对移动和智能系统而言，备份数据除了可以避免错误操作和灾难外，系统更新、更换设备、刷机等操作也需要数据备份技术的支持。

Android 系统自带备份与恢复功能，可以利用该功能将应用程序和数据备份到手机存储空间中。以小米 MIUI 为例，打开"设置"→"我的设备"→"备份与恢复"界面，如图 7-50 所示，可以看到系统提供了以下 4 种备份和恢复方式。

- "手机备份恢复"：将手机数据备份到本地或从本地恢复至手机。
- "电脑备份恢复"：将手机数据备份到计算机或从计算机恢复至手机。
- "U 盘备份恢复"：将手机数据备份到 U 盘或从 U 盘恢复至手机。
- "小米云服务"：同步应用数据和备份系统设置、桌面布局等（无法备份应用数据）。

前 3 种方式非常类似，这里以"手机备份恢复"方式为例简单介绍操作过程。

单击"手机备份恢复"，进入图 7-51 所示界面，在"手机备份"选项卡中选择需要备份的数据类型，再单击"立即备份"按钮，等待备份操作完成即可。备份文件保存在"MIUI"→"Backup"→"AllBackup"文件夹中。

为了确保备份文件不丢失，建议将备份文件复制到计算机上保存。

若要恢复数据，在图 7-51 所示界面中选择"手机恢复"，进入"手机恢复"界面，如图 7-52 所示，选择需要恢复的数据，单击"立即恢复"按钮，等待恢复操作完成即可。

云端备份与恢复需要用户先注册账号，登录后才能使用，但操作更简单。在图 7-50 所示界面中选择"小米云服务"，进入图 7-53 所示的界面。云端备份与恢复支持相册、短信、联系人等数据的同步，用户可以选定所需备份的数据。另外要注意云空间是否充足，小米云服务默认只提供 5GB 的空间。

图 7-50　备份与恢复方式

图 7-51　选择备份数据类型

图 7-52　选择恢复数据

图 7-53　小米云服务

7.4 网络应用安全

互联网与经济社会的融合度也越来越高，出现了多种"互联网+"模式，如网络社交、网络购物、网络搜索、网络电话、网络银行、网络医疗、网络游戏、网络娱乐等。在享受网络应用的同时，不合理设置网络终端、不重视个人数据保护、不了解智能移动终端安全等知识盲区，也让用户受到了不少不法分子的侵害。因此，我们应当提高网络安全技能，保证上网和用网安全。

7.4.1 互联网应用安全

1. 浏览器设置

浏览器是互联网的窗口，也是抵御恶意软件威胁的第一道防线，浏览器的正确设置是安全使用的基础。这里以 Edge 浏览器为例，介绍浏览器的安全设置。

Edge 浏览器默认自动设置了比较高的安全级别，但用户也可以自定义设置。首先进入 Edge 浏览器主页，单击右上角的"…"按钮，在弹出的下拉列表中选择"设置"，如图 7-54 所示。

Edge 浏览器有"基本""平衡""严格" 3 级跟踪防护。单击左侧导航窗格中的"隐私、搜索和服务"，可以看到"跟踪防护"默认设置为"平衡"，即在用户使用体验和用户跟踪服务之间取得平衡；如设置为"严格"，则会阻止跟踪浏览信息；如设置为"基本"，则有最好的浏览体验，如图 7-55 所示。

图 7-54　Edge 浏览器设置

图 7-55　"防止跟踪"设置

为了防止浏览网页的一些隐私被泄露出去，打开"浏览 InPrivate 时始终使用'严格'跟踪防护"，可以更好地保护自己的隐私信息。在"已阻止的跟踪器"中可以查看已被阻止的跟踪器。

单击图 7-55 所示左侧导航窗格中的"Cookie 和网站权限"，再单击"管理和删除 Cookie 和站点数据"，打开的界面如图 7-56 所示。

Cookie 是浏览器存储在本地计算机中的小型数据文件。每个 Cookie 的大小一般不超过 4KB。许多网站使用 Cookie 来记住用户的账户、密码以及浏览历史记录，并跟踪用户在其网站上的行为。

由于 Cookie 中包含大量用户信息（如邮箱的账户名称和密码）和行为习惯，它已成为网络攻击的重要目标，因此，禁用和清除 Cookie 后可以降低攻击者获得用户个人数据的可能。在此可关闭"允许站点保存和读取 Cookie 数据（推荐）"。

网络安全基础 / 第 7 章

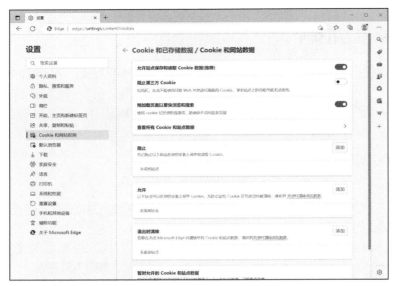

图 7-56　Cookie 设置

2. 收发电子邮件

电子邮件攻击方式主要有发送大量垃圾邮件导致正常邮件无法接收的邮件炸弹、附带木马或病毒程序邮件、插入木马程序下载超链接或链接到恶意代码页面的危险超链接的邮件和大量广告邮件等。

预防电子邮件攻击的几个建议如下。

（1）给电子邮件加密，以保证邮件是由发送者本人发送而非假冒，同时也保证邮件在发送过程中没有被更改。

（2）不随意公开自己的邮箱地址，避免接收垃圾邮件。

（3）遇到攻击时向自己的 ISP 求援，以清除电子邮件炸弹等。

（4）谨慎使用自动回信功能，避免收发双方不断重复发送。

（5）时刻警惕邮件病毒的袭击，不要随便下载和运行不明真相（特别是具有欺骗性主题）的程序。

（6）把垃圾邮件放到垃圾邮件文件夹里，再偶尔检查一下，防止丢掉被错看成垃圾的邮件。

（7）拒绝 Cookie 信息，清除已有的 Cookie 信息。

（8）使用转信功能，可在一定程度上解决容量特大邮件的攻击。

这里以 QQ 邮箱为例介绍安全设置方法。登录邮箱后，单击邮箱左上方的"设置"，如图 7-57 所示。

图 7-57　邮箱设置

在"常规"选项卡中设置邮件自动转发，如图 7-58 所示。

图 7-58　设置邮件自动转发

在"收信规则"选项卡中创建收信规则，即设置各种过滤条件，以便对邮件进行分类或处理，如图 7-59 所示。

图 7-59　创建收信规则

在"反垃圾"选项卡中设置邮件地址的黑名单、白名单、反垃圾选项和邮件过滤提示，如图 7-60 所示。

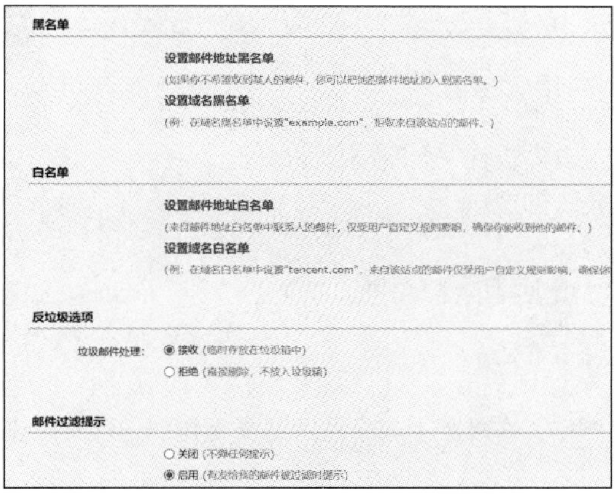

图 7-60　设置反垃圾

当要对发送的邮件加密时，可在写信页面中单击下方的"更多选项"按钮，勾选"对邮件加密"复选框，在弹出的"邮件加密"对话框中输入并确认密码，如图 7-61 所示。这样收件人必须输入正确的密码才能阅读。

图 7-61　加密邮件

3．使用即时通信软件

钉钉、微信等都是即时通信软件（Instant Messaging，IM）。

当前 IM 软件所面临的安全威胁大致分为 5 种形式：不安全的超链接、服务器仿冒、身份假冒、蠕虫传播、恶意链接。

建议用户要谨慎添加朋友，不要轻易打开别人发送的超链接，特别是一些具有诱惑性的超链接（见图 7-62）。

4．扫描二维码

随着移动支付的广泛应用，二维码已非常普及。它为我们带来便捷的同时，也带来了安全隐患。

利用二维码的攻击方式主要有以下几种。

（1）网络钓鱼。用伪造的二维码替换合法的二维码，篡改登录网站的 URL 信息，将用户导向假冒的登录页面，实施"钓鱼"。

（2）传播恶意软件。将指向自动下载恶意软件网址的命令编码到二维码，用户扫码后，被植入木马、蠕虫或者间谍软件等。

（3）隐私信息泄露。例如火车票上的二维码会泄露身份信息。

（4）中间人攻击。如第三方购票软件会监控通信过程。

建议扫码时做好以下几条防御措施。

（1）认真审核二维码来源。

（2）小心二维码贴纸，注意观察是否为正规二维码。

（3）预知扫描二维码后的结果。

图 7-62　IM 上具有诱惑性的超链接

5．防范仿冒页面

仿冒网页又可称为钓鱼网站，在外观上与合法网站极为相似，极具欺诈性，是网络安全威胁的主要因素之一。

钓鱼网站中常见的攻击手法有以下几种。

（1）购物聊天钓鱼。例如，网购时收到卖家发送的超链接，仿冒淘宝、京东等购物网站。

（2）网络和短信、电话联合诈骗。诱导用户访问钓鱼网站、按提示操作，实施诈骗。

（3）盗 QQ 号诈骗好友。利用木马盗取 QQ 号，再给 QQ 好友群发消息，在 QQ 消息中发送钓鱼网站超链接。

（4）低价商品诱惑用户访问钓鱼网站。

（5）微博回复中隐藏钓鱼网站，以吸引人的广告诱骗用户进入钓鱼页面。

钓鱼网站的识别方法有以下几种。

（1）安全标识查验。如图 7-63 所示，🔒为安全标识，单击该标识可以显示连接安全的提示。

（2）域名结构分析。这是识别钓鱼网站最基本的方法。一般钓鱼网站域名比较长，且与合法网站的域名相似，需要认真鉴别。

（3）网站地址对比。钓鱼网站一般用外观或字形容易混淆的字符来代替正确的字符，达到迷惑用户的目的。用户在使用敏感信息进行电子交易时，要仔细辨别其不同之处，特别是 c 和 o、0 和 o、a 和 e、I 和 L、I 和 1、L 和 1 等字母和数字。

（4）QQ 传输验证。QQ 聊天中发来的链接，前面有绿色✅图标表示信任的网站，蓝色❓图标表示安全性未知（见图 7-64），红色❌图标表示含有恶意内容。

（5）输入信息尝试。如在登录框内输入编造的用户名和密码，若成功登录，表明该网站为钓鱼网站。

图 7-63　网站安全标识

图 7-64　安全性验证图标

（6）网站内容比较。钓鱼网站一般内容比较少，可单击栏目或图片中的各个超链接，测试其是否为空链接。

（7）网站备案查询。通过工信部备案管理系统可以查询网站拥有者、网站的基本情况、ICP 经营性许可证和合法备案，还可以查询网站名称、经营内容是否与备案相符，如图 7-65 所示。

图 7-65　ICP 备案管理系统

7.4.2　局域网应用安全

1．共享文件

打开"计算机管理"窗口，展开左侧导航窗格中的"计算机管理（本地）"→"系统工具"→"共享文件夹"→"共享"，如图 7-66 所示。Windows 10 操作系统默认提供了 3 个共享（共享名带"$"）。选择"会话"可以查看哪个用户连接共享，选择"打开的文件"可以查看哪个用户在访问文件。错误的设置和共享漏洞是共享文件最大的安全威胁。

图 7-66　查看共享

对于共享文件，建议如下。

（1）关闭默认共享。在图 7-66 中，右击默认共享，在弹出的快捷菜单中选择"停止共享"命令即可，如图 7-67 所示。

图 7-67　停止共享的操作

（2）使用"高级共享"功能，而不是"共享"功能。"高级共享"功能可以指定账户、设置更为细致的权限及并发访问数等参数，更为安全可靠，如图 7-68 和图 7-69 所示。

图 7-68　设置高级共享

图 7-69　设置共享用户和权限

（3）不要对桌面文件夹设置共享。对桌面上文件夹设置的共享（不是高级共享）是对所有用户文档的共享，而不是用户真正想要的该文件夹的共享，具有极大的安全隐患（可以使用"高级共享"功能解决），如图 7-70 所示。

图 7-70　设置共享用户和权限

2. 公用文件夹

公用文件夹是一个比较特殊的系统文件夹，位于"\User\Public"（"用户\公用"）中，如图 7-71 所示。该文件夹会被默认共享给本机的所有用户，并且所有的本机用户都可以向其中复制文件，而通过设置，所有的网络用户都可以直接访问该文件夹中的内容。不仅如此，还可以为共享文件夹设置访问权限，这样所有的网络用户都将具有一样的访问权限。

图 7-71　公用文件夹

如果不需要公用文件夹功能，建议关闭公用文件夹的共享。进入"设置"→"网络和 Internet"界面，单击"网络和共享中心"，单击"更改高级共享设置"，在"高级共享设置"中单击"所有网络"→"公用文件夹共享"，选中关闭公用文件夹共享对应的单选按钮（见图 7-72）。

图 7-72　关闭公用文件夹共享

7.4.3　无线网应用安全

1．设置无线路由器

首先使用浏览器输入网址，一般为"http://192.168.1.1"，输入用户名和密码，登录路由器，查看其运行状态，如图 7-73 所示。注意路由器是否有安全风险的提示，并做好以下几项设置。

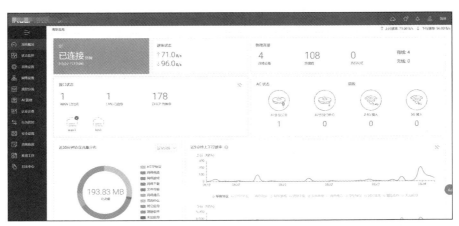

图 7-73　路由器设置

（1）设置安全的 SSID（Service Set Identifier，服务集标识符，可简单理解为无线网络的名称）。如图 7-74

所示，设置SSID名称；启用加密，选择路由器系统提供的最高安全类型（如"WPA-PSK+WPA2-PSK"），不要设置为"无密码"类型；建议使用强密码，即使用大、小字母，数字和特殊字符的组合，且长度在8位或者8位以上；关闭SSID广播，勾选"隐藏SSID1名称"右侧的"开启"复选框，注意此时将无法在自动搜索中找到该无线网络，用户需添加SSID名称才能搜索到。

（2）过滤MAC地址。MAC地址过滤功能可以通过设置黑白名单来决定谁可以或不可以加入无线网络，即可以通过设置，只允许或者拒绝特定MAC地址的网卡连接到无线路由器。如图7-75所示，MAC访问控制可以选择黑名单模式或者白名单模式。使用黑名单模式，则列入MAC黑名单的设备拒绝接入无线路由器，其他则允许；使用白名单模式，则列入MAC白名单的设备允许接入无线路由器，其他则拒绝。

图7-74　设置安全的SSID

图7-75　MAC访问控制

过滤MAC地址是保护用户的无线网络的理想方式。

（3）升级路由器固件。

无线路由器发现有新版本固件时，一般会以登录时弹出消息的方式通知用户升级。用户应确保路由器以最新的固件运行，及时修复固件漏洞。

2. 安全连接Wi-Fi

手机和笔记本电脑等设备一般自带无线网卡，建议用以下方法安全连接Wi-Fi。

（1）公共Wi-Fi要谨慎连接，避免连接到钓鱼Wi-Fi。

（2）一旦发现网络访问异常、弹出广告或陌生链接，立刻断开Wi-Fi或关机，避免隐私和财产遭受损失。

（3）不要设置自动连接Wi-Fi，建议设置为手动连接。图7-76所示为Windows 10的无线网络连接，图7-77所示为Android的无线网络连接详情。

图7-76　Windows 10的无线网络连接

图7-77　Android的无线网络连接详情

7.5 安全工具软件

7.5.1 Windows Defender 防火墙

防火墙是一种用于增强内部网络安全性的系统，就像一道放置在被保护的内部网络和不安全的外部网络之间的防护栏。防火墙根据预先定义的访问控制策略和安全防护策略，解析和过滤经过防火墙的数据流，实现向被保护的内部网络提供访问可控的服务请求。

通常，一个防火墙系统可采用安全策略来实现：一是一切未被允许的都是禁止的，即防火墙只允许用户访问开放的服务，而其他未开放的服务是禁止访问的；二是一切未被禁止的都是允许的，即防火墙允许用户访问一切未被禁止的服务，除非某项服务被明确禁止。这两种防火墙策略在安全性和可用性方面各有侧重，但多数防火墙系统在两者之间进行一定的折中处理。

Windows Defender 防火墙能够检测来自网络的信息，然后根据防火墙设置来阻止或允许这些信息通过计算机。这样可以防止黑客攻击系统或者防止恶意软件、病毒（如木马程序）通过网络访问计算机，有助于提高计算机的安全性和其他性能。

1．Windows Defender 防火墙的基本设置

下面介绍 Windows Defender 防火墙的使用方法。

① 在"控制面板"窗口中单击"系统和安全"，打开"系统和安全"窗口。

② 单击"Windows Defender 防火墙"，打开"Windows Defender 防火墙"窗口，如图 7-78 所示。

图 7-78 "Windows Defender 防火墙"窗口

③ 单击窗口左侧的"启用或关闭 Windows Defender 防火墙"超链接，弹出"Windows 防火墙设置"对话框，在该对话框中可以打开或关闭防火墙。

④ 单击窗口左侧的"允许应用或功能通过 Windows Defender 防火墙"超链接，弹出"允许的应用"窗口，如图 7-79 所示。在"允许的应用和功能"列表中勾选信任的程序，然后单击"确定"按钮即可完成配置。如果要手动添加程序，在图 7-79 中单击"允许其他应用"按钮，在弹出的对话框中单击"浏览"按钮，找到并选中要安装到系统的应用程序，单击"打开"按钮即可将其添加到程序队列中。选择要添加的应用程序，单击"添加"按钮即可将应用程序手动添加到信任列表中，最后单击"确定"按钮完成操作。

图 7-79 "允许的应用"窗口

2. Windows Defender 防火墙的高级设置

用户还可以单击"Windows Defender 防火墙"窗口中的"高级设置"超链接，自行设置防火墙的入站规则、出站规则、连接安全规则，以及监视等安全策略，如图 7-80 所示。

图 7-80 "高级安全 Windows Defender 防火墙"窗口

单击右侧"操作"窗格的"属性"，弹出图 7-81 所示的对话框，可以对不同网络类型的配置文件进行设置。"域配置文件"是将计算机连接到其企业域时执行的防火墙配置文件。"专用配置文件"是将计算机连接到家庭、工作区等专用网络时执行的防火墙配置文件。"公用配置文件"是将计算机连接到如咖啡厅等公共网络时执行的防火墙配置文件。在这个对话框中，这 3 个配置文件的选项卡中的内容都是相同的。

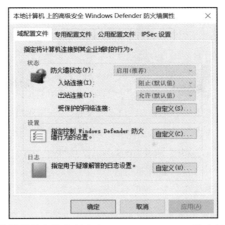

图 7-81 "本地计算机上的高级安全 Windows Defender 防火墙属性"对话框

用户可以设置防火墙是否启用，入站连接可选择"阻止（默认值）""阻止所有连接"和"允许"。

单击"受保护的网络连接"右侧的"自定义"按钮，可选择该配置文件保护的网络连接类型，如图 7-82 所示。

图 7-82 受保护的网络连接

单击"指定控制 Windows Defender 防火墙行为的设置"右侧的"自定义"按钮，可做进一步的设置，如图 7-83 所示。

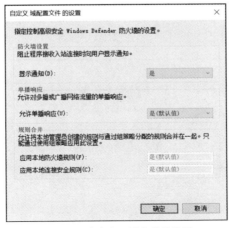

图 7-83 自定义配置文件的设置

3．Windows Defender 防火墙的规则管理

在高级安全 Windows Defender 防火墙中可以创建更加复杂的规则来对入站连接和出站连接进行控制。对入站规则和出站规则可以创建如下 4 种规则类型。

- 程序连接规则。程序连接规则可以使程序允许某个连接。
- 端口连接规则。端口连接规则可以允许基于 TCP 或 UDP 端口号的连接。
- 预定义规则。预定义规则可以从列表中允许某个程序或服务的连接。
- 自定义规则。如果前 3 个规则不能满足需求，则可创建自定义规则。

出、入站规则的创建过程类似，如图 7-84 所示，根据向导一步步选定规则类型（程序、端口、预定义和自定义之一）、指定程序（所有程序还是特定程序）、决定操作（允许连接、只允许安全连接还是阻止连接）、授权用户、授权计算机和定义规则应用范围（域、专用还是公用）等。

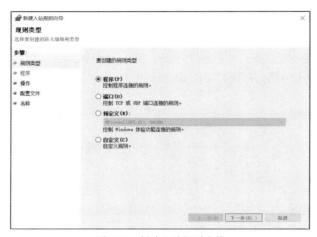

图 7-84　新建入站规则向导

高级安全 Windows Defender 防火墙中存在成百上千条规则，当规则达到一定数量后，会有大量规则冗余，造成规则管理不便，甚至出现规则之间的冲突，从而造成安全隐患。高级安全 Windows Defender 防火墙提供了较为便捷的管理方式，降低了管理的难度，提高了管理的效率。

在"高级安全 Windows Defender 防火墙"窗口左侧的导航窗格中单击"入站规则""出站规则""连接安全规则"，可以查看相应的规则，如图 7-85 所示。例如单击"入站规则"，可以在右侧的规则列表中查看所有的入站规则以及规则信息，规则信息包括名称、组、配置文件、是否启用、允许或阻止、相应程序等。高级安全 Windows Defender 防火墙中的规则并不是全部由用户创建的，其中一部分是 Windows 为保护系统安全预设的规则，对于这些规则，不建议用户进行修改。

图 7-85　规则列表

如果要禁用某条规则，则右击该规则，在弹出的快捷菜单中选择"禁用规则"命令即可，如图 7-86 所示。

图 7-86　禁用规则

如果需要修改某规则内的相关配置，则可双击相应规则打开规则的属性面板，对规则属性进行修改，如图 7-87 所示。

高级安全 Windows Defender 防火墙具有导入策略和导出策略功能，可以快速完成对多台计算机的规则配置，如图 7-88 所示。

图 7-87　规则属性的修改　　　　　　　　　　图 7-88　导入/导出策略

高级安全 Windows Defender 防火墙还具有监视功能。如图 7-89 所示，在"高级安全 Windows Defender 防火墙"窗口左侧的导航窗格中双击"监视"，就可以查看正在运行的配置文件以及各个配置文件的设置情况。

图 7-89　监视 Windows Defender 的运行情况

7.5.2 手机管家

每个手机厂商都有自己的手机管家，它们功能大同小异，一般具有检查手机健康状态、修复常见的小问题、垃圾清理、病毒扫描查杀、优化加速等常用的功能。这里以小米手机 MIUI 自带的手机管家为例介绍其在保护手机安全方面的应用。运行手机管家后的界面如图 7-90 所示。

1. 病毒扫描

单击"病毒扫描"打开"病毒扫描"界面后，应用自动执行病毒扫描工作，如图 7-91 所示，扫描结束后将显示扫描结果。

单击右上角的"设置"按钮，打开图 7-92 所示的界面。在"杀毒引擎设置"中，可以设置使用云端杀毒、安装监控、自动更新等；在"支付环境监测"中，可以设置监测支付环境和输入法安全；在"检查项设置"中，可以设置检测 WLAN 安全、ROOT 安全、系统版本更新，设置病毒扫描白名单和正版应用白名单等。

图 7-90　手机管家

图 7-91　病毒扫描

图 7-92　"设置"界面

2. 隐私保护

图 7-93 是打开"隐私保护"后的工作界面。这里列出的隐私有位置信息、录音、联系人、存储空间

和通话记录，单击每一项隐私，下方的柱形图显示了各应用（以图标表示）访问该隐私的次数。

单击"保护隐私"按钮，会看到隐私的保护措施，如图 7-94 所示。

- 端侧隐私：在本地设备（本地端）处理个人数据，如指纹、人脸等，不会把数据上传至云端。
- 拦截网：仅在应用使用中获取权限及高危行为被直接禁止，安全分享（如分享照片时抹除位置、拍摄信息等）。
- 防追踪：某些应用会通过个人标识、位置信息、敏感信息等追寻用户的踪迹，防追踪具有禁止应用获取 MAC 地址、智能管控追踪器、空白通行证和虚拟身份 ID 等措施。

图 7-93　了解隐私

图 7-94　保护隐私

- 保险箱：资料仅在本机加密存储，不仅可防止他人直接浏览，还可防止被手机应用主动读取和恶意利用，如使用私密相册、私密文件夹等。
- 隐私保护实验室：实现剪贴板隐私保护、模糊定位，管理应用获取手机号码用于一键登录等功能。

3. 应用管理

打开"应用管理"界面后，选择"管理"，可以查看当前手机中按名称排序的所有应用，如图 7-95 所示。

- 应用升级：提示用户哪些应用有新的版本可以升级。
- 应用卸载：可以将选中的应用卸载。
- 应用行为记录：可以查看近期所有软件的全部行为记录，如图 7-96 所示。如果有不正常的记录，可以随时单击查看详情，然后关闭相应权限。
- 权限：即授权管理，主要有"自启动管理""应用权限管理"。自启动管理可以决定哪些应用在系统启动后自动启动。应用权限管理分为应用管理和权限管理，应用管理是指管理具体应用具有哪些权限；通过权限管理可根据权限查找应用。如图 7-97 所示，获得相机权限的应用有 116 个，单击可以查看相关应用。

图 7-95 应用管理

图 7-96 应用行为记录

图 7-97 权限管理

7.6 实验案例

【实验一】 保护注册表安全

实验内容：禁止 Windows 注册表在网络上被访问，阻止非法入侵者对计算机实施攻击；禁止注册表编辑器对注册表的修改。

实验要求如下。

（1）禁止远程注册表服务

右击"开始"菜单，在弹出的快捷菜单中选择"运行"命令，在打开的对话框中输入"services.msc"并按 Enter 键，打开"服务"窗口。在服务列表中找到"Remote Registry"，双击该服务，在打开的对话框中将其"启动类型"修改为"禁用"，单击"应用"按钮，再单击"确定"按钮。

（2）禁用注册表编辑器

右击"开始"菜单，在弹出的快捷菜单中选择"运行"命令，在打开的对话框中输入"gpedit.msc"并按 Enter 键，打开本地组策略编辑器。依次单击"用户配置"→"管理模板"→"系统"，在右侧双击"阻止访问注册表编辑工具"，在打开的界面中勾选"已启用"复选框，单击"应用"按钮，再单击"确定"按钮。

（3）测试

右击"开始"菜单，在弹出的快捷菜单中选择"运行"命令，在打开的对话框中输入"regedit.exe"并按 Enter 键，检查注册表编辑器是否能运行。

【实验二】 防火墙的配置

实验内容：配置防火墙阻止主机响应外部 ping。

实验要求如下。

（1）ping 探测

使用外部主机对本机执行 ping 探测，如本机 IP 地址为 192.168.139.131，则 ping 192.168.139.131。

（2）新建入站规则

打开 Windows Defender 防火墙中的"高级设置"→"入站规则"→"新建规则"，将"规则类型"设置为"自定义"，将"协议和端口"设置为"ICMPv4"，将"操作"设置为"阻止连接"，将名称设置为"禁用 PING"，单击"完成"按钮。启用该新建规则。

（3）测试

使用外部主机对本机再次执行 ping 探测，看是否能够收到本机的回复；禁用该规则，再次测试。

【实验三】 手机隐私风险检测

实验内容：运行手机管家，检测手机上的隐私泄露风险问题，并给予对应处理措施。

实验要求如下。

（1）隐私风险检测

打开手机管家，检测隐私风险，确定风险应用、敏感权限和危险权限使用风险。

（2）风险应对处理

针对发现的风险应用，确认是否需要卸载；对具有敏感权限和危险权限的应用，确认是否需要限制权限。

小结

本章系统地介绍了网络安全的基本概念和基础技术，Windows 10 操作系统面临注册表、安全策略、系统补丁等的缺陷，Android 系统的安全威胁和防护措施，互联网、局域网和无线网的应用存在的安全问题，最后介绍了 Windows Defender 防火墙和手机管家的应用，期望读者能掌握网络安全的基本理论和做好防护的基本方法。

习题

一、选择题

1. 我国将国家秘密的等级划分为（　　）。

    A. 绝密、机密、秘密　　　　　　　　　　　B. 特别重要、重要、普通

    C. 机密、机要、秘密　　　　　　　　　　　D. 核心、重要、一般

2. 植入木马是为了（　　）。

    A. 控制目标计算机　　B. 删除入侵记录　　C. 发现漏洞　　　　D. 伪造信息

3. 用户收到了一封可疑的电子邮件，提供了某银行的网址超链接，要求用户提供银行账户及密码，这属于（　　）。

    A. DDoS 攻击　　　　B. 缓冲区溢出攻击　　C. 暗门攻击　　　　D. 钓鱼攻击

4. 防火墙最基本、最重要的功能是（　　）。
　　A．访问控制功能　　　　B．集中管理功能　　　　C．流量统计功能　　　　D．网络地址转换功能
5. SIM 卡的唯一标识别号码是（　　）。
　　A．IMEI　　　　　　　　B．IMSI　　　　　　　　C．MEID　　　　　　　　D．ICCID

二、问答题

1. 网络安全研究哪些技术？为什么网络会被攻击？
2. 恶意代码中木马、蠕虫及其他病毒之间有哪些区别？